陈 蓉 著

WETLAND LANDSCAPE

湿地景观营造

中国社会科学出版社

图书在版编目(CIP)数据

湿地景观营造/陈蓉著. —北京：中国社会科学出版社，2021.3
ISBN 978-7-5203-8176-5

Ⅰ.①湿… Ⅱ.①陈… Ⅲ.①沼泽化地—景观生态建设—研究—中国 Ⅳ.①P942.078

中国版本图书馆 CIP 数据核字(2021)第 054367 号

出 版 人 赵剑英
责任编辑 陈肖静
责任校对 刘 娟
责任印制 戴 宽

出 版 中国社会科学出版社
社 址 北京鼓楼西大街甲 158 号
邮 编 100720
网 址 http://www.csspw.cn
发 行 部 010-84083685
门 市 部 010-84029450
经 销 新华书店及其他书店

印 刷 北京明恒达印务有限公司
装 订 廊坊市广阳区广增装订厂
版 次 2021 年 3 月第 1 版
印 次 2021 年 3 月第 1 次印刷

开 本 710×1000 1/16
印 张 24.75
插 页 2
字 数 346 千字
定 价 138.00 元

目　　录

第一章　相关概念梳理

第一节　湿地

一　湿地的定义

地球有三大生态系统，其中森林被称为“地球之肺”，海洋有着“地球之心”的美名，而湿地，则被誉为“地球之肾”。本书研究的湿地即是地球上有着多功能并富有生物多样性、生态功能强健的生态系统，是人类最重要的生存环境之一。

“湿地”一词最早是在1956年美国联邦政府开展湿地清查和编目时出现的。1971年2月，由18个国家的代表在伊朗小镇拉姆萨尔签署了《关于特别是作为水禽栖息地的国际重要湿地公约》，简称《湿地公约》。

由于湿地是水域（如海洋和深水湖）和陆地（如森林和草地）相互作用而形成的独特生态系统，是水陆之间的过渡地带，且与两者之间并没有明显的边界，因此湿地是一种具有特殊结构、功能复杂的自然综合体。

不同学科范畴的组织和学者对湿地的研究重点不同，学术界对湿地概念的界定一直都比较模糊，给出的学科定义也不尽相同。

通常我们将“湿地是陆地和水域之间的过渡区域或生态交错带”归结为狭义层面的定义，由《国际生物学计划》提出。而广义的湿地定义通常是指管理部门广泛采用的《湿地公约》的定义，即“湿地包括了天然或人工、长久或暂时性的沼泽地、泥炭地或水域地带，静止或流动，为淡水、半咸水或咸水水体，包括低潮时水深不超过六米的水域”。

从广义上来看，“湿地”不仅包括了狭义上的湿地，同时也包括附近的水体、陆地，形成一个整体，如季节性或常年积水地段，包括沼泽、泥炭、湿草甸、湖泊、河流和冲积平原、三角洲、潮滩、珊瑚礁、红树林、水库、池塘、稻田领域和低潮时水深不超过6米的海岸，均属湿地范畴，主要为了便于保护和管理。但在具体的湿地研究活动中，人们应考虑不同地区湿地的类型和环境条件等因素，根据不同的研究目的来选择湿地的定义。

湿地定义的基本概念在景观生态学原理上的反映则为陆地是湿地镶嵌的背景基质，沼泽、湖泊、稻田等是其中的富水的斑块；溪流、江河、渠系等则是斑块之间水力联系的廊道；水的循环是湿地与背景基质、大气、海洋之间物质交换的基本方式，以此将全球的湿地生态系统联系在一起。任何一处湿地发生退化和丧失，都会直接或间接影响其他湿地的状况。本书属于湿地景观生态学的研究范畴，应采用《湿地公约》中的定义，该定义边界清楚，范围广，在湿地管理中具有较好操作性，有利于湿地的整体保护。

湿地广泛分布于世界各地，是地球重要的生态系统之一，它不仅有着强大的生态净化作用，更拥有众多野生动植物资源，很多珍稀水禽的繁殖和迁徙都离不开湿地，因此它也被称为“鸟类的乐园”（见图1－1）。在人口爆炸和经济发展的双重压力下，20世纪中后期大量湿地被改造成农田，加上过度的资源开发和污染，湿地面积大幅度缩小，湿地物种受到严重破坏。

图1-1 鸟类的乐园

目前，湿地覆盖地球表面仅有6%，却为地球上20%的已知物种提供了生存环境，具有不可替代的生态功能。中国湿地面积占世界湿地的10%，有6600万公顷，位居亚洲第一位，世界第四位。在中国境内，从温带到热带、从沿海到内陆、从平原到高原山区都有湿地分布，一个地区内常常有多种湿地类型，一种湿地类型又常常分布于多个地区。中国1992年加入《湿地公约》，国家林业局专门成立了“湿地公约履约办公室”，负责推动湿地保护和执行工作。截至2017年，我国列入国际重要湿地名录的湿地已达57处，其中内地56处，香港1处。其实中国独特的湿地何止57处，但许多湿地因为“养在深闺人未识”，至今仍无人问津。

湿地是珍贵的自然资源，也是重要的生态系统，具有不可替代的综合功能。加入《湿地公约》以来，中国政府高度重视并切实加强湿地保护与恢复工作，积极履行公约规定的各项义务，全国湿地保护体系基本形成，大部分重要湿地得到抢救性保护，局部地区湿地生态状况得到明显改善，为全球湿地保护和合理利用事业做出了重要贡献。

二　湿地的分类

按照湿地定义，世界湿地的类型可以大致分成海岸湿地、河流湿地、湖泊湿地和沼泽湿地四种类型。

海岸湿地：指低潮时水深6米以内的海域及其沿岸海水浸湿地带，包括浅海水域、潮下水生层、珊瑚礁、岩石性海岸、潮间沙石海滩、潮间淤泥海滩、潮间盐水沼泽、红树林沼泽、海岸性咸水湖、海岸性淡水湖、河口水域、三角洲湿地等。

河流湿地：包括永久性河流、季节性或间歇性河流、洪泛平原湿地等。

湖泊湿地：包括永久性淡水湖、季节性淡水湖、永久性咸水湖、季节性咸水湖等。

沼泽湿地：包括藓类沼泽、草本沼泽、沼泽化草甸、灌丛沼泽、森林沼泽、内陆盐沼、地热湿地、淡水泉或绿洲湿地等。

三　湿地的功能

湿地的功能是多方面的，它既可作为直接利用的水源或补充地下水，又能有效控制洪水和防止土壤沙化，还能滞留沉积物、有毒物、营养物质，从而改善环境污染；它能以有机质的形式储存碳元素，减少温室效应，保护海岸不受风浪侵蚀，提供清洁方便的运输方式……它有如此众多而有益的功能，故被人们称为“地球之肾”。湿地还是众多植物、动物特别是水禽生长的乐园，同时又向人类提供食物（水产品、禽畜产品、谷物）、能源（水能、泥炭、薪柴）、原材料（芦苇、木材、药用植物）和旅游场所，是人类赖以生存和持续发展的重要基础。

（一）物质生产

湿地具有强大的物质生产功能，它蕴藏着丰富的动植物资源。如七里海沼泽湿地是天津沿海地区的重要饵料基地和初级生产力来源。据初步调查，七里海在 20 世纪 70 年代以前，水生、湿生植物群落 100 多种，其中具有生态价值的约 40 种，哺乳动物约 10 种，鱼蟹类 30 余种。芦苇是七里海湿地最典型的植物，苇地面积达 7186 公顷，具有很高的经济价值和生态价值，不仅是重要的造纸工业原料，又是农业、盐业、渔业、养殖业、编织业的重要生产资料，还能起到防风抗洪、改善环境、改良土壤、净化水质、防治污染、调节生态平衡的作用。另外，七里海可利用水面达 10000 亩，年产河蟹 2000 吨，是著名的七里海河蟹产地。

（二）大气组分

湿地内丰富的植物群落，能够吸收大量的二氧化碳气体，并放出氧气，湿地中的一些植物还具有吸收空气中有害气体的功能，能有效调节大气组分。但同时也必须注意到，湿地生境也会排放出甲烷、氨气等温室气体。沼泽有很大的生物生产效能，植物在有机质形成过程中，不断吸收二氧化碳和其他气体，特别是一些有害气体，沼泽地上的氧气则很少消耗于死亡植物残体的分解。沼泽还能吸收空气中粉尘及携带的各种菌，从而起到净化空气的作用。另外，沼泽堆积物具有很大的吸附能力，污水或含重金属的工业废水，通过沼泽能吸附金属离子和有害成分。

（三）水分调节

湿地在蓄水、调节河川径流、补给地下水和维持区域水平衡中发挥着重要作用，是蓄水防洪的天然“海绵”，在时空上可储存分配不均的降水，通过湿地的吞吐调节，避免水旱灾害。如七里海湿地是天津滨海平原重要的蓄滞洪区，安全蓄洪深度 3.5 米—4 米。

再如沼泽湿地具有湿润气候、净化环境的功能，是生态系统的重要组成部分。大部分沼泽湿地发育在负地貌类型中，长期积水，生长了茂密的植物，其下根茎交织，残体堆积。潜育沼泽一般也有几十厘米的草根层，草根层疏松多孔，具有很强的持水能力，它能保持大于本身绝对干重3—15倍的水量，不仅能储蓄大量水分，还能通过植物蒸腾和水分蒸发，把水分源源不断地送回大气中，从而增加了空气湿度，调节降水，在水的自然循环中起着良好的作用。据实验研究，一公顷的沼泽在生长季节可蒸发掉7415吨水分，可见其调节气候的巨大功能。

（四）净化水体

沼泽湿地像天然的过滤器，它有助于减缓水流的速度，当含有毒物和杂质（农药、生活污水和工业排放物）的流水经过湿地时，流速减慢有利于毒物和杂质的沉淀和排除。一些湿地植物能有效地吸收水中的有毒物质，净化水质。

湿地能够分解、净化环境物，起到“排毒”“解毒”的功能，因此被人们喻为“地球之肾”。如氮、磷、钾及其他一些有机物质，通过复杂的物理、化学变化被生物体储存起来，或者通过生物的转移（如收割植物、捕鱼等）等途径，永久地脱离湿地，参与更大范围的循环。

湿地中有相当一部分的水生植物包括挺水性、浮水性和沉水性的植物，具有很强的清除毒物能力，是毒物的克星。据测定，在湿地植物组织内富集的重金属浓度比周围水中的浓度高出10万倍以上。正因为如此，人们常常利用湿地植物的这一生态功能来净化污染物中的病毒，有效清除了污水中的“毒素”，达到净化水质的目的。

例如，水葫芦、香蒲和芦苇等被广泛地用来处理污水，用来吸收污水中浓度很高的重金属镉、铜、锌等。在美国的佛罗里达州，有人作了如下试验，将废水排入河流之前，先让它流经一片柏树沼泽地（湿地中的一种），经过测定发现，大约有98%的氮和97%的磷被净化排除了，湿地惊人的清除污染物的能力由此可见一斑。印度加尔各答市（Calcutta）没有一座污水处理厂，该城所有的生活污水都被排入东郊的一个经过改造的湿地复合体中。这些污水既可用来养鱼，鱼产量每年每公顷可达2.4吨，也可用来灌溉稻田，每公顷年产水稻2吨左右，另外，还在倾倒固体垃圾的地方种植蔬菜，并用这些污水来浇灌。大量的营养物以食物形式从污水中排除出去。加尔各答城东的湿地成为一个如此低费用处理生活污水并能同时获得食物的世界性典范。

（五）动物栖息地

湿地复杂多样的植物群落，为野生动物尤其是一些珍稀或濒危野生动物提供了良好的栖息地，是鸟类、两栖类动物的繁殖、栖息、迁徙、越冬的场所。

湿地特殊的自然环境虽有利于一些植物的生长，却不是哺乳动物种群的理想家园，只有鸟类能在这里获得特殊的享受。因为水草丛生的沼泽环境，为各种鸟类提供了丰富的食物来源和营巢、避敌的良好条件。

在湿地内常年栖息和出没的鸟类有天鹅、白鹳、鹈鹕、大雁、白鹭、苍鹰、浮鸥、银鸥、燕鸥、苇莺、掠鸟等。

（六）局部小气候

全球气温变暖的主要原因是二氧化碳过多。湿地由于其特殊的生态特性，在植物生长、促淤造陆等生态过程中积累了大量的无机碳和有机碳，由于湿地环境中微生物活动弱，土壤吸引和释放二氧化碳十分缓慢，形成了富含有机质的湿地土壤和泥炭层，起到了固定碳的作用，尤其是临近城市的湿地公园，还具有净化空气、美化环境和减缓热岛效应等功能。

湿地调节局部小气候功能是通过湿地及湿地植物的水分循环和大气

组分的改变调节局部地区的风、温度、湿度和降水状况等气候要素。湿地水分通过蒸发成为水蒸气，然后又以降水的形式降到周围地区，保持当地的湿度和降雨量，调节湿地区域局部小气候环境。

（七）创造美好环境

城市周边的湿地，如湿地公园、湿地生态园等是最具美学和生态价值的自然斑块之一，是城市特色的主要组成部分，也是发展城市旅游业的重要载体。现代化、人工化的都市景观与充满野趣的湿地景观共同构成和谐丰富的城市人居环境（见图 1－2）。

图 1－2　充满野趣的湿地景观

第二节　湿地景观

一　湿地景观的定义

湿地景观（wetland landscape）是指不问其为天然或人工、长久或暂时性的沼泽地、湿原、泥炭地或水域地带，带有或静止或流动，或为淡水、半咸水、咸水水体，包括低潮时水深不超过六米的水域景观。

二　湿地景观的价值

（一）保护生物和遗传多样性

自然湿地生态系统结构的复杂性和稳定性较高，是生物演替的温床和遗传基因的仓库。许多自然湿地不但为水生动物、水生植物提供了优良的生存场所，也为多种珍稀濒危野生动物，特别是为水禽提供了必需的栖息、迁徙、越冬和繁殖场所。同时自然湿地为许多物种保存了基因特性，使得许多野生生物能在不受干扰的情况下生存和繁衍。因此，湿地当之无愧地被称为“生物超市”和“物种基因库”。

（二）减缓径流和蓄洪防旱

许多湿地地区是地势低洼地带，与河流相连，所以是天然的调节洪水的理想场所，湿地被围困或淤积后，这些功能会大受损失。据科学家研究，我国1998年洪水的特点是“低洪量、高水位、大危害”，流量虽然没有1954年的洪水流量大，但造成的影响却远比1954年的大，除森林资源遭到大量的破坏、水利工程设施不足外，湿地被大量围垦侵占和功能急剧退化是最直接的原因。

（三）固定二氧化碳和调节区域气候

全球气温变暖的主要原因是二氧化碳过多。据科学家研究，在过去100年的10个气温最高年份中，有9个集中在1990—2001年的这12年中，这期间正是人类活动对自然生态，包括湿地生态系统造成破坏最严重的时期。据科学家研究，湿地固定了陆地生物圈35%的碳素，总量为770亿吨，是温带森林的5倍，单位面积的红树林沼泽湿地固定的碳是热带雨林的10倍。《湿地公约》和《联合国气候变化框架公约》还特别强调了湿地对调节区域气候的重大作用，湿地的水分蒸发和植被叶面的水分蒸腾，使得湿地和大气之间不断进行能量和物质交换，对周边地区的气候调节具有明显作用。

（四）降解污染和净化水质

湿地具有很强的降解污染的功能，许多自然湿地生长的湿地植物、微生物通过物理过滤、生物吸收和化学合成与分解等把人类排入湖泊、河流等湿地的有毒有害物质转化为无毒无害甚至有益的物质，如某些可以导致人类患癌的重金属和化工原料等，能被湿地吸收和转化，使湿地水体得到净化。当然，湿地净化水质必须在其自然承载能力之内，湿地一旦遭到严重破坏，就会丧失自我修复能力。我国许多自然湿地污染严重现象就是过量排放污染物造成的。

（五）提供丰富的动植物食品资源和工业原料

湿地生态系统物种丰富、水源充沛、肥力和养分充足，有利于水生动植物和水禽等野生生物生长，使得湿地具有较高的生物生产力，且自然湿地的生态系统结构稳定，可持续提供直接食用或用作加工原料的各种动植物产品，同时，湿地还可以为人类社会的工业经济发展提供包括食盐、天然碱、石膏等多种工业原料，以及硼等多种稀有金属矿藏。

（六）为人类提供聚集场所、娱乐场所、科研和教育场所

长期以来，由于特有的资源优势和环境优势，湿地一直是人类居住的理想场所，是人类社会文明和进步的发祥地。

三　湿地景观的特征

湿地景观的最大特点在于具有完备的生态系统，具有多种类型和区域特色，可开展别具特色的湿地旅游，生态经济效益显著。

（一）完备的生态系统

湿地景观有一个完备的生态系统，由森林、灌丛草地、农田和湿地为主要元素构成的湿地景观为动物栖息提供了必备的条件：充足的食

物、安全的水源和不受干扰的环境。自然化的种植模式、乡土化的植物选择、连续的景观格局、多样化的生境将为生物创造健康、安全的栖息空间。园内包括动物、植物、微生物资源。植物种类主要包括：沼泽植物、盐沼植物、红树植物、水生植物等。

（二）具有多种类型和区域特色

湿地景观类型多样，景观空间多变，景观体验丰富（见图1－3）。其生态格局由湿地中的基质（绿色的片区）、斑块（水域、森林、草坪、农田、广场等）、廊道（道路、河溪、林带等）组成。密林、疏林、草坪组合成自然的景观植物群落，水中、水面、水岸、森林组合成立体的景观画面；栈道、平台、廊架将公众引入自然的生境；观鸟、划船、采莲、垂钓、潜水、灌溉、喂养、湿地科普、参观等活动使公众获得丰富的湿地体验。水是湿地景观建造的基础，对水利用得当将使场地产生独特的景观魅力，分布其中的农田、山丘、树林、农作物、动物、河岸、桥、古树、房舍、沟渠等景观元素都对久居城市中的公众具有强大的吸引力。

图1－3　景观类型多样

同时，由于气候、地形地貌、水文的不同，湿地所呈现的景观种类也不同，地区不同、地形不同、气候条件不同可以建成特色各异的城市湿地景观。水域到陆地的自然生态系统过渡区域的景观梯度变化丰富，有沉水植物、浮叶植物、挺水植物、湿生植物、陆生植物的丰富植物群落，湿地还养育了多种多样的鸟类、底栖动物，形成了湿地竖向变化上的特色景观。在城市湿地景观建设中要充分利用当地的湿地类型及动植物多样性的结构，做出区域特色。

（三）社会服务功能突出

湿地以生态服务为主，而湿地景观的自然生态功能较湿地呈弱化趋势，但湿地景观的社会功能受到城市化和人类活动的影响，而且逐渐加强。湿地景观之所以受到建设决策者的青睐是与它的功能分不开的。湿地可以通过植物的滞留与降解作用净化污水，这也是部分城市湿地景观设置的原因。湿地还是良好的储水器，有助于减弱洪水对城市的威胁。湿地是世界上生物多样性最丰富的生态系统之一，在城市环境中对城市动物物种的多样性有至关重要的作用。城市湿地景观多为密林覆盖，对城市空气净化作用明显。更为重要的是，由于湿地提供了优质的环境，公众在游览的过程中获得了自然体验，政府也从旅游中获得了维持景点健康运行的资金。

（四）生态经济效益显著

湿地大多呈自然演替状态，人为干扰与管理强度相对较小，而湿地景观的面积、结构、功能以及演替方向均受到人为的影响与制约，无论是从强度还是频度上都充分体现了人为管理的特征。由于城市建设需要以及紧缺的土地资源，旧城区能保留的湿地类型主要是流经城市的河流、公园内的大小湖泊以及以排污为主的露天沟渠、居民社区内的水景园林等。此外，为改善城市居民居住环境而修建或重建的以景观和休闲为目的的水景，也增加并丰富了湿地公园的数量与多样性。近年来，以处理城市污水为目标而恢复与重建的湿地工程成为湿地景观的特有类型。简而言之，湿地景观的生态系统通过构建与运行的组织体系节省了大量维护费用，减少了建筑和工程投入，湿地的自然演替过程促进了景观的持续发展。

总之，湿地景观是湿地保护性利用的新方式，也是生态旅游和生态文明建设新载体。目前国内外兴起湿地公园建设热潮，为湿地保护性利用带来了新机遇。

四 湿地景观的分类

（一）按湿地资源状况划分

河口滨海湿地公园：一般距离城市较远，与自然保护区结合发展，公园规模较大，是海洋和大陆相互作用最强烈的地带，生物多样性丰富、生产力高，在防风护岸、降解污染、调节气候等诸多方面具有重要价值。如上海崇明岛东滩湿地公园、新加坡双溪布洛湿地公园。

湖泊湿地景观：一般镶嵌在城市之中，建设规模较大。如日本的琵琶湖湿地公园、杭州西溪国家湿地公园、武汉东湖国家湿地公园（见图1－4）等。

沼泽湿地景观：一般远离城市，面积宽广，湿地生态系统结构与功能完备，属于自然演替的湿地公园。如美国佛罗里达大沼泽地公园、新疆伊犁那拉提沼泽湿地公园。

河流湿地景观：一般沿穿城市而过的河流两岸布置，对城市的防洪、通航以及净化水源具有重大意义。如无锡长广溪国家湿地公园、建设中的南京秦淮河湿地公园等。

城市社区人工湿地景观：一般规模较小，将湿地的结构、功能以及技术浓缩在一块小范围的实验区里，按人类需求的几个主要目标设计建

图 1－4　武汉东湖国家湿地公园

造而成。如吉隆坡的 Kola Kemuning 社区湿地公园、郑州市郑东新区人工湿地公园（见图 1－5）。

图 1－5　郑州市郑东新区人工湿地公园

（二）按人类干扰程度划分

自然湿地公园：一般在湿地自然保护区基础上发展起来，湿地生态系统自然演替，人类干扰程度微小。如美国佛罗里达大沼泽地公园、日本北海道钏路湿地公园等。

半自然湿地公园：湿地生态系统受到一定程度的人类活动干扰，公园景观留有较强的人工痕迹。如杭州西溪湿地公园（见图1－6）等。

图1－6 杭州西溪湿地公园

人工恢复湿地公园：按照人类的主观意愿，仿真湿地生态系统的结构，科学地利用湿地功能为人类的一定需求服务。如伦敦的湿地中心、成都府城河湿地公园等。

（三）按发展起源与功能类型划分

以湿地自然保护为主的湿地景观：在原有湿地自然保护区的基础上，在保护为主的前提下，根据生态教育、湿地旅游市场的需要通过拓宽经营类型、增加宣教中心、增添各类设施，为人们接受湿地生态教育、参与湿地特色休闲旅游、走进湿地、观察鸟类提供场所。这种演化而来的湿地景观，一次性投入较少、分期投入、逐渐成形、因地制宜、灵活多样、易于推广，也是目前国际湿地景观的主流。这类景观多由政府或民间基金会投资并管理。如日本钏路湿地公园是在 1980 年列入日本第一个 RAMSAR 国际重要湿地名录的基础上发展起来的。香港米埔湿地、澳大利亚纽卡斯尔的肖特兰湿地中心等也属此类模式。

以湿地特色旅游为主的湿地景观：根据当地湿地自然条件和国内外旅游市场需要，以展示湿地类型、结构、功能为基础，以湿地科研技术为依托，集知识性、科学性、娱乐性、参与性为一体，以凸显湿地特色，发展旅游。如日本东京湾的野鸟公园、箱根湿地公园，英国伦敦的湿地中心，苏州太湖国家湿地公园等属于此类型。

以湿地功能利用（污水处理）为主的湿地公园：根据处理污水需要达到的目标，通过设计建造人工湿地，将湿地系统的处理功能、湿地的自然过程以及景观艺术结合在一起。此类湿地公园的规划建设一般都与在工业区或商住区的污水处理结合，企业多为项目的投资者，如美国奥兰多伊斯特里湿地公园等。

（四）按湿地与城市位置关系划分

城中型：即湿地景观位于城市建成区内，以湿地公园居多，其生态属性一般相对较弱，人工痕迹较重，湿地公园的社会属性（休闲、娱乐、教育等）相对较强，如成都府城河湿地公园以生态教育、展示与娱乐功能为主。

城郊型：即湿地景观位于城郊，其生态属性与社会属性均处于同等重要地位，在为城市提供生态服务和满足市民亲近自然的精神需求上发挥作用，如杭州溪西湿地公园具有调节小气候、净化水质、保护文化遗传、生态旅游等综合功能。

远郊型：湿地位于城市的远郊，其生态属性一般强于湿地公园的社会属性，如日本钏路湿地公园的核心价值在于为濒危的黑冠丹顶鹤提供栖息地等。

此外，城市在湿地水流方向的不同位置对湿地公园功能有很大的影响，如果湿地位于城市的下游方向，可称为下水型，湿地公园必须把污水净化及其综合利用作为主要功能。如果湿地位于城市的上游方向，可称为上水型，湿地公园的主要功能侧重于改善城市环境、泄洪、提供水源、净化水质、休闲娱乐。

第三节　景观生态学

一　概念确定

景观生态学（landscape ecology）是在1939年由德国地理学家C.特洛尔提出的。它是以整个地表景观为对象，通过物质流、能量流、信息流与价值流在地球表层的传输和交换，通过生物与非生物以及人类之间的相互作用与转化，运用生态系统原理和系统方法研究景观结构和功能、景观动态变化以及相互作用机理，研究景观的美化格局、优化结构、合理利用和保护的学科。简而言之，景观生态学是一门新兴的多学科之间的交叉学科，主体是生态学和地理学。

二　研究内容

当今，景观生态学的研究焦点是在较大的空间和时间尺度上生态系统的空间格局和生态过程。Risser等学者（1984）认为景观生态学研究具体包括：景观空间异质性的发展和动态；异质性景观的相互作用和变化；空间异质性对生物和非生物过程的影响；空间异质性的管理。景观生态学的理论发展突出体现其对异质景观格局和过程的关系，以及它们在不同时间和空间尺度上相互作用的研究。理论研究还包括探讨生态过程是否存在控制景观动态及干扰的临界值、不同景观指数与不同时空尺度对生态过程的影响、景观格局和生态过程的可预测性以及等级结构和跨尺度外推。尽管这些都仅是理论雏形，但它们确实给生态学提供了一个新的范式（Paradigm）。

按照 Kuhn（1970）的科学哲学思想，科学的发展总是不断地以新的范式替代旧的范式。新范式提出新的理论、新的概念、新的构架、新的思维、新的方法。景观理论是生态系统理论的新发展，它的新颖之处主要在于景观理论强调系统的等级结构、空间异质性、时间和空间尺度效应、干扰作用、人类对景观的影响以及景观管理。景观生态学的生命力也在于它直接涉足于城市景观、农业景观等人类景观课题。Naveh 和 Lieberman（1984）指出：景观生态学是生物生态学和人类生态学的桥梁。此外，跨尺度上推（Scaling Up）景观生态学是环球生态学（Global Ecology）的重要一环。

（一）景观生态系统结构和功能研究

包括对自然景观生态系统和人工景观生态系统的研究。通过研究景观生态系统中的物理过程、化学过程、生物过程以及社会经济过程来探讨各类生态系统的结构、功能、稳定性及演替。研究景观生态系统中物质流、能量流、信息流和价值流，模拟生态系统的动态变化，建立各类景观生态系统的优化结构模式。景观生态系统结构研究主要包括景观空间尺度的有序等级。景观功能研究主要包括景观生态系统内部以及与外界所进行的物质、能量、信息交换及这种交换影响下景观内部发生的种种变化和表现出来的性能。特别要注意人类作为景观的一个要素在景观生态系统中的行为和作用。对人工景观生态系统的研究，如城市生态系统、工矿生态系统，要考虑系统中的非生物过程。这方面的研究工作是景观生态学的基础研究，通过研究来丰富景观生态学的理论，指导应用和实践。

（二）景观生态监测和预警研究

这方面的研究是对人类活动影响和干预下自然环境变化的监测，以及对景观生态系统结构和功能的可能改变和环境变化的预报。景观生态监测的任务是不断监测自然和人工生态系统及生物圈其他组成部分的状况，确定改变的方向和速度，并查明种种人类活动在这种改变中所起的作用。景观生态监测工作，应在有代表性的景观生态系统类型中建立监测站，积累资料，完善生态数据库，动态地监测物种及生态系统状态的变化趋势，及时发出预警，为决策部门制定合理利用自然资源与保护生态环境的政策措施提供科学依据。景观生态预警是对资源利用的生态后果、生态环境与社会经济协调发展的预测和警报。一是在监测基础上，从时间和空间尺度对景观变化做出预报。这种研究要通过承载力、稳定性、缓冲力、生产力和调控力，分析区域生态环境容量和持续发展能力，对区域生态环境、对经济发展的协调性和适应性进行评价，对超负荷的区域和重大的生态环境问题做出警告，采取必要的措施。二是对种种大型工程所引起的生态环境变化的预测，如南水北调和长江三峡水利工程的生态环境预测。

（三）景观生态设计与规划研究

景观生态规划是通过分析景观特性以及对其判释、综合和评价，提出景观最优利用方案。其目的是使景观内部社会活动以及景观生态特征在时间和空间上协调化，达到对景观优化利用，既保护环境，又发展生产，合理处理生产与生态，资源开发与保护，经济发展与环境质量，开发速度、规模、容量、承载力等的辩证关系。根据区域生态良性循环和环境质量要求设计出与区域协调、相容的生产与生态结构，提出生态系统管理途径与措施，主要包括：景观生态分类、景观生态评价、景观生态设计、景观生态规划和实施。

（四）景观生态保护与管理研究

运用生态学原理和方法探讨合理利用、保护和管理景观生态系统的途径。应用有关演替理论，通过科学实验与建立生态系统数学模型，研究景观生态系统的最佳组合、技术管理措施和约束条件，采用多级利用生态工程等有效途径，提高光合作用的强度，最大限度地利用初级异养生产，提高不同营养级生物产品利用的经济效益。建立自然景观和人文景观保护区，经营管理和保护资源与环境。保护主要生态过程与生命支持系统；保护遗传基因的多样性；保护现有生产物种；保护文化景观，使之为人类永续利用，不断加强各种生态系统的功能。景观生态管理还应加强景观生态信息系统研究，主要包括：数据库、模型库、景观生态专家系统和知识库。

三　理论基础

许多学者对景观生态学基础理论的探索做出了重要贡献，例如 Risser 等提出的 5 条原则，Forman 等提出的 7 项规则等。但从景观生态学理论研究现状来看，目前用“理论”这一术语表达景观生态学的基础理论，比用原理、定律、定理等方式更适宜些。相关学科为景观生态学提供的基础理论，概括起来主要有以下七项。

（一）生态进化与生态演替理论

达尔文提出了生物进化论，主要强调生物进化；海克尔提出生态学概念，强调生物与环境的相互关系，开始有了生物与环境协调进化的思想萌芽。应该说，真正的生物与环境共同进化思想属于克里门茨。他的五段演替理论是大时空尺度的生物群落与生态环境共同进化的生态演替进化论，突出了整体、综合、协调、稳定、保护的大生态学观点。坦斯里提出生态系统学说以后，生态学研究重点转向对现实系统形态、结构和功能的系统分析，对于系统的起源和未来研究则重视不够。但就在此时，特罗尔却接受和发展了克里门茨的顶级学说而明确提出景观演替概念。他认为植被的演替，同时也是土壤、土壤水、土壤气候和小气候的演替，这就意味着各种地理因素之间相互作用的连续顺序，换句话说，也就是景观演替。毫无疑问，特罗尔的景观演替思想和克里门茨演替理论不但一致，而且综合单顶极和多顶极理论成果发展了生态演替进化理论。

生态演替进化是景观生态学的一个主导性基础理论，现代景观生态学的许多理论原则如景观可变性、景观稳定性与动态平衡性等，其基础思想都起源于生态演替进化理论，如何深化发展这个理论，是景观生态学基础理论研究中的一个重要课题。

（二）空间分异性与生物多样性理论

空间分异性是一个经典地理学理论，有人称为地理学第一定律，而生态学也把区域分异作为其三个基本原则之一。生物多样性理论不但是生物进化论概念，而且也是一个生物分布多样化的生物地理学概念。二者不但是相关的，而且有综合发展为一条景观生态学理论原则的趋势。

地理空间分异实质是一个表述分异运动的概念。首先是圈层分异，其次是海陆分异，再次是大陆与大洋的地域分异等。地理学通常把地理分异分为地带性、地区性、区域性、地方性、局部性、微域性等若干级别。生物多样性是适应环境分异性的结果，因此，空间分异性生物多样化是同一运动的不同理论表述。

景观具有空间分异性和生物多样性效应，由此派生出具体的景观生态系统原理，如景观结构功能的相关性，能流、物流和物种流的多样性等。

（三）景观异质性与异质共生理论

景观异质性的理论内涵是景观组分和要素，如基质、镶块体、廊道、动物、植物、生物量、热能、水分、空气、矿质养分等，在景观中总是不均匀分布的。由于生物不断进化，物质和能量不断流动，干扰不断，因此景观永远也达不到同质性的要求。日本学者丸山孙郎从生物共生控制论角度提出了异质共生理论。这个理论认为增加异质性、负熵和信息的正反馈可以解释生物发展过程中的自组织原理。在自然界生存最久的并不是最强壮的生物，而是最能与其他生物共生并能与环境协同进化的生物。因此，异质性和共生性是生态学和社会学整体论的基本原则。

（四）岛屿生物地理与空间镶嵌理论

岛屿生物地理理论是在研究岛屿物种组成、数量及其他变化过程中形成的。达尔文考察海岛生物时，就指出海岛物种稀少，成分特殊，变异很大，特化和进化突出。以后的研究进一步注意岛屿面积与物种组成和种群数量的关系，提出了岛屿面积是决定物种数量的最主要因子的论点。1962 年，Preston 最早提出岛屿理论的数学模型。后来又有不少学者修改和完善了这个模型，并和最小面积概念（空间最小面积、抗性最小面积、繁殖最小面积）结合起来，形成了一个更有方法论意义的理论方法。

所谓景观空间结构，实质上就是镶嵌结构。生态系统学也承认系统结构的镶嵌性，但因强调系统统一性而忽视了镶嵌结构的异质性。景观生态学是在强调异质性的基础上表述、解释和应用镶嵌性的。事实上，景观镶嵌结构概念主要来自孤立岛农业区位论和岛屿生物地理研究。但对景观镶嵌结构表述更实在、更直观、更有启发意义的还是岛屿生物地理学研究。

（五）尺度效应与自然等级组织理论

尺度效应是一种客观存在而用尺度表示的限度效应。只讲逻辑而不管尺度无条件推理和无限度外延，甚至用微观实验结果推论宏观运动和代替宏观规律，这是许多理论悖谬产生的重要哲学根源。有些学者和文献将景观、系统和生态系统等概念简单混同起来，并且泛化到无穷大或无穷小而完全丧失尺度性，往往造成理论的混乱。现代科学研究的一个关键环节就是尺度选择。在科学大综合时代，由于多元多层次的交叉综合，许多传统学科的边界模糊了，因此，尺度选择对许多学科的再界定具有重要意义。等级组织是一个尺度科学概念，此处，自然等级组织理论有助于研究自然界的数量思维，对于景观生态学研究的尺度选择和景观生态分类具有重要的意义。

（六）生物地球化学与景观地球化学理论

现代化学分支学科中与景观生态学研究关系密切的有环境化学、生物地球化学、景观地球化学和化学生态学等。

维尔纳茨基创立的生物地球化学主要研究化学元素的生物地球化学循环、平衡、变异以及生物地球化学效应等宏观系统整体化学运动规律。以后派生出水文地球化学、土壤地球化学、环境地球化学等。波雷诺夫进而提出景观地球化学，科瓦尔斯基更进一步提出地球化学生态学，这就为景观生态化学的产生奠定了基础。

景观生态化学理应是景观生态学的重要基础学科，在以上相关理论的基础上，综合景观生态学研究实践，景观生态化学日益发挥出自己的影响。

（七）生态建设与生态区位理论

景观生态建设具有更明确的含义，它是指通过对原有景观要素的优化组合或引入新的成分，调整或构造新的景观格局，以增加景观的异质性和稳定性，从而创造出优于原有景观生态系统的经济和生态效益，形成新的高效、和谐的人工—自然景观。

生态区位论和区位生态学是生态规划的重要理论基础。区位本来是一个竞争优势空间或最佳位置的概念，因此区位论乃是一种富有方法论意义的空间竞争选择理论，半个世纪以来一直是占统治地位的经济地理学主流理论。现代区位论还在向宏观和微观两个方向发展，生态区位论和区位生态学就是特殊区位论发展的两个重要微观方向。生态区位论是一种以生态学原理为指导而更好地将生态学、地理学、经济学、系统学方法统一起来重点研究生态规划问题的新型区位论，而区位生态学则是具体研究最佳生态区位、最佳生态方法、最佳生态行为、最佳生态效益的经济地理生态学和生态经济规划学。

从生态规划角度看，所谓生态区位，就是景观组分、生态单元、经济要素和生活要求的最佳生态利用配置。生态规划就是要按生态规律和人类利益统一的要求，贯彻因地制宜、适地适用、适地适产、适地适生、合理布局的原则，通过对环境、资源、交通、产业、技术、人口、管理、资金、市场、效益等生态经济要素的严格生态经济区位分析与综合，来合理进行自然资源的开发利用、生产力配置、环境整治和生活安排。因此，生态规划无疑应该遵守区域原则、生态原则、发展原则、建设原则、优化原则、持续原则、经济原则七项基本原则。现在景观生态学的一个重要任务，就是研究如何深化景观生态系统空间结构分析与设计而发展生态区位论和区位生态学的理论和方法，进而有效地规划、组织和管理区域生态建设。

四　湿地恢复

（一）湿地恢复的概念

湿地恢复包括湿地的恢复、湿地改建以及湿地重建，是指通过生态技术或生态工程对退化或消失的湿地进行修复或重建，再现退化前的结构和功能，以及相关的物理、化学和生物学特性，使其发挥应有的作用。

（二）湿地恢复的原则

1. 可行性原则

湿地恢复工程项目实施时首先必须考虑湿地恢复的可行性，它主要包括两个方面，即环境的可行性和技术的可操作性。

2. 优先性和稀缺性原则

尽管任何一个恢复项目的目的都是恢复湿地的动态平衡，并阻止其退化过程，但湿地恢复的优先性并不一样，在实施湿地恢复前必须明确恢复工作的轻重缓急。稀缺性就是指在恢复过程中，要优先考虑针对一些濒临灭绝的动植物种、种群或稀有群落的恢复。

3. 生态完整性、自然结构和自然功能原则

湿地恢复是恢复退化湿地生态系统的生物群落及其组成、结构、功能与自然生态的过程。一个完整的生态系统富有弹性，能自我维持，能承受一定的环境压力及变化，其主要生态状况在一定的自然变化范围内运转正常。

4. 流域管理原则

湿地恢复设计要考虑整个湿地区域，甚至整个流域，而非仅仅退化区域，应从流域管理的原则，充分考虑集水区或流域内影响工程项目区湿地生态系统的因子，系统规划设计湿地恢复工程项目的建设目标和建设内容。

5. 美学原则

湿地具有多种功能和价值，不但表现在生态环境功能和湿地产品的用途上，而且具有美学、旅游和科研价值，因此，在湿地恢复过程中，应注重对美学的追求。美学原则主要包括最大绿色原则和健康原则，体现在

湿地的清洁性、独特性、愉悦性、景观协调性、可观赏性等许多方面。

6. 自我维持设计和自然恢复原则

保持恢复湿地永久活力的最佳方法就是将人为维护活动降到最低水平，同时在恢复过程中，应尽可能采用自然恢复的方法。

（三）湿地恢复的方法

1. 自然恢复方法

湿地恢复的过程就是消除导致湿地退化或丧失的威胁因素，从而通过自然过程恢复湿地的功能和价值，通常自然恢复方法的成功依赖于以下几个因素：稳定的能够获取的水源、最大限度地接近湿地动植物种源地。被动恢复的优势在于低成本以及恢复的湿地与周围景观的协调一致。

2. 人工促进恢复方法

人工促进自然恢复涉及自然干预，即人类直接控制湿地恢复的过程，以恢复、新建或改进湿地生态系统。当一个湿地严重退化，或者只有通过湿地建造和最大限度地改进才能完成预定的目标时，人工促进恢复方法是一个最佳的恢复模式，人工促进恢复方法的设计、监督、建设和花费都是比较可观的。

（四）湿地恢复的流程

1. 对湿地退化状况的调查及评价

对湿地的退化状况进行调查和评价，以明确造成该湿地退化的原因、恢复潜力等。

2. 确定湿地恢复区域

要选择一个恢复区域，首先要确定该恢复区属于地方、省级还是国家级。优先恢复区域要在一系列的恢复地点中选择最佳的恢复区域，需要考虑四个因素：水文条件、地形地貌条件、土壤条件、生物因素。

3. 湿地恢复区域的本底调查

在设计一个恢复项目之前，应该对恢复区域进行本底调查和评估，以便了解该区域过去和现在的状况，如恢复区域在过去是否属于湿地范畴，如果属于湿地，确定是哪些因素导致了湿地的退化或者丧失，特别是恢复区域过去的水文要素、植被的分布格局、地形地貌、物种对栖息地的需求、恢复区域现在的状况如何等问题。

4. 确定湿地恢复的目标

就是对湿地恢复项目预期结果的陈述，它反映了开展湿地恢复项目的动机。根据不同的地域条件，不同的社会、经济、文化背景要求，湿地恢复的目标也会不同，有的目标是恢复到原来的湿地状态，有的目标是重新获得一个既包括原有特性，又包括对人类有益的新特性状态，还有的目标是完全改变湿地状态等。

5. 使用参照地点

即在该区域中能代表恢复湿地类型的受干扰最小的湿地，以此来替代恢复区域退化之前的湿地状态。

6. 选择恢复方法

湿地恢复的最佳方法就是在尽可能的情况选用最简单的恢复方法，因为越复杂的恢复方法，越容易在某个环节出现偏差，采用破坏性最小、最为生态的方法最容易实现恢复目标。在实施更多的人为干预之前应考虑采用自然恢复方法，如果一些自然过程不能采用自然恢复方法，应更多地考虑采用生物工程，而不是传统的工程措施。

7. 实施湿地恢复工作

按照生态系统的恢复与重建原则，对湿地生态系统的功能设计、风险评价及恢复与重建指标体系等对策与方法进行全面规划和研究。在湿地恢复方案实施过程中，要利用和发展新技术，把湿地的恢复范围从局部扩大到整个流域，最终实现景观水平上的恢复。

8. 湿地恢复的监测

在湿地保护和管理的各种方法策略中，特别在评价管理行为的成功性方面，监测都起着重要作用。在湿地恢复规划制定以后，恢复的监测方案便应同时完成，包括监测方法、监测指标、实施路线、采样频率和强度等，通常情况下，湿地恢复前和恢复后的监测都是必要的。

9. 湿地恢复的长期管理

湿地生态系统是一个不断与周边环境发生响应，并随时发生演变和变化的生态系统。湿地恢复措施完成后，仅仅是一个成功的湿地恢复项目的开始，还需要对恢复湿地进行长期管理，以便使其发挥预期的生态功能，并使人为影响达到最小化。长期管理通常需要维护现有的各种设施和设备，如水利设施、监测设施等，对生物群落和植被类型进行长期管理，解决入侵物种或沉积物过量的问题，解决一些非预期的事件。

10. 湿地恢复的综合评价

湿地恢复不但包括生态要素的恢复，也包含生态系统的恢复。生态要素包括土壤、水体、动物、植物和微生物，生态系统则包括不同层次、不同尺度规模、不同类型的生态系统。因此，需要对湿地恢复进行综合性评价，以确定其是否达到了预期目标，被损害的湿地是否恢复到或接近于它退化前的自然状态。

本章小结

研究任何一种事物，都需要从其概念及含义谈起。本书包含如下几大核心内容：湿地、景观营造、景观生态学视角，要想展开阐述及研究，需厘清当中含义。作为提纲挈领的第一章，本章主要梳理了相关概念，包括湿地、湿地景观、景观生态学，同时每一小节又具体地阐释其定义、分类及特征等。

湿地景观是指不问其为天然或人工、长久或暂时性的沼泽地、湿原、泥炭地或水域地带，带有或静止或流动，或为淡水、半咸水、咸水水体，包括低潮时水深不超过六米的水域景观。

其中，湿地景观的概念、特征及分类，以及景观生态学的概念及研究内容为本章重点。湿地景观具有十分重要的价值，能够保护生物和遗传多样性；减缓径流和蓄洪防旱；固定二氧化碳和调节区域气候；降解污染和净化水质；提供动植物食品资源和工业原料；为人类提供聚集、娱乐、科研和教育场所等。

此外，景观生态学的研究内容包括景观生态系统结构和功能研究、景观生态监测和预警研究、景观生态设计与规划研究及景观生态保护与管理研究。在生态进化与生态演替理论、空间分异性与生物多样性理论、景观异质性与异质共生理论等理论的指导下，本章剖析了景观生态学视角下的湿地恢复，包括其原则、方法及流程等。

概况而言，本章为后文的叙述提供了概念性及理论性指导，接下来的分析研究，皆构建在本章内容基础之上并进行延展。

第二章 湿地景观实例及分析

第一节 湿地景观实例

一 云南滇池湿地

（一）总体概况

滇池，又名滇南泽、昆明池、昆明湖、滇海，位于昆明市西南，湖面海拔1886米，是云南第一大淡水湖泊，素有“高原明珠”之称，也是省会昆明市的最重要水源，被当地人誉为昆明的“母亲湖”。滇池湿地的历史悠远，可以追溯至古地质年代。那时，滇池湖盆的区域庞大，北起现如今的松花坝，南至今日的晋宁十里铺，湿地面积约为1000平方千米，是云南文明的发祥地。

从地理角度来看，滇池是一个典型的浅水天然湖泊（见图2－1），水面面积300平方千米，平均水深414米，具有湿地系统的属性。滇池湿地属于湖泊湿地类型，由湖泊及其滨岸的低地所组成，多有芦苇、荷花、水竹、菖蒲等水生植物，景观独特，风光秀丽。

从人文角度来看，滇池曾经是著名的国家级旅游度假区，四周有云

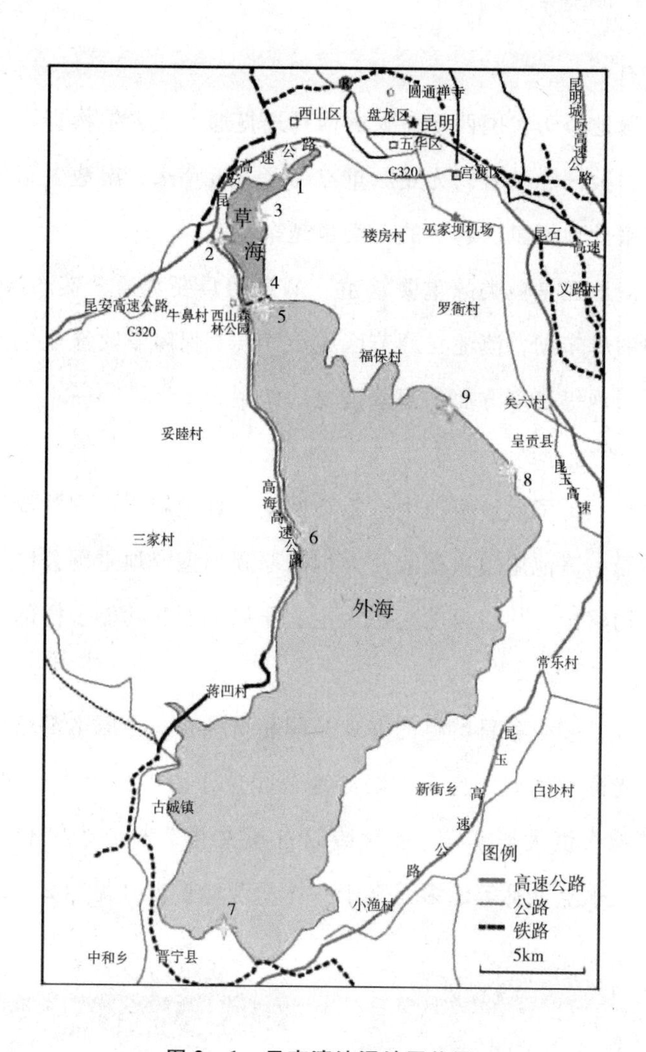

图 2－1　云南滇池湿地区位图

南民族村、云南民族博物馆、西山、龙门、大观楼等名胜风景区，古迹云集，人文气韵浓厚。

然而，自 20 世纪以后，随着各类工商业和农业活动的深入开展，伴随着昆明市经济的飞速发展，城市化进程的不断推进，日渐频繁的人类活动也在影响着滇池湿地的命运。滇池湿地遭到人类干涉的痕迹越来越重，完整的滇池湿地逐渐被分割成为零零散散的小块，昔日风貌不复存在。

滇池湿地位于我国西部最大的候鸟迁徙通道上，生物资源丰富，具有多样性，被国际鸟盟列为亚洲重点鸟区。近年来，湿地生态环境不断改善，前来此地栖息、越冬的鸟类也越来越多。

滇池湿地还是鱼类的重要繁殖、栖息的重要场所，盛产淡水鱼类。作为昆明的母亲湖，滇池在调节区域小气候、保障农牧渔业生产、营造人类游憩景观等诸多方面都起着重要的作用。

（二）背景介绍

近些年，为了促进滇池生态系统恢复，合理利用生物资源，重新规划景观格局，滇池周边兴建起一大批高原湖泊型湿地主题公园，在滇池周边逐步构建出一片以自然生态为主、布局全面、功能多样的绿色生态湿地景观。

现如今，多个各具特色的湿地公园相继亮相，令原本没落的滇池重焕生机和光彩。例如，晋宁古滇湿地公园位于滇池南岸、长腰山西侧，毗邻“滇池古滇大码头”，是营造以古滇文化为核心，融合花海、小桥、栈道、水上森林等诸多元素于一体的湿地景观（见图2－2）。

图2－2　古滇湿地公园

永昌湿地公园，位于滇池旅游度假区西北片区船房河入滇口南测，紧邻草海大堤附坝，占地面积达 218 亩。该湿地公园的前身是永昌鱼塘，经过退塘还湖、清挖淤泥等一系列综合治理措施之后，水环境质量和生态环境得到明显改善。永昌湿地公园内栽植有小灌木及地被 4800 余平方米，水杉、柳树、杨树、小叶榕等乔木 4215 余株，菖蒲、旱伞草、荷花等水生植物 35336 余平方米。湿地公园里还设有 16 个景观岛屿，营造出天然的景观效果，成为滇池周边最具原生态风情的湿地景观。每当鸟类迁徙的季节，海风轻拂，草海大坝和海埂大坝还会吸引成群结队的海鸥前来休憩（见图 2－3）。

图 2－3　永昌湿地公园

滇池地区兴建的湿地公园，承载着区域气候调节、改善水质、净化城市空气、景观美化、观光旅游、休闲娱乐等诸多功能，其目标在于带动多方效益，促进城市经济、文化和生态环境的可持续发展。这些生态湿地的建成，不仅为滇池区域的生态恢复发挥了重要作用，也为广大市民及外来游客提供了多姿多彩的生态湿地景观和休闲娱乐的去处（见图 2－4）。

图 2-4 晋宁南滇池国家湿地公园

另外，滇池位于高原地带，湖面海拔 1886 米，地理环境特殊，生态系统较为脆弱，占据着我国西南生态安全屏障的要塞。随着人口的不断增加，历史上不合理的湿地利用方式以及外来有害生物入侵，滇池湿地的生态越来越不堪重负，自然湿地面积萎缩、环境污染严重。近些年，滇池湿地的开发、利用区域越来越大，遭到污染、破坏的途径也随之增多。

（三）问题分析

尽管滇池湿地有着诸多重要的功能和价值，但是由于对其缺乏足够的认知，过去更多的人一直将这里看作一片蛮荒之地，一味地从中索取，缺乏有效的保护和合理利用。其结果，不止导致滇池湿地的生态系统遭到破坏，湿地面积大幅度萎缩，环境灾害频繁，生态不断退化，严重威胁到滇池地区经济和生态的可持续性。滇池湿地面临的问题主要表现在以下几个方面：

1. 湿地面积大幅萎缩，湿地景观惨遭"毁容"

近几十年来，随着人口不断增加，人类的经济活动的深入开展，滇池湿地不再是自然发展的荒地，人为干预成为影响滇池湿地开发的主要因素。

回顾滇池湿地开发的过程，便是一个破坏不断扩大，不断深化的过程。

20世纪50年代末，滇池湿地开始了围湖造田（见图2－5），原本连绵不绝的湿地被逐渐分割。70年代，围湖造田的趋势加剧，大规模开垦破坏了滇池湿地的草海，湿地景观遭到严重破坏，昔日美轮美奂的滇池几乎遭到了毁容式的破坏。根据相关数据显示，滇池地区围湖造田的面积至少达到2180公顷，滇池水面面积减少了2180平方千米。血淋淋的数据之下，是滇池湿地自然生态所遭受的不可挽回的剧变。

图2－5 滇池的围湖造田

滇池湿地曾是西南高原上一幅优美画卷，草木花树，四季争辉，苹天苇地，空阔无边。历经千年变幻，大自然的鬼斧神工造就出独树一帜的湿地景观，正如古人诗中描绘那般——“四围香稻，万顷晴沙，九夏芙蓉，三春杨柳”。

然而，经过几十年的不合理利用，天然湿地遭到大规模破坏，开垦农田，改变用途，更是引发种种生态恶果。滇池湖盆越来越浅，容积剧减，各类野生动物、水生植物、鱼类、鸟类繁殖与栖息的场所纷纷遭到毁坏，滇池原本引以为傲的原生景观被打破，浩荡连绵的湿地景观被分割成碎片，昔日磅礴的湖光水色也不复存在。

2. 生态系统遭破坏

湿地是一个巨大的水源库，能够有效调蓄水源，调节局域小气候。在过去半个多世纪里，滇池湿地遭受滥垦、不合理利用、非良性开发，导致滇池湿地的面积大幅度减少，湿地的调蓄功能也随之严重衰减。

改善和净化滇池入湖水质、生物多样性保育等重要生态功能，是滇池湿地的重要组成部分。湿地的生态调节功能大幅度下降，对环境的深层次影响表现在局部气候变化、气温升高、降水减少、旱涝灾害频繁等。

自然资源是有限的，掠夺式的开发、竭泽而渔的一味索取，只会让原本就十分有限的资源过度消耗，甚至是迅速消失。倘若不进行整治，滇池湿地生态系统继续被破坏，只会加速滇池的消失。

3. 水体污染严重，蓝藻大规模爆发

按照《中华人民共和国地表水环境质量标准》，20 世纪 60—70 年代，滇池的水质为 2—3 类，属于集中式生活饮用水地表水源地一级二级保护区、珍稀水生生物栖息地、鱼虾类产卵场、仔稚幼鱼的索饵场等。这一时期，鱼塘养殖经营成了滇池草海上的水体污染源，草海水面不断缩减，水质略遭破坏，但仍然适合饮用。

但从 20 世纪 80 年代起，随着周边人口增多，工业、农业、日常生活用水的污染，滇池水质急剧恶化，逐渐下降至 5 类和超 5 类水质，无法作为饮用水源。水体污染的加重，对滇池生态系统的平衡造成了致命性的打击。

过去几十年，滇池被广泛用于农田、鱼塘养殖，人们在湖泊里砌有土石防浪堤，鱼塘围堰、坝埂，导致湿地大幅度退化，水体自净能力减弱。村民世代居住在滇池周边区域，任意建盖住房，这些行为产生的垃圾、污水、淤泥、杂草都严重影响滇池的水环境质量。

此外，由于工农业迅速发展，长期以来工业污染排放越来越多，农业面源污染严重，滇池的水体富营养化愈演愈烈，最终导致蓝藻大爆发。蓝藻大量出现时，附近水体一般呈蓝色或绿色，被称为“绿潮”。水面被厚厚的蓝绿色湖靛所覆盖，被风吹到岸边堆积，不但会发出恶臭味，且含毒素的蓝藻细胞在水体中漂游，当与某些悬浮物络合沉淀，或被养殖对象捕食后随其排泄物沉淀，在鱼池池底聚集，对水产品生产会带来巨大的负面影响。而且蓝藻爆发会引起水质恶化，严重时耗尽水中氧气而造成鱼类死亡。因此，滇池湿地的生态环境被严重破坏，当地鱼种濒于灭绝。20 世纪 90 年代初期，滇池已经成为全国闻名的重度污染湖泊，昆明经济每年遭受高达 710 亿元的巨大损失。

滇池没有了清澈的湖水，取而代之的是大范围出现“绿潮”，这些绿色的水华由浮游生物疯长引起。水华的突然袭击，造成鱼死虾亡，水体黑臭，水道堵塞，水厂停工，严重影响当地居民的生活和农渔业的收成。

水乃生命之源。水环境质量的好坏不仅影响生活在水中的动、植物，还与周边人类的生存息息相关。科学研究显示，滇池中爆发的水华不止损害生态系统，也对人类身体健康造成危害，是诱发肝癌的三大罪魁祸首之一。

4. 商业化地产开发

20 世纪 90 年代中后期开始，昆明市加强治理水源，提升滇池水质，但是收效颇微。究其根源，则是因为湖泊水体是湖泊湿地生态系统之中的一部分，滇池的生态系统得不到全面恢复，滇池的水质也无法取得显著改善。

在意识到这一根源以后，昆明市投入大量资金和人力，实施退田还湖措施。世代居住在滇池周边的村民也相继搬迁，让原先被农田占据的滇池恢复原生湖泊样貌。经过长期努力，芦苇荡、杉树林重新出现在湖岸水滨，湖泊中的水再次变得清澈，滇池湿地的生态系统开始恢复。

然而，就在生态恢复初见成效的时候，滇池湿地却又面临新的困境。先前种植的水源涵养林遭到砍伐，村民们为保护湿地退出的土地上却盖起了别墅洋房。为追逐房地产产业带来的高利润，人们不断地开发土地，滇池湿地的生态系统再次遭受极大打击。

"滇池湿地"作为昆明市的一张风景名片，开始吸引了诸多别有用心的地产商。他们打着文旅的招牌，在滇池周边争相占地，广建楼盘。现如今，滇池沿岸甚至已经形成了围湖造城的趋势，湿地景观不断被林立的高楼大厦所蚕食、异化。现代建筑物不仅没有远离湿地，反而越来越逼近，令人感到忧心。

5. 物种入侵

包括滇池湿地在内，云南省约有 62% 的天然湿地海拔都在 1000 米以上，高原上的湿地生态圈较为闭合，生态系统敏感脆弱，难以承受外界的干扰。然而，近些年来，随着交通工具、旅游行业、贸易行业的高速发展，高原湿地与外界的交流也越来越频繁，大大增加了物种交流的频率。这就导致了许多外来物种入侵高原湿地，严重威胁生态环境。

根据云南省林业厅和中科院昆明植物研究所组织编写的《云南湿地外来入侵植物图鉴》，我们可以看到 52 种在云南有分布的主要湿地外来入侵植物。其中包括：飞机草、牵牛、含羞草、空心莲子草等。这些入侵植物的种类多种多样、生物数量巨大，它们的出现干扰并打破了滇池湿地的原生植物群落，甚至导致某些土著物种迅速消失，对湿地生态系统造成严重打击。

例如，在滇池的东大河湿地，为了营造原生湿地的景观生态，当地湿地管理人员种植了本地土生的物种几万株千屈菜（见图 2 – 6）。然而，紫茎泽兰等外来物种入侵之后，在本地没有天敌制衡，任意疯长，汲取湿地中大量养分，与千屈菜争夺营养和生长空间。久而久之，千屈菜在竞争中落下风，大批量死亡。

图 2 – 6　千屈菜

外来入侵物种与本地土生物种之间形成竞争关系，相互争夺资源和生存空间。一般情况下，外来入侵物种生命力极其顽强，又缺乏天敌，不断侵占有限的湿地生存空间，导致土著物种逐渐灭绝，继而使湿地原生生态系统遭到破坏。

相关数据显示，20 世纪 50 年代的滇池土著水生植物还有 41 种，现在仅剩 22 种，本地的鱼类品种也从原先的 24 种逐渐减少至目前的 6 种。外来入侵的水生植物则由 1 种增加到了 5 种。为了应对这些艰难困境，滇池湿地亟须加强对本地水生植物的保护，严格控制外来入侵物种的繁殖和蔓延。

滇池湿地从破坏到恢复经历了一个漫长的阶段。二十多年来，昆明一直在对滇池实施多方位、深层次的治理措施，其目的在于不断提升滇池水质，逐渐恢复周边生态功能，遏制水体富营养，维护滇池生态完整性。在诸多举措之中，有一项最令人瞩目的重要工程便是在滇池周围兴建湿地公园。湿地公园的建设对改善湿地水生态、维持生物多样性保育、发挥湿地生态效益、经济效益、科研价值等都具有重要意义。

二　消失的红树林

（一）总体概况

红树林（Mangrove）是指生长于热带、亚热带低能海岸潮间带上部，受周期性潮水浸淹，以红树植物为主体的常绿乔木或灌木组成的潮滩湿地木本生物群落。一般来说，红树林的组成物种主要包括草本和藤本红树，生长于陆地与海洋交界带的滩涂浅滩，是陆地向海洋过渡的特殊形式（见图2－7）。在我国深圳、福建、海南岛、雷州半岛等地沿海都存在着大面积的红树林湿地。

图2－7　红树林湿地

（二）背景介绍

红树林是陆地向海洋过渡的区域，特殊的生态系统自成一体，是世界上最富多样性、生产力最高的海洋生态系之一。红树林具有防风消浪、固岸护堤、净化海水、促淤保滩和净化空气等多种多样的功能，因此，红树林常常被人们称为“海岸卫士”。

不止于此，红树林的凋落能够转化为其他物质，重新进入食物链，为海洋中的动物提供养分，吸引各类物种来此繁衍生息。因此，红树林中常常栖息诸多生物，其中不乏大雁、天鹅、鹈鹕、白鹳、白鹭、火烈鸟等珍贵的鸟类。

然而，近 40 年来，特别是最近 10 多年来，由于围海造地、围海养殖、砍伐等人为因素，红树林面积由 40 年前的 4.2 万公顷减少到 1.46 万公顷，不及世界红树林面积 1700 万公顷的 1‰。为了追逐经济利益，无良商企无视国家法规，大片砍伐红树林，包括几个国家级红树林自然保护区都遭到不同程度的砍伐破坏。

（三）问题分析

红树林经过漫长的发展和变迁，生物在此安栖繁衍，形成独树一帜的湿地景观和完整的生态系统。然而，不合理使用红树林湿地资源会导致湿地景观遭到破坏，生态系统发生翻天覆地的变化。接下来将以海南东寨港红树林自然保护区、海南红树林湿地保护公园为例，分析红树林近些年的“遭遇”。

1. 海南东寨港红树林自然保护区

海南岛湿地总面积 32 万公顷，主要分布在沿海地带，最常见的植物种类就是红树林。东寨港红树林保护区位于海口市美兰区东北部的东寨港海岸浅滩上，沿着海岸绵延 50 千米，占地面积 3337.6 公顷，是中国建立的第一个红树林保护区（见图 2－8、图 2－9）。

东寨港红树林分布于海岸浅滩之上，海岸地区属于微咸的沼泽地，

图 2-8 海南东寨港红树林

图 2-9 海南东寨港湿地鸟瞰图

海湾的水深一般在 4 米内，海水的含氯量平均值为 21.86‰，属于热带季风气候。

1980 年，东寨港红树林自然保护区获得批准建成中国第一个红树林保护区，1986 年，晋升为国家级自然保护区，1992 年，被列入《关于特别是作为水禽栖息地的国际重要湿地公约》中的国际重要湿地名录，是中国七个被列入国际重要湿地名录的保护区之一。

东寨港红树林自然保护区是中国红树林保护区之中树种最多、连片面积最大、红树林资源最丰富的自然保护区。东寨港红树林自然保护区生物资源丰富，共有植物 19 科 35 种，其中水椰、卵叶海桑、海南海桑等 11 种属于中国红树林珍稀濒危植物，栖息于此的鸟类共有 194 种，其中包括 18 种国家二级保护鸟类。

然而，回顾历史，这片红树林湿地由于种种原因，风波不断，屡次遭遇濒临灭绝的危险。

1980 年夏天，东寨港曾经遭受强台风和海潮的袭击。东寨港之中，建有两条农田防护堤，西堤四周有红树林阻防风浪，农田受灾较轻。然而，由于当时风靡的围海造田，东堤红树林被大面积砍伐，大堤因此失去天然防护，受到了强烈台风与海潮的冲击，灾难严重。东堤决口共计 84 处，总长达 1097 米，堤内的大多数农田被淹没，农作物也因此被毁坏。

20 世纪 90 年代，在海南东寨港红树林保护区附近，农民兴起虾塘养殖，导致大片红树林湿地被侵占，开垦成为虾塘。

1993 年前后，为帮助农民发家致富，琼山县政府号召村民大力发展养虾产业。在经济利益的驱动下，东寨港的村民前仆后继，纷纷加入养虾的行列。红树林湿地被垦为虾塘，不合理的过度利用导致生态系统趋于崩溃，红树大量死亡。

首先，虾塘养虾改变土壤环境，导致海底生物灭绝。红树林的土壤偏酸性，而养虾所需的水质偏碱性，为了解决这个难题，每年清塘都需投入石灰等中和土壤的酸性物质，改变红树林的土壤环境。许多海底生物失去赖以存活的环境，迅速死去。

其次，水体富营养化严重，团水虱因此爆发。由于虾塘养虾，东寨港水域水体富营养化严重，团水虱得以爆发，而团水虱钻入红树的气生根内部，红树大规模死亡。同时，养殖业向红树林流域排放大量未经处理的污水。水体遭到污染之后，浮游生物迅速繁殖，也为团水虱的繁衍扩散提供了有利的生存环境。

最后，虾塘养虾不仅难以持续，还会严重破坏红树林的生长环境。为了确保稳定收益，虾塘一般需要进行高密度养殖。一个红树林区的虾塘经过几年，就遭到废弃，红树枯死，生物凋零，原先茂盛的红树林逐渐成为荒芜的水泥塘。

红树林位于海陆交界的地方，一直以来都是海滨渔民们开疆拓土、发展经济的重要战线。然而，养殖业对于红树林湿地的不合理利用严重浪费湿地资源，使得湿地生态系统遭到破坏，湿地里的生物种群发生变化，从而导致整片红树林的沦陷。近些年，由于养殖户在红树林周边养殖鸭蛋，导致湿地生态系统再次濒临危机。

2000 年，东寨港红树林湿地开始在保护区内建立生态系统定位研究站，2004 年，该站晋升为国家林业局生态定位站，也是国内仅有的一个专注于研究红树林的生态系统功能、生态结构和生态过程的湿地生态站，生态站的建立对于维护湿地生态具有重要意义。

2. 海南红树林湿地保护公园

海南红树林湿地保护公园，占地面积约 2200 亩，位于海南省澄迈县的富力红树湾内，是国家 AAAA 级自然保护区，其定位是：生态旅游房地产项目。

澄迈素有“世界长寿之乡”的美名，风光优美，环境宜人。近年来，为了加速西部开发，带动区域经济，地产商利用优越的自然环境和资源，依托独特的内外双海湾和规模宏大的天然红树林，在此打造了诸多高品质项目，让澄迈声名远播，成为诸多海内外游客喜爱的休闲旅游胜地，红树林湿地保护公园便是其中一项杰作。

然而，2015 年 8 月，相关新闻报道显示：在澄迈县海岸线上，一片毗邻红树林的高档楼盘周边垃圾成堆，一百多亩红树林遭到人为破坏，大量垃圾被倾入周边区域，红树林的景观格局遭到严重破坏。

相关部门迅速展开调查，利用卫星影像图进行现场测算得知：该区域现存红树林面积大约 341.3 亩，而那些遭到破坏的红树林面积约为 116.8 亩，损失惨重。美丽的海岸线布满疮痍，垃圾场占据着湿地，当地的珍稀植物红树林的生存地再次遭到威胁。

总而言之，红树林作为湿地景观重要组成部分，其生态环境及生存状况如今正在经受严峻考验。受到工业废水和生活污水影响的红树林不在少数，已经严重影响到底栖生物和鸟类的生存，而红树林内的铜等重金属含量，均超出国家海洋水质 V 类标准。此外，红树林的原始生态环境也遭到人类活动的破坏，使保护区内鸟类珍稀品种逐渐减少，红树林虫害频发，外来物种入侵。

三　扎龙湿地

（一）总体概况

扎龙湿地位于黑龙江省松嫩平原西部乌裕尔河下游，占地面积 21 万公顷。河道与苇塘、湖泊交汇融合，流入龙虎泡、连环湖、南山湖，最后消失于杜蒙草原，包括齐齐哈尔市区西南部，大庆市的林甸县和杜尔伯特蒙古族自治县的沼泽芦苇丛。

“扎龙”一词来源于蒙古语，其含义是饲养牛羊的圈。扎龙湿地区域内风景开阔，湖泊、苇塘数不胜数，水质清澈、水草丰美，沼泽湿地具有生态完整性和物种多样性。鹭鸟伫立，鸥鹭翱翔，芦苇依依，在微风中飘荡，这里是群鸟栖居嬉戏的乐园，也是遗落人世间的一片仙境。

1979 年，扎龙湿地建立省级自然保护区。1987 年 4 月，国务院批准为国家级自然保护区。1992 年，扎龙湿地被列入“世界重要湿地名录”。此外，扎龙也是我国建立的第一个以丹顶鹤等大型水禽为主体的湿地生态型国家一级自然保护区，拥有“鹤乡”之美称（见图 2－10）。扎龙湿地区内鸟类 248 种，拥有国家一级保护鸟类 7 种，二级保护鸟类

37 种，主要保护的是鹤类。世界分布的 15 种鹤，在扎龙可见到丹顶鹤、白枕鹤、白鹤、白头鹤、蓑羽鹤、灰鹤 6 种。

图 2－10　扎龙湿地的丹顶鹤

（二）背景介绍

扎龙湿地利用其独特的资源和环境优势，建设成为兼具休闲、观光、娱乐、科研、教育等诸多功能于一体的多功能场所，实现湿地自然保护区的科研意义、生态价值、经济效益、旅游功能等诸多价值。

其中，扎龙湿地中的“扎龙湖观鸟旅游区”长 8 千米，宽 9 千米，面积 1550 公顷，包括：榆树岗、龙泡子（扎龙南湖）、大泡子（扎龙北湖）、西沟子（系自然河道）和扎龙养鱼池、九间房、大场子、土木克西岗、扎龙苗圃及其毗邻草甸草原。

扎龙湿地景观在设计上做到了因地制宜，将湿地、草原、水禽等元素有机结合，彰显出独特的“鹤乡”风貌。游客沿着这一景观路线，可以置身于湿地生态景观之中，或是登临远眺，或是近水观察，身临其境地观赏各类飞鸟和游禽。

此外，扎龙湖观鸟旅游区中还设有展览厅、放映室等文教功能区域，游客能够学习关于鹤的诸多知识，还能近距离了解水禽驯养、繁殖的过程。

通过科教电影、主题展览等多种途径，寓教于乐，潜移默化地向游客传达保护湿地的知识，促进普罗大众对于湿地景观、湿地保护的认知意识。

长期以来，湿地凭借其丰富多样的生态资源，怡人的生态气候，优美的自然景观，一直被视为人类居住的理想场所，同时也是孕育人类社会文明和进步的发祥地。

扎龙湿地建设以来，不断推进生物保护和环境保护措施，努力恢复适宜鸟类栖居的生态环境，多年来一系列工作都取得了显著成效。例如，白鹤、丹顶鹤、东方白鹳等珍稀水禽种群数量明显增加。根据2010年的数据统计，现已列入全球濒危种类的野生丹顶鹤更是由建区时的150只增加到400余只。湿地内生物多样，野生动物种类繁多，是丹顶鹤、白鹤、东方白鹳等珍稀水禽的重要繁殖栖息地和迁徙停歇地。

（三）问题分析

梳理扎龙湿地此前存在的问题，我们可以发现：

1. 气温明显上升，加重生态系统脆弱性

湿地最重要的组成部分是水，而气温又与湿地水环境变化息息相关，温度变化直接影响湿地表面植被的生长和群落演替，威胁水系统生态功能的稳定性。

50年来，扎龙湿地区域内的气温总体呈现上升趋势，降水量不断减少，气候趋于向暖、干的方向发展。气温变动的周期性不太明显，但是，温度升高明显加重了生态系统潜在的脆弱性。

由于连年干旱缺水的情况严重，扎龙湿地地下水位逐年下降。数据显示，1988年至2001年，地下水位累计下降0.87米，年平均下降0.07米。在干旱年份，湿地水位较低，湿地土壤的大面积垦殖和湿地水资源的开发对系统的脆弱性产生直接影响。

但另一方面，气温增加导致湿地水体的蒸发需求越来越多，而扎龙湿地的降水量已经无法满足蒸发需要。降水减少，河流水源对于湿地生态系统的补给能力降低，系统就会越来越脆弱。

气温波动会迅速改变湿地系统的垂直运动过程，影响湿地植被群落的生长更替，对年际、季节间水文循环连续性及生态水文功能的发挥产生干扰，反过来，又间接增加了湿地水系统脆弱性。

湿度因子是影响湿地沼泽、湖泊和裸地变化的关键因子。区域湿度下降，极有可能会引起湿地水文条件、生态系统的变化，导致沼泽地面积减少。根据相关数据显示，近三十年，随着区域气候变暖，湿地面积逐年减少，扎龙湿地的核心区已经呈现出向北迁移的趋势。

2. 工农业污染严重，水质持续恶化

扎龙湿地地处乌裕尔河和双阳河的下游地区，受到上游河流的污染严重。周边县镇的工业废水和生活污水长期排入这两条河流，导致河流污染日益严重。保护区内的沼泽湿地也常有污水排入。

此外，流域之内的草地和森林也遭到大面积破坏，土壤遭到侵蚀，土壤中的养分流失不断加重。根据《扎龙国家级自然保护区水污染防治与鹤类保护研究报告》评价结果，扎龙湿地的水质已达到地面水环境质量标准V类水质，其中主要污染物是总磷、BOD5和高锰酸盐指数，也包括一些汞、砷和挥发性酚。与20世纪八九十年代的数据相比，扎龙湿地的水质严重恶化，并且仍然保持不断恶化的趋势。

3. 人类经济活动干预过多，危害湿地生态环境

20世纪50年代以来，扎龙湿地区域内的人口不断增长，现在约有6万人口。例如，位于湿地内的扎龙乡，自1979年至今人口总数增长将近一倍，并且仍然呈现增长趋势。

人口增长过快导致了一系列问题的产生。首先，人类对水资源需求迫切，尤其是每逢干旱的年份，人类与土地、鸟类争夺有限的水资源，水源危机尤其突出，扎龙湿地的水系统已经逐步面临枯竭。

而且，大规模人口增长加速土地资源的全面开发，流域内的人类活

动也对湿地生态造成多方面影响。

其次，随着人口增长，流域范围内的许多湿地被改造成为耕地，严重消耗乌裕尔河的水资源，导致扎龙湿地的水源供给危机。

扎龙湿地总面积21万公顷，经过多年围垦，湿地中的农业用地面积不断增多，已经高达22768.7公顷，约占据湿地总面积的10.8%。过度开垦土地严重影响水资源分配，改变地域的水文特征，破坏湿地系统的动态平衡。

由此可见，不断增加的人口已经严重危害扎龙湿地的生态环境。近年来，政府虽然屡次动员湿地内的人口进行迁徙，却收效甚微。

4. 生态系统危机加剧，物种数量下降

扎龙湿地由于水源危机，湿地内的年入水量小于年出水量，导致水分急剧减少，土壤中的盐分升高，从而导致土壤盐碱化。

土壤结构的改变影响着湿地中的植被发展，湿地里的耐盐碱植物和抗盐碱植物增多，植被覆盖发生变化。例如，原生的芦苇群落被星星草侵袭，芦苇丛不断减少，星星草群落大面积出现（见图2－11）。

图2－11 星星草

此外，湿地中一些水禽的生存环境也遭到破坏了，导致物种种类和数量呈现下降的趋势。

四　洞庭湖湿地

（一）总体概况

洞庭湖，古称云梦、九江和重湖，位于湖南北部，长江中游荆江河段以南，处于长江中游荆江南岸，跨岳阳、汨罗、湘阴、望城、益阳、沅江、汉寿、常德、津市、安乡和南县等县市。洞庭湖之名，可追溯至春秋战国时期，从湖中的洞庭山（今日的君山）而得名。

洞庭湖横亘湘鄂之间，是长江流域重要的调蓄湖泊，也是中国传统文化的发源地，风光秀丽，历史悠远，孕育出恣意华丽的古楚文化。洞庭湖流域土地肥沃，淡水资源充足，生态优良，水生资源丰富，自古便是发展传统农业的理想之地，著名的鱼米之乡。汉代史学家司马迁、班固曾用“稻饭羹鱼”“虽无千金之家，亦无饥馑之患”来描绘该地区经济富足的社会生活。正如歌谣中所唱的那般：“千里金堤柳如烟，芦苇荡里落大雁。渔歌催开千张网，荷花映红水底天，八百里洞庭美如画……”

（二）背景介绍

由于其独特的地理区位优势，洞庭湖湿地是中国首批列入《关于特别是作为水禽栖息地的国际重要湿地公约》重要湿地名录的七块湿地之一，被称为全球不可多得的巨大的物种基因宝库。洞庭湖湿地的地位独特，是我国乃至亚洲物种保护最重要的湿地类型保护区之一，总面积为13736平方千米，占中国亚热带湿地的1/4（见图2－12）。然而，长期以来，洞庭湖湿地经历了过度且不合理的开发，湿地生态遭到严重破坏和污染，现在这片湿地正在面临着各类危机。

图 2－12　洞庭湖湿地

（三）问题分析

1.“长江之肾”逐渐衰竭，洞庭湖遭遇缺水危机

洞庭湖作为长江流域最重要的湖泊之一，素来被人们称为“长江之肾”。洞庭湖区的水生态环境涉及面广，影响着长江流域的旱涝调蓄、湿地周边的生态气候、湖区内千万人口的生产和生活，更是对维系整个长江生态系统的平衡起到举足轻重的作用。

“八百里洞庭”的水源主要来自：北部的藕池、太平、松滋三口注入的长江水，南部是湖南境内四大水系沅、澧、湘、资注入的水源。近些年，洞庭湖却遭遇了千年难遇的缺水危机。由于长期干旱缺水，洞庭湖区域的水环境发生天翻地覆的变化，湿地面积萎缩，生态恶化。

三峡水利工程实施以后，长江流域内的江、湖关系发生剧变，江河上游截流，导致供给水量锐减，地表水流量不足，地下水水位下降。以藕池河水系为例，三峡水利工程建成之前，每年藕池河断流约 180 天，工程建成以后，河流每年断流超过 250 天，其中藕池河中支一年断流可达 301 天。

江湖关系的变化带来水量锐减，对洞庭湖湿地水的影响十分明显，除此之外，诸多人为因素也在破坏洞庭湖湿地的生态，如泥沙淤积、水量减少、环境污染等。

2. 珍稀动物濒临灭绝，洞庭湖面临生态危机

近年来，洞庭湖正在悄无声息地上演一场生态危机。江豚数量骤然减少，胭脂鱼更是越来越少见，候鸟种类和数量都在呈下降趋势。

长江江豚（学名：Neophocaena asiaeorientalis），一级国家保护动物（见图 2－13）。俗名“江猪”，全身呈灰白色或铅灰色，体长一般在 1.2 米左右，最长的可达 1.9 米，貌似海豚，寿命约 20 年。江豚通常栖息在咸淡水交界的海域，也能在大小河川的淡水中生活，江豚性情活泼，常常游窜于长江中下游流域，以鄱阳湖、洞庭湖以及长江干流为主。2013 年列入《世界自然保护联盟濒危物种红色名录》（IUCN）极危物种；列入《华盛顿公约》CITES 附录Ⅰ濒危物种。2017 年 5 月 9 日，长江江豚被列为一级国家保护动物。根据 2018 年农业农村部发布的消息，长江江豚数量剧减，仅剩约 1012 头。

图 2－13　长江江豚

在广阔的洞庭湖区域内，原本生存着许多罕见的动植物。其中有珍

稀鱼类中华鲟、白鲟、鲥鱼、胭脂鱼等，还有麋鹿、江豚等野生动物。然而，随着生态环境的不断恶化，这些动物鱼类在洞庭湖区内越来越罕见，白鳍豚甚至已经消失。

洞庭湖湿地还是候鸟栖息的胜地，广袤滩涂，碧草深处，总是充满勃勃生机，在这里可以聆听天鹅美妙的鸣唱，也能欣赏白鹤自由的翱翔，许多珍稀鸟类都在此地安栖，恍如世外仙境。

但据相关数据显示，20 世纪 90 年代，洞庭湖水鸟数量达 20 万只以上。然而，到了 2003—2004 年，水鸟数量骤减，仅剩 13 万多只，2005—2006 年持续下降，均少于 10 万只，前来洞庭湖越冬的水鸟数量显著减少。与此同时，诸如白枕鹤、东方白鹤、小天鹅、中华秋沙鸭这类曾经出没于洞庭湖湿地的国际濒危物种也在迅速减少，难觅踪影。究其根源，由于气候变暖、干旱缺水导致的水域缩小，植被减少，都直接削弱洞庭湖承载大型候鸟的能力。

3. 频繁的经济活动

人类频繁的经济活动，致使湿地抽水机——欧美黑杨侵袭洞庭湖湿地。

欧美黑杨属于造纸经济林，它的生长速度较快，树干高大，林木蓄积量多，即便到了洞庭湖涨水期，只要黑杨树梢被淹不超过七天，就能存活下来，生命力极其惊人，超过洞庭湖湿地本土的任何树种。然而，在洞庭湖湿地，欧美黑杨属于不折不扣的外来物种，它强悍的生命力让洞庭湖 39.01 万亩土地很快变成了欧美黑杨树林，严重威胁到洞庭湖的生态安全问题。

20 世纪 90 年代末，洞庭湖区曾经盛行“林纸一体化”模式。大批造纸企业在环湖区县建立原材料供应基地，地方政府大力推动执行，各县市几乎都制定了详尽的欧美黑杨发展规划和配套奖励政策。在这样的背景下，当地老百姓在利益驱动下，积极呼应政策号召，如火如荼地开展了欧美黑杨种植热潮。

在利益驱动下，一些人承包湿地作为欧美黑杨的种植地，肆意砍伐洲滩上原生的芦苇，喷洒灭虫剂护树，危害土壤安全。更有甚者，直接在湿地里排水种树，围筑水泥桩，甚至使用挖掘机开沟填土，彻头彻尾地改变湿地土壤结构。

欧美黑杨因此获得外号“湿地抽水机”，而这场声势浩大的种植风潮则被戏称为“杨癫疯”。

在核心自然保护区里兴起的这阵“杨癫疯”，使得洞庭湖湿地的原生景观遭到致命毁坏，不仅严重损害了生态环境，还使得柔软湿润的土壤日益坚硬，变得陆地化。当地老百姓有句话说：“树下不长草，树上不落鸟。”在洞庭湖周边欧美黑杨树密集的地区，候鸟无法栖身，数量急剧减少。

2017 年 7 月，中央环保督察下令要求：湖南在 2017 年年底之前，将洞庭湖湿地 9 万多亩欧美黑杨清理完毕。为了完成这一艰巨任务，种树者不得不疯狂伐树，每天砍伐数量可达七八百棵。这场砍树行动的规模可谓是世所罕见，近 300 万棵欧美黑杨纷纷倒下了，留给洞庭湖的是另一片满目疮痍的景象，其背后的根源更是令人深思。

除此之外，洞庭湖区还存在一些其他经济活动，也不同程度地影响洞庭湖湿地的景观生态系统。

举个例子，在洞庭湖深处，当地私企老板还曾经堆砌起一道长长的堤坝，将广袤无垠的湖区分割开来，围起一片三万亩私人湖区。这道堤坝触目惊心，严重破坏湿地景观，损害湿地生态，扰乱动物生存环境，并且削弱了湖区的泄洪功能，防洪压力加大。这道堤坝曾经侵占洞庭湖湿地长达 17 年之久，各级政府曾经数次下令拆除，但是岿然不动，仅仅一道堤坝，就令国家湿地摇身一变成为私人独享的湖泊。

而且，洞庭湖区风靡多年的养殖业污染形势同样严峻。在洞庭湖区，养殖水面随处可见，为了追求高产高效的养殖模式，不少渔民向水体内投肥或滥用养殖药品，大量氨氮超标的废水最终流入洞庭湖，其危害远远超出一般性污染。

湿地本是展现人类与自然友好相处、和谐共进的美好景观，然而人类在无休止地掠夺、侵蚀湿地原本的自然资源、生态物种，为取得更大的经济利益，他们不断地进行各种各样的经济活动，严重地危害了洞庭湖湿地的生态环境。

五　大理洱海湿地

（一）总体概况

洱海，位于云南省大理白族自治州大理市，因其状似人耳，故得名洱海，古称昆明池、洱河、叶榆泽等。洱海的湖水面积约有 246 平方千米，海拔 1972 米。

洱海北起洱源县南端，南至大理市下关，南北长 40 千米，属于澜沧江水系。洱海也是仅次于滇池的云南第二大湖，中国淡水湖中居第 7 位。洱海形成于冰河时代末期，因为沉降侵蚀而形成，属高原构造断陷湖泊。从地理位置来看，洱海是大理及周边地区生态安全的重要保障。

洱源湿地地处洱海源头，湿地景观独特，历史悠久，具有浓郁的白族风俗人文气息，是白族祖先最重要的发祥地。迄今为止，在此周边先后发现诸多新石器时代和青铜器时代的重要遗址，其中包括海东金梭岛、双廊玉几岛等。

洱海湿地的生物具有多样性和独特性，天然湿地生态系统保存完整，这里有洱海大头鲤、灰裂腹鱼、大理裂腹鱼等特殊的土著鱼类，是诸多鸟类越冬时的栖息地（见图 2－14），还是濒危鸟类紫水鸡的生存地。

洱海湿地的景观独特，山水相依，云光变幻，跟随四时朝暮不断发生变化，呈现出万千气象（见图 2－15）。古人将之归纳为著名的“洱海八景”，即山海大观、三岛烟云、海镜开天、岚霭普陀、沧波濞舟、四阁风涛，海水秋色，洱海月映。正如明代白族学者李元阳咏水月阁的诗云："百二山河至此终，水晶皎皎漾蟾宫，鼓琴应许蛟龙听，吹笛能教鸑鷟游。"

图 2－14　洱海及鸟类

图 2－15　洱海风景

（二）背景介绍

“下关风，上关花，苍山雪，洱海月”曾经让大理“风花雪月”的名号享誉全球，成为海内外游客趋之若鹜的旅游名城。在洱海之畔，每天都能看到来自世界各地的游客，旅游业一度成为这座城市的经济支柱。相关数据显示，截至 2014 年，洱海周边共有 1500 多家旅游客栈，接待房间数量为 31230 间，床位 60870 个。由于缺乏严格的监督，部分经营者环保意识淡薄，洱海附近的许多客栈硬件设施配备不足，排污系统不够完善，导致大量污染物直接或间接排入洱海，加剧湿地生态污染。

（三）问题分析

1. 游客增加，污染加剧

随着近些年游客量的大规模增长，洱海所遭受的污染也在成倍增长。每逢节假日的时候，游客云集在双廊，将仅有的一条主街挤得水泄不通，海边客栈人满为患。洱海附近的海滨客栈和餐饮店里，每天都有源源不断的废水、废弃物流入洱海。放眼湖面，游船大多缺少污染处理设备，废弃物、含油废水都随意倾入水中，直接污染水体生态。

生活垃圾污染、汽车尾气污染、游船污染……旅游带来方方面面的污染问题，都在无形中加重了洱海湿地的空气、水质的污染负荷，不断恶化洱海湿地的生态环境（见图 2－16）。

毫无疑问，旅游开发为洱海湿地带来了极其可观的经济效益，可是它对生态环境产生的影响也不容小觑。经济效益和生态环境就像是一个硬币的两面，提醒着人们不要忘却这样一个现实：洱海湿地在大力发展旅游业的同时，也在破坏着旅游赖以生存和延续的生态环境。

2. 地产开发扩增，影响生态景观效果

除了旅游开发，洱海湿地也成为当地房地产吸引顾客的一大招牌。几年之间，洱海之畔相继耸立起刺眼的钢筋水泥建筑，严重影响着湿地景观效果。2005 年，洱海湿地公园中的情人湖水域被开发商非法侵占，

图 2－16　洱海污染

将之全部填埋，开发商打着建设酒店的名义在此地开发高档别墅，对外出售。2010 年，此事被媒体曝光之后，引起全国关注，经过调查之后，别墅建设被立刻叫停，然而，由此引出的诸多项目遗留问题却难以解决，需要投入大量的人力物力进行恢复和改善。

从景观生态的角度来看，洱海湿地生物丰富多样，天然湿地生态系统保存较为完整，有洱海大头鲤、灰裂腹鱼、大理裂腹鱼等特有鱼类，是许多越冬鸟类的栖息地和觅食地，也是濒危鸟类紫水鸡的生存地。湿地内活性炭沉积特殊，在湖泊演替、气候变化等方面具有潜在的研究价值。从人文因素来看，洱海湿地同时也是云南省高原湿地中景观独特、白族风俗浓郁、历史文化积淀深厚的特殊区域。如今，洱海湿地是吸引游客前去游玩的一大亮点，能够为当地的旅游业贡献重要力量。然而，受上至相关部门的监管不力，下至游客爱护不周，以及当地人们对洱海湿地的保护意识不强、行动不足等因素的影响，洱海湿地正经受着生态系统被破坏、水质物染严重等考验。

六　20 世纪的美国湿地危机

（一）总体概况

20 世纪 70 年代以前，美国湿地的所有权人可以按照自己的意愿开发湿地。而经济发展过程中出现的各种无法避免的开发活动、农业活动等必然会给湿地带来影响，这些活动造成的湿地流失数量是巨大的。

（二）背景介绍

20 世纪 30 年代初期，美国湿地被大规模开垦，主要用于工业、农业和城市化发展，再加上各类污染和外来物种入侵，美国 50% 的天然湿地逐渐消失，面积大幅度萎缩。为了保护美国的湿地，自从 20 世纪 70 年代起，美国政府开始意识到湿地资源被破坏、生态功能减弱等问题，开始着力恢复湿地。美国联邦政府和各个州政府便开始制订规划，采取诸多措施和法律法规，致力于对湿地资源进行科学合理的保护和利用。

经过 20—30 年的努力，美国各大州的湿地生态保护和恢复工作取得重大成效，成为全球湿地恢复经典案例。美国的法律法规从鼓励湿地开发转为激励湿地保护。在大部分湿地为私人所有的情况下，美国湿地保护的激励机制极大缓解了湿地的流失，甚至湿地面积还出现了增加的趋势。20 世纪 70 年代到 80 年代，湿地面积减少了 29 万英亩，80 年代到 90 年代，湿地面积减少了 5.8 万英亩，1998 年到 2004 年，美国湿地面积增加了 3.2 万英亩。

（三）问题分析

以 20 世纪的南佛罗里达大沼泽湿地及加州湿地为例，分析美国其时的湿地危机。

1. 南佛罗里达大沼泽湿地

南佛罗里达大沼泽湿地位于佛罗里达州南部，宽约80千米，长约160千米，浅水河从中央区域流过，河面有许多低洼的小岛，间或是一些硬木群落（见图2－17）。发源自奥基乔比湖的淡水河悠悠流经广袤的平原，造就出独特的大沼泽湿地。湖水浅，湖面阔，面积高达1965平方千米。

图2－17　南佛罗里达大沼泽湿地

大沼泽湿地国家公园建于1947年，现在已经覆盖140万英亩。美国作家道格拉斯曾经把这片天然湿地描述为“地球上一个独特的、偏僻的、仍有待探索的地区”。

20世纪，大沼泽曾经历过被严重破坏的一段历史危机。佛罗里达大沼泽湿地受到亚热带气候影响，1890年以来，一直持续进行农业开垦，北部部分土地曾经一度是美国的糖业基地。来自农业基地的面源污染，曾经使得大沼泽地区的水质呈现空前危机。后来，随着城市化进程加快和建坝修灌渠，湿地生态被严重毁坏，一半以上的原始湿地逐渐变得干涸。

除此之外，大沼泽湿地还存在着洪涝灾害水源不足、外来物种入侵等问题，生物栖息地遭到严重破坏，这些都对本地物种和生态系统产生了重大影响。统计显示，大沼泽国家公园内的本地物种数目锐减，生物多样性大幅度降低，其中，美洲豹和短吻鳄等珍稀野生物种的生存都受到威胁。

2. 加利福尼亚州水利工程导致95%的湿地面积消失

1957年，加利福尼亚州开始实施调水工程，输水干线总长达1086千米，年调水量高达40亿立方米，其目的是为了解决加利福尼亚州中部及南部地区干旱缺水的问题。调水工程的水主要来自圣华金河、费瑟河和萨克拉门托河。

轰轰烈烈的调水工程积极推动了加利福尼亚州的经济发展，解决了水资源南北分布不均的问题，以洛杉矶市地区的广大市民深受其益。然而，这项工程却使得旧金山湾区的生态环境发生翻天覆地的变化：土地盐碱化严重，水质恶化，一些动植物物种灭绝，土地盐碱化，昔日的湿地景观不复存在。

相关资料显示，经此一役，加利福尼亚州95%的湿地面积退化消失，水生态系统遭到严重破坏，原本栖居于这片湿地的候鸟和水鸟由6000万只减少到300万只，鲍鱼的数量更是减少了80%。

甚至，时至今日，美国湿地仍然面临着萎缩退化的严重危机，湿地面积以每年2.42万公顷的速度减少，外来物种问题依旧严重。

七 美索不达米亚湿地

（一）总体概况

在伊拉克南部，位于底格里斯河和幼发拉底河之间，曾有大片沼泽地，古语称作“美索不达米亚湿地”，也称伊拉克沼泽。面积约15000—20000平方千米，又称伊拉克沼泽。这里是古老文明的发源地，曾先后孕育了苏美尔文明、巴比伦文明和亚述文明，并为人类留下了许多宝贵的文化遗迹。

根据《旧约·创世记》的描述，很多考古学家和科学家，都认为这里就是传说中的“伊甸园”。在神话传说中，苏美尔三大英雄之一的吉尔伽美什曾在湿地的水泽河畔休息，苍翠繁茂的湿地中曾经上演着古老浪漫的神话篇章。美索不达米亚湿地在人类文明史上占据着独一无二的重要地位，很多人都深信不疑，这里就是《圣经》传说中的伊甸园。

值得一提的是，美索不达米亚湿地还曾是人类聚居的胜地，这里曾经居住有许多“沼泽阿拉伯人”，人口一度达到12.5万—15万人（仅伊拉克部分，不包括伊朗部分）。他们延续古老原始的生活方式，临水而居，种植小麦，在水草肥美的地方放牧牛羊（见图2-18）。

图2-18　临水而居的生活方式

（二）背景介绍

2001年，联合国环境署报告显示：美索不达米亚湿地生态严重退化，面积迅速萎缩，湿地范围缩小至原来的5%至10%（见图2-19）。

这场灾难被联合国列为与咸海消失和亚马孙雨林植被砍伐同等程度的生态灾难。

图 2－19 美索不达米亚湿地生态遭破坏

昔日乐土，如今已成一片废墟。沼泽中摇曳生姿的芦苇逐渐枯死，寸草不生，广阔的淡水水域也不复存在，取而代之的则是一片充斥着干旱、污染和贫穷的无边荒漠。这片沼泽地和那些曾经生活在沼泽之畔的阿拉伯人都正在不断消失，美丽的“伊甸园”终究堕落成为“人间地狱”。

（三）问题分析

1. 水量降低，盐渍化严重，湿地干涸趋势明显

纵观历史，美索不达米亚沼泽地的面积平均可达 9650 平方千米，随着气候变化而产生浮动，在雨季面积扩大，在高温干旱的 6—9 月则会干涸，若是遭遇极其干旱的年份，比如 1989 年和 2009 年，沼泽地几乎消失殆尽。

伊拉克属于热带沙漠气候，整体降水量偏低，在农业灌溉方面，经营模式粗放，容易造成大量水资源浪费。

此外，土耳其和伊朗兴修水利，建设大坝工程，其影响波及下游的美索不达米亚湿地，湿地上游河流水位显著降低，再加上河流沿途产生的大量蒸发、渗漏、灌溉用水，到了中下游流量已经大量减少。据联合国提供的数据，土耳其和伊朗修建的大坝致使伊拉克境内的河流水量减少多达60%。诸多原因叠加在一起，导致美索不达米亚湿地的水源严重不足，湿地范围大面积减少（见图2－20）。

图2－20　横跨小扎卜河的杜卡恩大坝

其次，随着水位下降，水的盐度不断升高，有些地区的盐度从20世纪80年代的300‰—500‰上升到如今的15000‰。这一现象导致了湿地中的生态系统趋于紊乱，原有的一些珍稀鱼类陆续消失，而从前只能在海洋中看到的鱼类也反常地出现沼泽地区。除此之外，湿地中至少已有40种水禽和哺乳动物消失，而来自西伯利亚的候鸟数量也在极速减少。

湿地面积锐减，导致美索不达米亚湿地的生物种群变得越来越复杂，生态系统也越来越混乱。

2. 竭泽而渔，过度捕捞，破坏原有生态系统

渔民掌控着湿地地区主要的经济活动，他们从沼泽中捕获食物，维持生存。

为了增加鱼类产量，提升捕鱼效率，湿地地区的渔民将传统渔网升级为高压电鱼器，电鱼器在电晕鱼的同时也杀死了鱼类的食物，沼泽内的食物链难以为继，生态系统趋于混乱。渔民的做法无异于竭泽而渔，自取灭亡。

然而，日益恶化的水生态，并没有在渔民心中敲响警钟。即便在湿地情况如此堪忧的情况下，哈马尔沼泽地区的捕鱼船队每天仍能打捞起近 100 吨鱼，如此毫无节制的过度捕捞，很快就会将湿地渔业资源消耗殆尽。

3. 战争暴行，致命摧毁伊甸园

20 世纪 90 年代初，萨达姆政权曾经强行抽干整片湿地，建起高耸的堤防，将辽阔的湿地封闭起来，变成一片死气沉沉的荒地。

战争不但会摧毁人类辛勤创造的物质文明，还会严重破坏由来已久的自然生态环境。在高压政策和严苛暴行之下，97% 的美索不达米亚湿地都未能幸免，陆续被排干水源。其中包括中部沼泽、哈马尔沼泽、哈维则沼泽，甚至还有跨越伊拉克和伊朗两国边境的复杂沼泽生态圈。世界上最著名的那片伊甸园湿地，曾经一度濒临消失。

根据联合国环境规划署公布的报告显示，伊拉克战争期间，该地区损失面积达 325 平方千米。为此，规划署特别提出，战后重建工作必须包括保护和恢复该国南部著名的美索不达米亚沼泽地，以挽救当地稀有的动物和悠久的人文传统。

近些年，在动荡的政局之下，伊拉克始终没有放弃对美索不达米亚湿地的恢复和保护，采取了一系列挽救措施，例如开凿沟渠引回河水、建造拦河坝积聚雪峰融水、制造“人工洪涝”等（见图 2－21）。

图 2－21　左图为 2002 年卫星图像拍摄到的伊拉克沼泽地区，那时沼泽已经濒临干涸。右图为 2007 年拍摄到的情况，湿地环境大有改善。（摄影：美国宇航局地球观测站）

经过大规模注水，近些年沼泽地水量迅速回升，甚至一度恢复到从前 75% 的水量，环境有所改善。然而，如今幼发拉底河和底格里斯河的水流量也在持续减少，难以支撑南部沼泽地所需的水源。人们不得不接受湿地将再一次走向干涸荒漠的趋势，遥望未来，伊拉克的沼泽地终将所剩无几。

第二节　存在的问题及成因分析

一　环境污染问题

（一）水体污染问题

湿地污染是湿地退化的前兆，也是现如今中国的湿地所面临的一个严峻问题。在诸多环境污染之中，水体污染首当其冲，严重威胁湿地的生死存亡。

众所周知，湿地、森林、海洋并称的全球三大生态系统，它们的存在对于地球的运转具有举足轻重的作用，湿地承担着与人类肾脏相似的功能。湿地的土壤构造，松软的泥土上覆盖着绿色的植被，形成一道天然的过滤器，可以作为陆地和河海湖泊之间的过渡地带，有效地起到缓冲作用。当水流过湿地，流速减缓，能够借机沉淀和排除水中的有毒物质和其他杂质，比如农药残留、生活污水和工业排放污水等。

除此之外，那些生长在湿地上的植物也可以帮助吸收并且分解水中的有毒物质，起到净化水质的作用。

然而，现如今许多湖泊、河流的水质遭到大面积污染，其严重程度已经远远超出"地球之肾"所能净化、分解的功能范围。

例如，滇池湿地的污染退化，其主要原因在于：伴随着人口的增多、经济的发展，污染程度已经远远超出滇池湿地所能承受的范围，大大超过它自身的净化能力，并进一步破坏了生态平衡。

当前，湿地的水体污染主要来自以下几个途径：工业废水、生活污水排放以及农业面源污染。这些污染物通过流水进入河湖海域，导致水质恶化，加速某些水体的超富营养化，从而为寄生虫提供充足养分，严重危害湿地生态系统，破坏生物多样性。

在滇池湿地的案例中，导致蓝藻爆发的主要原因就是水质污染严重，水面黑臭，泛滥成灾，湖水不再清澈。在东寨港红树林湿地中，因为大规模虾塘养虾，湿地水域富营养化严重，团水虱繁衍扩散，造成红树成片死亡。此外，围海造陆也是导致红树林湿地退还、消失的重大原因之一。围海造陆严重改变了海岸线一带的自然景观，危害生态系统的平衡（见图 2－22）。

图 2－22　围海造陆

根据《中国红树林国家报告》显示，2013 年中国拥有的红树林面积 2. 26 万公顷，与 20 世纪 50 年代初相比，中国已有超过 50% 的红树林逐渐消失不见。近 40 年，中国红树林的面积由 4. 83 万公顷减少到 1. 51 万公顷。

围海造陆对湿地的危害主要来自以下两个方面的原因：

其一，围海造陆会直接破坏湿地的景观环境，严重损害栖息地的生态环境，破坏水域中的生物群落结构，造成物种锐减，从而导致一系列的生态环境问题以及社会经济问题。

其二，不合理的围海造陆行为还使港湾内的纳潮量减少，海水的潮差减小，潮汐的冲刷能力不断降低，严重减弱海水的自净能力，导致水质恶化。

（二）土壤污染问题

人类对于土地资源的不合理开发、利用，导致土壤结构发生变化，或者其他形式的污染，都会严重破坏湿地的生态环境。

此外，垦伐湿地、围海造陆一类经济活动，也都会直接影响湿地生态。例如，在红树林湿地的案例中，土壤结构遭到严重破坏，许多海底生物失去生存环境而死去，究其根源，则是因为红树林的土壤偏酸性，而虾养殖业所需的水质偏碱性。为了解决这个难题，养殖户们每年清塘都需投入石灰等中和土壤的酸性物质，改造红树林的土壤环境。

（三）各类垃圾污染问题

湿地本是远离尘嚣的自然地带，极少受到人类干预，然而，湿地公园兴建以后，湿地不再与世隔绝，不可避免地招徕许多游客，湿地中的人类活动增多。大量游客涌入并在水面和地面留下许多垃圾，直接损害了湿地景观和脆弱的生态环境。

湿地是地球上的“天然水库”，具有净化水质、涵养水源、蓄洪防旱、调节局域小气候、沉淀并降解污染、补充地下水、控制土壤侵蚀等诸多生态功能。

湿地系统中的植物能够沉淀、降解污水中的杂质，具有净化水源的功能。然而，随着人口增多，经济飞速发展，人类活动的影响不断加剧，湿地承受着人类带来的各种垃圾和污染物，其严重程度已经远远超出湿地本身所能承受的污染负荷，破坏生态平衡。

近几个世纪以来，全球范围内的湿地都遭受了严重的破坏。其中，环境污染是导致湿地消失的一个重要而直接的原因。人类对土地的不合理使用，导致土壤酸化或者盐碱化，导致湿地土壤结构破坏。水污染、空气污染，诸如石油泄漏污染、水体营养化等重大破坏行为，会直接导致大规模的水禽和其他水生生物的死亡。河流改道会导致水资源的分布变化，以及水土涵养能力降低。

例如，扎龙湿地是中国目前保留下来的相对完整和原始的芦苇沼泽湿地，扎龙自然保护区是丹顶鹤和其他珍贵野生水禽的重要栖息地（见图 2 - 23）。然而，长期缺水问题一直威胁着扎龙湿地的未来发展，扎龙湿地面积一直呈现出萎缩趋势，直接影响着丹顶鹤等珍贵水禽的繁衍生息。为了解决这一问题，水利部门从2001年开始为扎龙湿地注入上亿立方米的水源，但是收效不容乐观。

图2-23　扎龙湿地

有些专家认为，解决问题的关键在于限制扎龙湿地附近的工农业排污，只有有效减少对湿地的污染，才能促进湿地的生态恢复和发展。由此可见，恢复和保护湿地景观，必须处理好污染与治理，发展与保护之间的矛盾。

二　湿地景观建设面临的问题

（一）规划布局方面的问题

究其根源，主要是对湿地的认知片面，对规划建设的湿地理论掌握不够纯熟。湿地景观布局未能遵循生态格局，忽略自然界的特殊性和空间结构规划。从初期的规划、建设到后期的维护、管理之中都存在着诸多问题，湿地景观的长期发展难以为继。

成因主要有以下几点：

1. 湿地建设忽略自然界的特性，项目规划缺乏系统性

例如，在洞庭湖湿地的案例中，经历了从疯狂植树到野蛮伐树的过程，既破坏了洞庭湖湿地的景观原貌，还毁坏了江豚、候鸟等物种的生存家园。

湿地开发、建设的过程中，人们常常会忽略当地的自然生态系统和植被特征，强加干预，甚至是肆意地对原生植物进行大规模的铲除和改造。其结果不仅是破坏了湿地的原有生态系统，还让这里的动物失去赖以生存的环境，无处栖息，甚至会酿成物种灭绝的悲惨后果。

2. 设计规划不符合当地环境，破坏生态格局

最近十几年来，湿地这个概念逐渐深入人心，随着中国城市化进程的不断深入，湿地景观，特别是湿地公园似乎也成为各大城市建设的一个标配。然而，并非所有地区的环境基础都允许建设城市湿地公园。

例如，有些本来就比较缺乏自然水域的城市不顾及当地环境限制，肆意挖池蓄水，吸取地下水来营造出人工湿地，这无疑会对当地环境造成恶劣影响，酿成水源危机和生态危机。

在湿地景观的建设中，处理自然生态恢复和人类干预的问题，需要做到以下两点：

第一，需要严格控制人为因素对湿地环境的不良影响。

湿地景观建设的首要目标就是恢复或保护湿地，发挥其生态功能。一些湿地景观欠缺环境保护意识，在规划设计中功能区分布不合理，不注重动静分区，甚至将湿地公园设计成为水上游乐场。在城市中建设湿地公园，湿地景观也是城市生态系统的一个组成部分，二者互相影响，共生同存。如果规划设计不符合当地情况，城市环境没有因为湿地公园的建立得到改善，反而变得更加恶劣，这都是极不可取的行为。

第二，湿地景观的建设也离不开人类的正确干预和引导。

当下有些人对于湿地恢复存在一个误区，认为湿地生态需要纯自然修复，也就是完全依靠自然界的自我修复能力，竭力反对人为干预湿地恢复。然而，实际情况并非如此。一片受到破坏的天然湿地至少需要数十年的时间，才能自然调整、更新，达到稳定平衡的生态状况。目前，全球范围内的大多数湿地都受到人类活动的干预和影响，缺乏自然恢复的条件。因此，在湿地恢复过程中，需要人类通过恰当的措施进行人工干涉和引导，促进湿地自我更新的进程，从而营造出稳定完善的生态系统。

总的来说，在湿地景观的建设过程中，需要遵循“生态优先，最小干预”的原则，对湿地进行合理的设计、规划、布局，掌握湿地生态系统的发展方向和演变方式，令整个景观结构和布局都处于自然状态。

（二）景观设计方面的问题

湿地景观是专门针对抢救性保护湿地资源，探索湿地景观、生态、环境的自然恢复和生物保育，合理利用资源的一种保护地管理方式。湿地景观的合理规划和开发，也是探寻土地资源可持续发展的一种有效途径。

近些年随着“湿地”概念的风靡，全国各地兴起修建湿地的风潮。但是，由于这一领域起步较晚，尚未形成系统完备、成熟的技术，湿地景观建设缺乏范例供广大设计者参照、使用。因此，湿地景观的建设存在一定的技术风险。

其中许多湿地的景观缺乏特色，存在着诸多问题，例如布局杂乱无章，湿地景观设计千篇一律，缺乏地域特色，景观效果不稳定，持续时间短，有些时节的花草生长杂乱无序，有些时节则没有景观可看。

从景观设计的角度来看，这些湿地景观缺乏设计感，大多照搬照抄，不能给游客留下独特而深刻的印象。

从生物种群的角度来看，许多湿地公园都是清一色的芦苇、蒲草、荷花，主题植物不突出，缺乏本地特色，植物物种单调，缺乏多样性。

这些问题产生的成因主要有以下几个：

1. 湿地跟风建设，缺乏地域特色

湿地景观内部是一个完整的生态景观系统，具有维持生物多样性和调节局域生态系统的重要功能。因此，植物在景观设计方面需要按照景观生态学的理论进行设计，选取因地制宜的主调植物，凸显本地特色，搭配不同的动物、植物种群进行平衡和调整，确保湿地景观的延续性和独特性，维持生态系统的平衡和稳定。

然而，许多湿地景观在规划设计过程中，脱离地域现状，未能结合当地的生物种群特色和区域生态环境。湿地景观跟风而建，景观设计照搬照抄，没有独创性，景观设计死板生硬，多是千篇一律的茅草、木栈道、莲花池，无法凸显地域特色（见图 2－24）。

图 2－24　湿地建设缺乏特色

从湿地景观的构成要素来看，其中最为基本的元素就是植物。植物构成湿地景观的基础外观。在湿地规划之中，植物的选配，受到当地气候、土壤、环境等诸多因素的限制和影响。反过来，在湿地中选配何种植物，也会影响湿地景观、地域环境的发展方向。

现如今，许多地区盲目跟风，在缺乏深入调研和理论支撑的情况下，跟风建设，肆意挖一片水塘，栽种一些水生植物便充作湿地。在一些水资源缺乏的地区，野蛮挖掘人工池塘建造湿地，不仅没有改善城市生态环境，反而让生态变得更加恶劣，对水资源造成严重威胁。

这类跟风建造湿地的行为只是打着湿地名号，跟以往风靡的建设广场、草坪的风潮没有区别，更加不能发挥湿地的生态功能和环境效益。

2. 营建囿于陈规，缺乏湿地特色

湿地景观重在自然生态的保护，以简单方式复原、回归了本地的自然生态。与其他类型的城市景观相比，湿地景观具有简单、便利的优势，易于建造和维护。然而，由于缺乏正确的设计理念，许多设计者在景观规划中往往偏离轨道，在设计中采用过多人工元素和休闲娱乐元素，喧宾夺主，使得公园失去本应有的特色，只是徒有“湿地”之名，在景观建设上却并未体现出湿地景观的精髓。

有些湿地景观在建设方面完全人工化，利用传统园林的景观设计方式来营造湿地，其弊端主要在于：过分注重景观的人工审美、舒适度和艺术性，对湿地自然环境大幅度进行改造，反而忽略了湿地自身的生态功能。这种情况下建造出来的湿地景观虽然美丽，却无法凸显出湿地的自然风情，甚至会对生态平衡产生不良影响（见图 2－25）。

湿地景观建设中这类问题出现主要是因为：设计定位错误，未能彰显湿地特色；设计师囿于传统公园或园林的设计理念与陈规。

图 2 – 25　湿地观景台

3. 内部设施不够健全，缺乏人性化设计

湿地景观作为人类活动的一个重要场所，同时也担负着休闲、观光、旅游、娱乐等社会功能。生态景观系统的设施不够完善会导致游览观光体验较差，不利于湿地景观发挥其社会功能。

内部构建不够完善一般主要体现在：功能分区不合理、步道系统设计混乱、观光路径重复单调、服务设施不够完善、游览体验不够人性化等。

究其根源，上述这些问题产生的原因主要是缺乏理论支撑，没有科学的规划和统筹，缺乏明确的技术规定和量化的技术规定。项目设计规划的内容看似五花八门，却又不得其法，缺乏特色。

因此，湿地景观的设计规划需要从景观生态学的理论出发，充分研究当地的地理环境特点、气候条件、人文历史等，优先考虑生态保护，通过再生当地生态文化，深挖人文内涵，经过切实的调研，制定出独具特色的项目定位，与其他同类湿地景观区分开来，注重景观品质和体验感，以提升项目竞争力。

（三）项目遗留问题

1. 缺乏动态监控措施，后期管理维护不到位

我国在湿地景观的建设过程中缺乏长期、持续的全局观念，只注重前期对湿地资源的开发、利用，往往却忽视了其建成之后的监控、管理、维护工作。

在已经建成的项目中，项目管理中的遗留问题主要表现在：水质保护；污染管控；缺乏动态监控措施，不能对湿地中的植被、生物状况及时跟进，造成养护不当等问题。

生态学是一个复杂的体系网络，人类活动只是其中的一环。人类活动无时无刻不在影响生态系统的运转，反之，这个系统也会将其所受到的影响反馈给人类。人类活动会影响周边环境，环境的变化又会导致生物种群的兴衰演替，从而改造整个生态体系，反过来决定着人类的生存环境。由此循环往复，环环相扣，构造出丰富的生物种群和生态景观。

生物系统之间的相互作用机制，让人类对湿地的管理和维护成为一个漫长而循环的过程，需要不断地跟进和监测。

2. 后续管理乏力，缺乏对湿地的动态监控

湿地生态系统的恢复并非一蹴而就的行为，既需要大量的人力、物力和资金支持，较长的生态恢复周期，更需要科学的管理和技术支持。一些湿地管理体系滞后，建成之后，不到几年便因为资金短缺而逐渐废弃，难以为继。

许多湿地因为缺乏人工干预，湿地放任自流，水域逐渐变臭、干涸，原本寄托着人类美好愿望的栖居地变得污染重重，造成严重的经济和资源损失。一些湿地在管理维护方面不符合国家相关标准，甚至会导致环境、资源、水文、设施等方面的破坏。

例如，在扎龙湿地的案例中，由于资金问题导致管理体制不够健

全，管理体系后续乏力。扎龙湿地地域辽阔，总面积高达 21 万公顷，管理难度较大，然而，湿地保护区建立之后一直面临着资金缺乏问题。

在经费方面，湿地资金的主要来源是上级部门拨下的资金和湿地发展旅游业获得的资金，员工经费按照人员编制分发，只能维持编内人员的工资支出。

项目缺少固定的业务经费，无法进行有效的监控和管理，缺少专业的保护管理人员以及必要的通信设备和交通工具，从而导致许多业务工作难以开展。

3. 旅游负荷过载，湿地生态遭到过度干预

湿地景观的兴建能够为湿地保护提供诸多有利条件，并能发挥宣传、科普等方面作用。然而，湿地公园的兴建也会带来一些负面影响，主要表现在旅游负荷这一方面。

若是湿地公园中每日游客数量超出生态合理日容量，则会给湿地公园带来诸多压力，施加过多人类干预因素。

湿地中的鸟类、昆虫等物种繁衍需要相对安静、与世隔绝的自然环境（见图 2－26）。一些湿地建成公园以后，为了尽可能多的招揽游客，在湿地内广修游乐设施，放置不合时宜的娱乐器材，严重破坏了湿地公园中原始、静谧、自然的景观和生态。嘈杂喧嚣的噪音和过多人类干预也不利于鱼鸟昆虫在湿地中安家落户，繁衍生息。

此外，旅游负荷过载，不可避免地会带来一些人类垃圾，增加湿地中的环保难度，直接对景观生态造成不良影响。

例如，在洱海湿地的开发过程中，旅游业发展势头过猛，旅游业带来的种种污染却未能得到及时解决，这已经严重威胁湿地的生态环境，不利于湿地旅游业的可持续发展。

图 2－26　湿地生物需要安静的自然环境

（四）环保意识落后导致的问题

1. 湿地认知意识不足

“湿地”这个概念引入中国的时间并不长，社会各界对于湿地的认知意识普遍薄弱，中国的湿地保护工作起步较晚，大多在 20 世纪 90 年代才开始开展。

在湿地未实施保育工作之前，由于环境保护意识滞后，对于湿地价值认知不足，中国湿地遭到诸多不合理的开发利用，污染严重，大面积退化萎缩。以滇池湿地为例，从 20 世纪 80 年代起，大量工业和生活污水被直接排入滇池，直接诱发滇池水质污染爆发。

当时，恰逢中国改革开放时期，城市经济飞速跃进，而相关的环保观念、环境保护意识尚未普及，人们对于湿地保护的认知更是一片空白。在这样的情况下，滇池周围的许多工厂、居民都将废水直接倾入滇池，导致滇池的水质污染越来越严重。

纵观历史，人类对于湿地的认知在不断地发展前进。不管是美国、日本、欧洲，人类都因为认知局限性，曾经历过“湿地破坏—湿地恢复”的艰难过程。

湿地景观的恢复与保护任重而道远，它不仅需要政府的主导和监督，科学技术的指导和支撑，更需要广大公众的积极参与和支持。

近几十年来，人们对于湿地的保护意识不断提高，已经从以往“被动治理”的湿地管理思路，逐渐改为“主动防护、自然恢复和生态保育”。湿地景观的建设起到很好的示范、宣教和科普作用，再加上媒体对于湿地这一概念的深化宣传，广大公众参与湿地保护的意识逐渐觉醒，参与社会服务的兴趣浓厚。

例如，在洞庭湖湿地有一群“候鸟守护者”，这些守护者来自社会各界，他们和林业部门联合行动，志愿参与建设护鸟营，在湿地区域开展巡护工作，拆除鸟网。经过六年多的不懈努力，洞庭湖湿地生态大为改善，前来洞庭湖越冬的候鸟数量逐年增加。

目前，中国也在致力于湿地的恢复和保护，加强湿地修复机制。《国务院办公厅关于印发湿地保护修复制度方案的通知》中提出目标任务：“到 2020 年，全国湿地面积不低于 8 亿亩，其中，自然湿地面积不低于 7 亿亩，新增湿地面积 300 万亩，湿地保护率提高到 50% 以上。严格湿地用途监管，确保湿地面积不减少，增强湿地生态功能，维护湿地生物多样性，全面提升湿地的保护与修复水平。”

2. 政策导向问题

在洞庭湖湿地的案例中，当地百姓从种植欧美黑杨到全面砍树经历了一个疯狂而迅速的过程。究其根源，其中既有经济利益的驱使，也有政策对人们的驱动作用。

此外，滇池的围湖造田、红树林的虾塘养殖等案例都与政策导向脱不了干系。正确的政策能够让湿地保护和利用步入正轨，有序推进，错误的政策则有可能对湿地利用造成致命的打击，全盘皆输。

虽然说，湿地恢复需要依赖当地政府的统一规划和管理，做到合理开发利用。但是在现实中，有些湿地地理位置比较特殊，地域辽阔，常常跨越多个行政区域，甚至跨越国界。这些湿地在管理上较为分散，开发利用的过程中难以做到统筹规划，实时监督，出现问题也经常无法及时解决。

3. 水利工程对湿地的不良影响

在洞庭湖湿地和美国加州湿地的案例中，水利工程都对湿地生态环境产生巨大影响。

水利工程对于湿地生态破坏的成因分析：

水资源是人类赖以生存的物质，也是农业、工业等经济发展不可或缺的重要资源。然而，地球上水资源分布极其不均匀，许多干旱地区都迫切需要水资源。为了解决水资源的供需矛盾，跨流域调水工程应运而生。

在全球范围内，调水工程都是解决水资源地理分布不均衡的一大对策。众所周知，调水工程具有诸多积极功能，比如，可以迅速调节不同区域之间的水源分布不平衡问题，减少出水区的洪涝灾害，改善输水沿线区域的气候环境，能够有效扩展入水区的水域面积……

然而，水利工程并非百利而无一害。在带来巨大经济效益和社会效益的同时，它也会带来诸多负面影响。调水工程的负面影响主要体现在对于原有水域的破坏上。

自然界的水系统由来已久，本身具有整体性和协调性。调水工程通过人工干预手段，在短时间内强行改变水资源输流和分布，它会直接破坏原有水域的景观、安全和生态，削弱原有湿地的调蓄能力。未来在实施调水工程之时，我们需要将水资源生态系统与社会经济发展、生态环境可持续结合起来。

（五）疯狂的经济行为导致的问题

1. 经济利益驱使下的湿地破坏

湿地所在地区一般都是气候、环境条件较好的区域，土壤松软湿润适合植物的生长。所以，湿地具备物质生产功能，往往蕴藏着各类丰富的动植物资源（见图 2－27），可以为人类提供各类能源、食物和原材料。

图 2－27　红树林湿地与鸟类

无论哪个年代，无论何种经济行为，只要经济利益足够诱人，总会有人受到驱使，不惜在珍贵的自然界里开荒拓土。正所谓“人为财死，鸟为食亡”，回顾那些疯狂追逐经济效益的年代，湿地也无疑沦为人类争抢的一片宝地。

例如，在滇池的案例中，围湖造田曾让滇池湿地不断碎片化，被隔绝成一片片农田。在红树林案例中，虾塘养殖业严重破坏了湿地的生态系统，改变了土壤结构。

我们还可以看到海滨湿地的面积也在不断缩减。根据相关数据显示，中国 60% 的近海岸湿地因为浅海养殖业、围海造田等行为而逐渐消失，与此同时，管涌、赤潮、海水倒灌等生态灾难也不断增多。

在洞庭湖湿地的案例中，危害湿地安全的罪魁祸首又变成了欧美黑杨，它们吸取湿地水源，肆意蔓延，支撑起造纸业的半壁江山。

时至今日，在伊拉克美索不达米亚湿地，渔船队仍旧一往无前，驶向湿地的核心区域，马达在草海深处轰鸣，毫无节制的捕鱼行动还在继续，吞噬着这片伊甸园最后的生命。在这些疯狂商业行为的背后，人类的无知和贪婪换来一时的利益，却也带来许多难以挽回的惨状。

2. 过度开发导致湿地功能退化

以扎龙湿地为例，近年来，扎龙湿地的水生态系统不断恶化，逐渐面临枯竭的问题。其中一个重要原因就是扎龙湿地被大面积改造成为农用耕地，改变了下垫面的水文特征。

耕地表层与湿地沼泽的含水量相差较大，最多可达246毫米。湿地的地表覆盖类型多样，能够有效对坡面径流起到有效调节作用，改造成为耕地之后的地表覆盖较为单一，调节乏力。每逢干旱年份，耕地截留了大部分降水，使得湿地水源减少，暴雨时期，耕地无法涵养水源。由此可见，对于土地的过度垦伐会影响地表径流，使得湿地的调节功能退化，从而影响整个区域的生态环境。

3. 湿地名片成为商机，被夸大的湿地效应

湿地是地球生态环境的重要组成部分，与森林、海洋一起并称为全球三大生态系统。《关于特别是作为水禽栖息地的国际重要湿地公约》规定："湿地是指不论其为天然或人工、长久或暂时性的沼泽地、泥炭地或水域地带，静止或流动，淡水、半咸水或咸水体，包括低潮时水深不超过六米的水域。"

湿地——这个本来是由生态学和地理学内涵构成的名词，走进大众视野，为人们所熟知，却主要是因为商业炒作和房地产宣传。

在当下的中国，人们对湿地的情况有所了解，却又不够深入。在政策和媒体的极力渲染下，大众对于湿地的认知仍然停留在表面，尚且处于一知半解的初期狂热阶段。

然而，当湿地真正走进公众视野之时，它也开始成为诸多商业资本的契机。既得利益者刻意夸大社会效益，专注于湿地所能带来的经济效

益，却有意无意地忽略其生态功能，从而导致对湿地不择手段的盲目开发和不合理利用。

湿地成为一张响亮的名片，常常被用于房地产行业。在许多房地产广告中，“湿地”一词意味着自然亲水的环境，极具升值空间的地段，许多地产商为了追求利益，在湿地区域疯狂开发高档酒店和地产（见图 2－28）。

图 2－28　以湿地为卖点的房产楼盘

例如，在洱海湿地，为了建设高档别墅，情人湖遭到填埋。这一行为严重加剧湿地生态系统的恶化，导致湿地迅速退化，甚至是消失，生物栖息地遭到严重损害。

湿地进行商业化开发、利用具有两面性。我们不能忘记，在狂热经济效益背后，湿地需要承担更多的生态功能和社会责任，它关系到人类未来的生存环境。我们需要不断探索，探讨可持续的景观开发和管理途径，从而实现经济与生态，人与自然的和谐共生。

（六）其他因素导致的问题

1. 外来物种入侵导致物种灭绝

湿地生态极具包容性，环境温和适宜，这些特性决定着湿地能够满足多种动植物生存的基本需求。湿地系统之中外来物种大量入侵，势必与本地其他物种争夺有限的资源，从而导致本地物种数量减少，死亡甚至逐渐灭绝。

例如，滇池湿地中，紫茎泽兰（见图 2－29）等外来物种入侵之后，与本地物种千屈菜争夺营养和生长空间。久而久之，千屈菜在竞争中落下风，大批量死亡。物种入侵不仅改变了滇池湿地的景观生态系统，还破坏本地的生态格局。

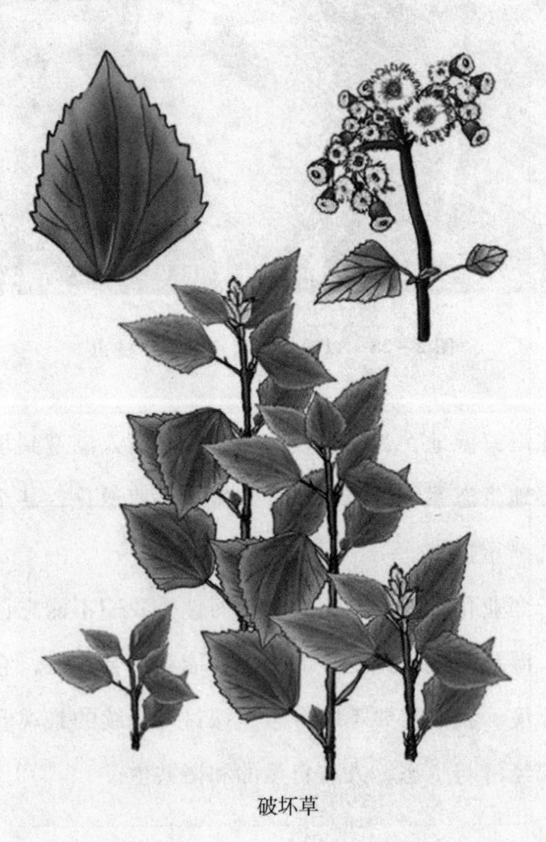

图 2－29　紫茎泽兰

外来物种入侵湿地的成因分析：

首先，由于湿地中的水体受到严重污染，湿地的生态环境骤然剧变，许多土著植物因此失去了赖以生存的生态环境，无法适应被破坏的生态系统，逐渐死去。其次，外来物种乘虚而入，侵占了土著水生植物的生存空间，迅速扩散、蔓延，严重改变湿地的景观生态系统。

湿地之所以能够成为外来物种入侵的绝佳之选，主要是因为：

从地理角度来看，湿地一般在有水的地方，例如，湖泊、入海口等。这些地区占据较为开放的地理位置，与外界交流频繁、便利，为外来物种进来提供可乘之机。

湿地区域一般土壤湿润，环境适宜，适合各种生物栖息、生存。更重要的是，如果没有外来物种的天敌，湿地区域能为外来物种提供赖以生存的食物，又能够提供安定无忧的环境，成为物种繁殖的绝佳场所，容易遭到外来物种的大量入侵。

根据以上分析可知，在湿地规划建设之中，需要基于景观生态学理论选择适当的水生植物，塑造出和谐、稳固的生态系统。在植物选择上，不能过度重视景观，而忽略其生态功能。水生植物的选择需要结合本土环境、植物物种和土壤结构，最大限度地发挥植物净化水质的功能，恢复本土的生态系统。这就需要全局规划，多个领域统筹、协作，才能塑造出具有整体性、生物多样性和净化功能的湿地系统。

2. 全球气候变暖环境下，湿地不断萎缩退化

温室效应导致湿地面积萎缩：

全球气候变暖趋势不可逆转，导致湿地萎缩、退化，甚至是永久性的消失。当前，湿地干涸已经可以被视作自然进程的必然结果。

根据联合国相关数据，如果地球温室效应继续按照目前的速度发展下去，而全球又未能迅速采取有效措施来抑制这一现象，等到 2030 年至 2052 年，全球气温将会上升 1. 5 摄氏度。

20 世纪，全球湿地格局变动较大，其中北美洲、欧洲、大洋洲等地一些景观独特的湿地 50% 以上都发生了改变。近二十年来，我国湿地总面积也减少了 11.46%，这些问题无疑都与全球温室效应密不可分。

巴西的潘塔纳尔沼泽地，位于马托格罗索州的南部地区，占地面积约有 2500 万公顷，自然资源丰富，湿地景观特殊，生物种类多样，是世界上面积最大的一块湿地。2000 年，潘塔纳尔沼泽地被联合国教科文组织列入人类自然遗产名单。

然而，相关研究显示，潘塔纳尔沼泽地的面积正在不断萎缩，以平均每年 2.3% 的速度缩小（见图 2－30）。按照这个速度发展下去，如果人类不作任何挽救措施，世界上最大的湿地将在 45 年以后全部消失。

图 2－30　潘塔纳尔沼泽地不断萎缩

目前，巴西政府早已认识到这一事件的严重性，为了恢复湿地生态，成立了生物保护圈管理委员会，专门负责制定和实施保护潘塔纳尔湿地的规划。

湿地面积萎缩的成因分析：

放眼全球，自然界的景观千差万别。气候变化是影响湿地景观格局形成的重要动力，能够影响湿地的水文特征。在诸多气候因子中，气温和降水量是影响景观形成的两大重要因素，各个气候因子之间的关系错综复杂，不同因子组合会影响湿地的形成和发育，从而产生不同的生态特征和景观格局。降水量下降，会减少湿地的水源补给，也会影响湿地水资源的分布情况。在全球温室效应的环境下，气温升高会导致湿地中的水体温度及土壤温度升高，蒸发量随之增大，从而引起湿地景观面积的大规模萎缩退化。

温室效应对于湿地环境的影响充满变动、错综复杂，除了对于水文特征的影响，也可能表现在其他方面。例如，温室气体排放可能会影响湿地中植物的光合作用，对湿地生态系统造成影响；全球气候变暖可能会影响一些生物物种或害虫的地理分布与数量，从而影响湿地的生态体系。

美国杜克大学研究发现，气候变化或许有助于一些有害的外来物种入侵。例如，降雨量、地表水的温度以及河流水量的改变，可能为黑藻、日本虎杖、女贞、金银花等其他外来入侵物种提供适宜的生长环境，而那些无法适应环境改变的乡土物种则会慢慢消失。不过，温室效应对于外来物种入侵并非直接产生严重的影响，而是一种不断累积的长期效应。每一种细微的气候变化，可能只为外来入侵物种添加某种轻微优势，然而，这些轻微的优势长期累积，随着时间推移，可能会对湿地的生态系统产生巨大的影响力。如果放任不管，随着时间的推移，这些变化将减少湿地中的植物多样性，甚至会影响湿地过滤污染物、调控洪涝、储存碳和营造野生动物栖息地等能力。

例如，在扎龙湿地的案例中，湿地不断退化，大面积萎缩，其成因主要来自以下三个方面：

其一，温室效应造成的水资源缺乏使得总面积逐年减少。

其二，人类活动范围的不断扩大，干预着湿地发展方向。大规模开垦和围垦将原有的草地和沼泽改造成为耕地。

其三，由于在湿地保护区修建房屋、道路、农田和停车场，扎龙湿地的面积仍然在不断减少。

3. 湿地也是温室效应的制造者

湿地不但受到温室效应的影响，反过来，它也是导致温室效应的诸多制造者之一。湿地中的水和土壤相结合，排放出大量的甲烷气体。如果湿地中水域深度增加，植物增多，会导致水底氧气不足，微生物出现厌氧反应，释放出硫化氢、氨气、甲烷等有毒类气体，迅速加快水生动植物的死亡，加剧温室效应。

无论是天然湿地，还是人工湿地，其存在都会对自然环境产生一定的副作用。因此，在湿地景观营造的过程中，需要通过技术手段来调整，以减少不利影响。首先，严格控制湿地的水量和水深，例如水深应当在 50 厘米—60 厘米，这既保证了植物生长所需水分，又能控制甲烷气体的释放；其次，种植植物需要精挑细选，确保物种的丰富性，减少副作用。

4. 湿地退化导致物种灭绝

湿地是地球上一大独特的生态系统，具备多种多样的功能和资源。它不仅为人类提供大量食物、原料和水资源，还承担着维持生态平衡、维护生物多样性、保护珍稀物种资源的重要功能，因此被人们称为“天然物种库”。

湿地环境湿润，可供许多动物终年在此安栖。某些湿地还能够为候鸟提供越冬的生存场所。相比陆地生态系统，湿地中的生物多样性更为丰富、复杂，许多珍稀独特的动植物只能在湿地中找到，其中包括不少无脊椎动物、冷血脊椎动物和热血脊椎动物。

然而，湿地面积的萎缩，湿地环境的退还，总是伴随着大规模的物种灭绝。全球气候急剧变化，湿地景观面积萎缩，生态环境不断退化，一些湿地中的生物群落正在悄悄发生变化。有些种群因为失去生存环境而消失，有些种群则因为环境剧变而衍生出新的变种。

不同地区之间的气候、水文、地质地貌都存在差异性，与之相应的，各地生物群落的变化也存在着极为明显的时空分异性。

例如，在东部非洲印度洋上的塞舌尔，地理环境奇特，堪称是一座天然植物园，拥有500多种植物，其中有80多种植物在地球上其他地方都无处可寻。此外，各个小岛上还生活着许多独特的爬行类动物和鸟类。如今，塞舌尔的许多小型湿地陆续消失，许多动植物也会随之消失（见图2－31）。

图2－31　绿鹭塞舌尔亚种（学名：Butorides striata degens）

在洞庭湖湿地的案例中，我们可以看到，随着湿地环境改变，大批动植物数量减少，生物资源锐减，打破原有的生态平衡和生物多样性。其原因主要是湿地生态破坏、湿地面积萎缩，水体环境污染，长江流域江湖关系发生改变等；再加上乱砍滥伐、乱捕滥猎等人为干预因素，许多野生动植物失去原本优良的自然环境，生存受到威胁。

洞庭湖湿地的鸟类数目骤减，则是因为洞庭湖的水位降低，水面缩小，有些鸟类的栖息地变小甚至消失，而鱼类资源的减少，则直接导致有些鸟类无处觅食，找不到合适的食物。

本章小结

本章重点分析了各类景观实例及存在的问题，以云南滇池湿地、消失的红树林、扎龙湿地、洞庭湖湿地、大理洱海湿地、20 世纪的美国湿地危机、美索不达米亚湿地等为例，着重分析了它们生存发展堪忧的内外部原因，当中既有环境污染的问题，也有湿地自身的问题。环境污染问题包括水体污染问题、土壤污染问题、各类垃圾污染问题等，湿地公园自身的问题则包括规划布局问题、景观设计方面的问题、项目遗留问题、环保意识落后导致的问题、疯狂的经济行为导致的问题及其他因素导致的问题等。

此外，本章节还分析了这些问题的成因，如湿地跟风建设，缺乏地域特色；景观设计囿于陈规，缺乏湿地特色；内部设施不够健全，缺乏人性化设计；缺乏动态监控措施，后期管理维护不到位；缺乏对湿地的动态监控；旅游负荷过载，湿地生态遭到过度干预；人们湿地认知意识不足；经济利益驱使下造成湿地破坏；过度开发导致湿地功能退化等。

根据以上这些对于湿地景观实例及其问题成因的分析，我们得知：影响湿地景观成败的因素主要来自人为因素和自然因素两大方面。其中，人为因素对于湿地的破坏和影响值得正视和反思，而自然环境的变化也无时无刻不在影响着湿地的生死存亡。

人口增加、经济发展、自然环境变化以及层出不穷的不合理利用、开发模式等都会对湿地景观造成严重破坏。湿地遭到的破坏并非一次性的行为，多是经年累月遭受多次干扰和破坏，具有不连续性、不可逆性和不平衡性。受到破坏的湿地景观生态系统大多千疮百孔，仅凭自然界的恢复能力，大多数湿地都很难回归从前的状态。

湿地的生态恢复就是要大力恢复其合理的景观格局和生态结构，让受到破坏的生态系统逐渐恢复到原始状态，发挥其生产价值、生态功能和社会服务功能。景观生态学的分析能够为湿地景观规划建设提供完备的科学理论支撑，有助于确定合理的景观功能布局和分区，对生物种群的保育工作提供正确选择，对湿地景观的演替做出整体判断，从而设计出生态功能合理的湿地景观。

人类活动影响下的湿地退还现象亟需关注，自然变化对湿地的影响却难以阻挡。在全球视野下的湿地景观整体呈现出不断萎缩、退化的趋势。蔚蓝星球上，一片片宝石状的湿地正在不断缩小、退化，天然湿地即将消失已经成为一个难以阻挡的趋势。地球上的天然湿地正面临着前所未有的艰难处境，迫切需要人类的介入和挽救。唯有投入更多的人力和物力，寻求科学的解决方法，湿地恢复工作才能迅速进行。

湿地的生命活力长存于景观生态之中，其价值存在于物种繁荣之中。湿地景观中的资源丰富，在自然界的运转中担当重要功能，它影响着自然界的物种、水文、气候、生态、环境，时时刻刻在塑造着人类的生存环境。

归根结底，湿地的恢复和建设不只是在一朝一夕，也不是能够一蹴而就的，它的成败与否关系到地球的生态运转，影响着人类社会的未来。

此外，人类干预也使得湿地的土地利用逐渐趋于多样化和均匀化，景观格局趋向复杂化。与此同时，湿地的各类景观斑块数量也在增加，保证了景观多样性，提高了景观破碎化程度和景观均匀度。这就更要求我们从景观生态学的理论出发，秉承着生态优先的原则，对现存湿地进行大力恢复、保护、开发和利用。

面对不断被破坏的湿地景观，我们必须认识到自己所承担的责任，为挽救我们栖居的美好家园而努力。历经时间的长河，我们愿将美好的风景留给子孙后代，造福整个地球的生态。

第三章　景观生态规划

第一节　景观生态规划概念及原理

一　景观生态规划

景观生态规划的发展时间并不长，在中国起步较晚，包含着多个学科的内容，因为有着政治、经济、文化以及地貌特点的不同，内容也是多种多样的，在实际应用中更是丰富多彩。对于景观生态规划的概念从不同的角度来说，其概念的表达各有不同。从景观规划的方面分析，主要是人类为了自己的利益而充分利用地表资源，使得某地成为兼具生产力和绿色风景的过程。景观生态规划也同样被认为是对退化景观的一种修复行为，或者是重新调整利用土地的一种行为。中国学者傅伯杰曾经将其定义为利用景观生态学基本理念和相关学科的基本知识，基于对景观与人类活动的相互影响为基础，综合利用生态的分析和评估方法，选择适宜的建设、规划方案。

景观生态规划的模式被确定为“斑块—廊道—基质”，是一种动态的模式（见图 3－1）。通过这样的模式，各组成部分的具体数量、数目以及空间关系等都可以用来调整，其中更涵盖了人类的基本日常以及生态动态发展过程，从而更好地开发利用景观。该模式的提出，更给景观生态学带来了更为合理的生态学定义，可以使用在多种景观，森林、草原以及荒漠或郊区，都可以成为该模式里的斑块、廊道以及基质内的一点。这样的模式更利于分析景观和结构的各种关系，为分析和利用景观结构提供了一种便捷的表述方式。

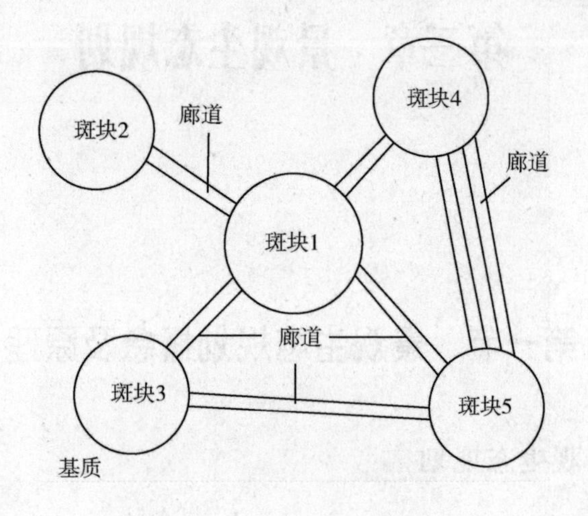

图 3－1　景观生态规划模式

二　景观生态学的基本原理

景观生态学中所运用的原理已经有过多种表达，而学界则对弗曼的 12 条原理认同最多，并将这 12 条原理进行了详细的论述，同步概述为了 4 个范畴（见图 3－2）。

（一）景观与区域

景观是某地方生态系统的不同混合，或不同土地的综合利用，是该地方最基础的组成。区域则是在相对更为广泛的尺度上由某些不重复以及对比率相对较高的景观组成。

（二）斑块与廊道

主要包括了性状较大的植被斑块；具体斑块的形状；生态系统间各

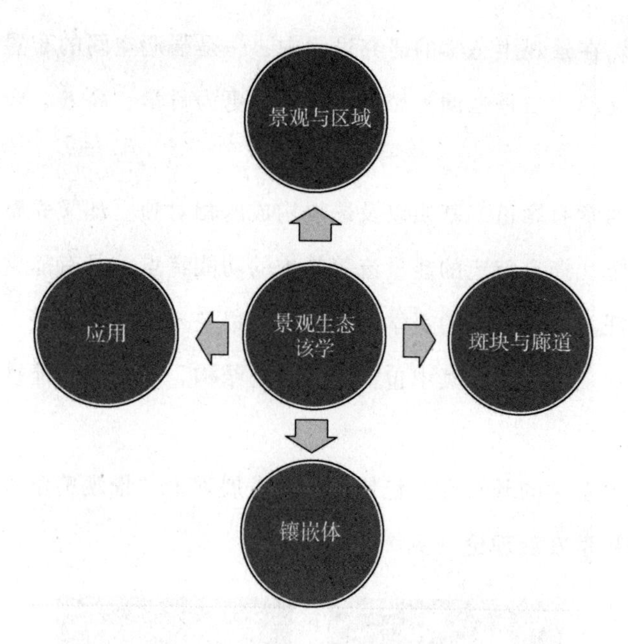

图 3-2 景观生态学基本范畴

部分的主要作用；Meta 种群，对于其中分散斑块中的亚种群动态，部分灭绝的速度随着栖息地面积的变大而减小，再定植的速度与效率随着斑块之间距离的变小而扩大。

（三）镶嵌体

景观的阻力是指随着景观之间布局的改变，阻碍了物质流和物种流的发生，有景观颗粒、在外界干扰下所形成的空间过程、镶嵌的最终序列。

（四）应用

包括了所有部分的聚集；格局的最后优化。

三 景观生态规划的理论基础

景观生态学研究景观单元的类型、组成上的布置以及与生态之间发生的作用。在景观生态学的研究过程中，一是强调空间的布置以及与生态之间的互动；二是强调为城市景观提供更为科学、高效、合理的空间框架。

景观通常有廊道、基质以及斑块构成的相对独立却又完整的复合型的生态系统，拥有特定的能量流等基本的功能特点，具有非常显著的视觉上的特征，具有特定的美学基质，边界以及空间位置清楚。一个完整的景观是稳定的系统，其中包括了完整的结构、齐全的功能性以及稳定的动态性。

景观生态学的基本理论包括可持续发展理论、景观美学理论、系统理论及游憩学发展理论（见图 3－3）。

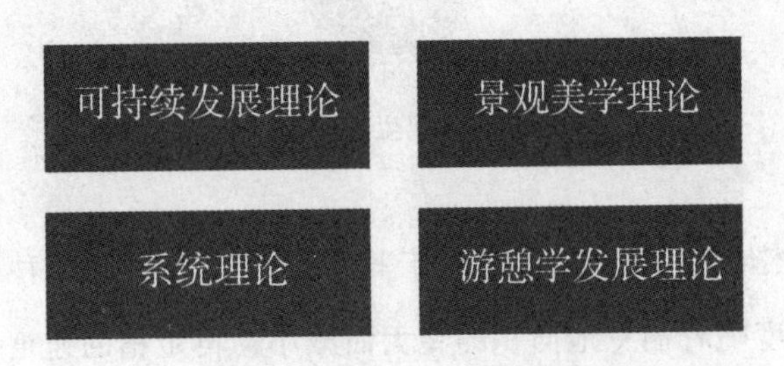

图 3－3　景观生态学基本理论

（一）可持续发展理论

可持续发展不仅是一种理论，更是我国所长期坚持的一项基本战略。它是针对当前我国的资源紧缺性所提出来的，从国家战略高度到生活中的多个领域，已经被广泛应用。可持续发展理论包括了五个方面的重要内容：可持续、公平、多样、协调以及可接受的内容。最主要的是可持续方面的内容，其主要目标是为了使资源实现永续利用，不影响后代的使用。公平性原则包括了横向公平、纵向公平以及资源平等分配。横向公平指的是当代人运用资源过程中的公平；纵向公平是指当代人和后代人运用资源之间的公平；资源平等分配是指每个人都有平等使用资源的权利。

同传统的资源开发思想相比，可持续发展理论有三个地方与传统思想有所不同（见图3-4），具体包括：一是思想内容的不同，可持续发展理论强调的是人与自然的统一，并非是人类战胜自然的思想；二是框架结构的不同，可持续发展理论通过公约、法律规章以及道德等内容，以保证资源的永续性；三是经济思维方式不同，将可持续发展作为经济活动的目标，并将环境的因素纳入总成本，尽可能减少对于环境的损害，既考虑短期效益，更考虑长期效益。研究可持续发展理论的专家学者已经将可持续发展的理论进行了广泛应用，其中可持续社区理论对于景观生态研究，具有较大的影响。

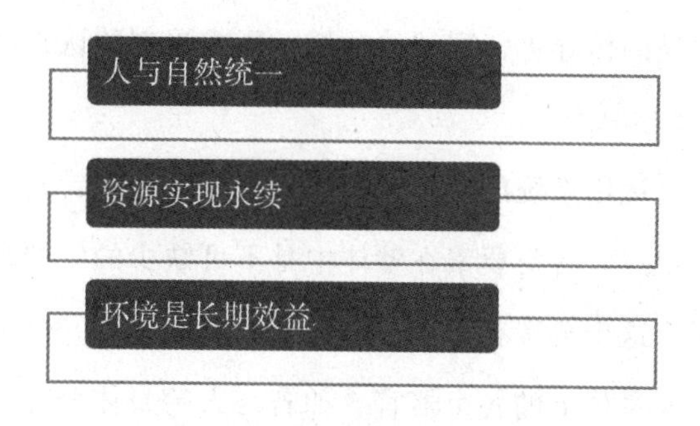

图3-4 可持续发展理论新内涵

可持续社区理论强调，以可持续发展理论为基本理论，找到区域内可持续发展的内容。首先，要坚持人与自然和谐共处的思想，打造适宜人们居住的环境。其次，注重营造良好和谐的邻里关系，让人们在社区找到存在感和归属感，居住区域内的环境实现可持续发展。另外，注重资源的当代和后代之间的公平使用，通过科学的规划，实现经济的持续性发展，不仅满足当代人的需要，更能满足后代人的需求。可持续发展社区有其独特性，包括了各要素的统一、鲜明的特点以及标志的建筑、文化传统和生态环保技术应用、新能源应用等。

（二）景观美学理论

从景观美学理论的角度分析，景观有着四层含义，其中包括了人类繁衍居住的地方、生态整体、具有审美特点的景象以及相应的符号。景观美学是一门交叉学科，其中包含了景观学，也包含了美学，既包含着美学的应用审美方法，但也不仅仅是美学的内容，其中包括了景观的特点、自然的审美内容和文化的审美内容。同时，景观美学从人的主体感官出发，通过人的审美来呈现景象。景观审美也具有审美的过程，通过景观对象形象的刺激，从大脑中产生关于景观的审美活动，按照一定的思维对看到的景观进行加工。这样的景观审美活动，并不仅仅包括感性认知，同样也包括了理性分析。当人们视觉上接收到了景观图像的刺激，会经过神经的传导进行理性的分析，形成深刻的认知。

（三）系统理论

系统理论是运用系统的观点和规律分析研究问题，其核心要义就是要运用整体的观点。各类要素在整体中是不可缺少的，如果剔除掉某一部分要素，那么这个要素就不能被称为该系统的要素，也不能正常发挥作用。例如，人身体上的各个器官，如若与人的身体分离，就不能正常发挥作用。系统理论并不仅仅在于它对系统规律的运用，更重要的是通过这样的分析可以对系统进行进一步的重新处理，使系统发挥更大的价值，满足人们的需要。我们研究系统，是为了分析其中的各部分的重要性，分析各个元素之间的相互作用，尽最大努力将系统进行提升。系统理论是一种新的思维方式，改变了人们研究问题的思路。以前人们习惯于将问题进行拆分，将复杂的问题进行简单化解这样的方式。这样的方法在过去的时间内，对一定局部分析是有一定的效果的，但是无法在整体上看出事物之间的相互作用和联系。现代科学技术强调整体的发展趋势，这样的方法也被应用在较多的问题研究中，系统分析方法被广泛地研究出来，系统分析方法是当下全局研究的一种有效方法。

（四）游憩学发展理论

游憩学发展理论通常是以研究旅游、互动过程中人和自然以及人和周围环境之间协调作用为主的理论，在城市的建筑学、景观规划、旅游规划等诸多领域都有着较为广泛的应用。游憩，尤其是与生态、环境等方面相关的游憩，可以提高居民的生活健康水平。合理的生态游憩规划，可以有效利用空间，形成一个和谐、科学的自然系统，一是发挥了景区的游憩的作用；二是可以有效利用现有的自然资源，科学有效地保护环境，实现绿色发展。游憩学在景观规划中，使用较多的就是游憩规划内容，其中传统的景观设计多为了满足审美功能，与现代生活中人们的需要有所不符，不能很好地适用现代社会。所以通过游憩规划等方法，可以提高景观设计科学性，完善景观的规划。

第二节　景观规划原则

景观规划原则可从以下几个方面展开阐述：生态保护原则、景观异质性原则、景观本土化原则、生态优化原则、科学性原则、自然性原则及社会满意性原则（见图 3－5）。

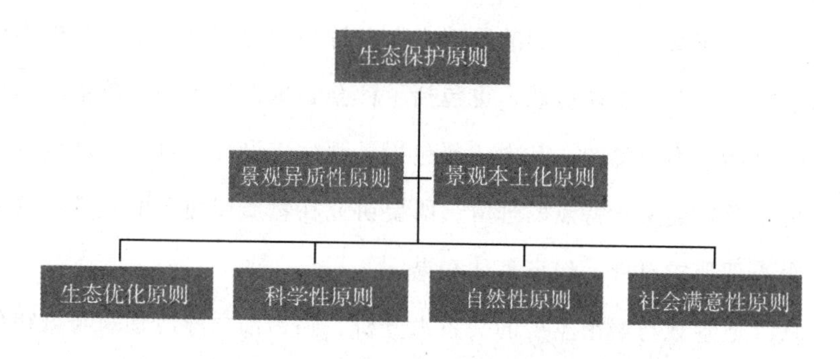

图 3－5　景观规划原则

一　生态保护原则

湿地景观中具有非常多样的动物资源以及植物资源，在湿地景观中以这些动物资源、植物资源的特点为依据，为动植物提供较好的生存空间，就能有效减少对于生态环境的负面影响，打造出合理、科学、适宜环境发展的生物空间，进一步有效地保护环境，防止外来生物破坏现有的生态环境。景观生态系统的连贯性是由多重生态要素有机结合而成的，其中包含了多样且复杂的生态过程。例如，其中能量之间的循环过程、空气的净化过程以及水的净化过程等，都与湿地景观保持正常运转有着密切的联系。因此，在湿地景观规划中，要能保证生态之间的连续性，生态廊道之间要通畅，确保景观的自然和生态资源的完整。生态优化原则是将具有整体性的各种生态共同体进行整合，通过发挥其生态作用的方式，使这个生态共同体能够有效发挥综合效果的一种原则。其中，若这个生态共同体中的任何一个环节受到了损坏，都会给整个景观系统带来影响。

从湿地景观营造的角度来看，湿地景观的规划应该保证整体的和谐性，同时要保证个体的差异性，湿地景观设计既要保证各个要素的形式统一，又能在发挥各自作用的基础之上保持和谐与相对稳定。其中不仅包括了物质层面的整体协调，也包括了社会心理上的协调。单单有物质层面的协调是不完整的，其中还要包括景观生态设计者对于区域内的人文风情以及社会文化特点的理解，既要讲究在物质层面上的完整，又要与社会心理形成对应，保证整体和谐。

从湿地景观与城市发展的关系来分析，因为部分湿地景观与城市的位置并不远，所以湿地景观营造中，不仅要针对自己的特点，更要结合当地的社会环境。

进一步强化湿地景观与城市的相互融合，利用城市的特点、位置等有效利用公共空间。在营造湿地景观的过程中，应该充分考虑城市的形象问题，从城市的科学规划入手分析，让城市结构更加合理，生态环境更加优良。所以湿地景观规划的过程中，应该充分坚持整体性的原则，有效地整合生态、城市经济以及环境等整体利益，营造文明、经济、和谐的湿地景观。

二　景观异质性原则

景观异质性原则主要是指景观的各个要素在结构组合以及属性上的变异程度问题，是景观与其他具有生命特征组合的最显著特点。因为景观生态系统本身体现的就是异质性原则，是异质系统，在时间和空间的相互作用下可以实现景观整体的生态平衡，推动景观生态系统形成强大的抗干扰能力和良好的自我修复力，维持景观生态系统内的生物平衡。景观异质性的具体表现为景观的空间格局，而景观生态规划的最终目的就是为了实现完整的可持续景观格局。对于景观异质性问题的深入探讨，对推动景观生态的进一步发展有着重要的影响。景观生态系统抗干扰的能力和自我恢复的能力，是维持景观稳定的两个重要因素，对其本质分析就是稳定性。景观的稳定包含着景观中的主要要素，如地形地貌以及植被等，这些要素在外界不断变化的环境中进行着变化，并不能保证绝对稳定，这里的稳定是相对的稳定。

三　景观本土化原则

景观本土化原则是指在相应的条件下，景观所具有本地特色的人文精神等。有的学者曾经指出，每一个特定的地方都带着人类丰盈的感情。为了让景观表现出独特的内在特点，形成与人类的强烈内在链接，所设计的景观必须要与本地区的文化相一致。湿地景观是依据特定的地理环境、生态以及文化资源等所规划、设计的生态场所。湿地景区同样受到了多种因素的影响而形成，其中包括了地形以及地貌因素，也包括了自然环境的影响因素。这样的湿地景观在长期的社会发展中逐步形成了具有本地文化特色的现象，反映了本地区内人们对于自然的认识和利用的方式，以及本地人的审美特征，也凸显了湿地景观的特殊性。

所以，对湿地景观因素的分析、设计以及规划等，都要结合本地区的特有文化特征，彰显地区的独特环境，进一步使湿地景观更有生命力。

四　生态优化原则

湿地景观生态系统从最初发展，到最终进入稳定的阶段，系统中的要素都在进行着能量的流动和物质的交换，因为生物等级以及食物链而形成的制约，此时的状态是相对的稳定状态，即通常所说的生态平衡状态。但是，环境如果超过了正常所能承载的能力，整个景观生态系统就会呈现出衰退的情况甚至是弱化的情况。湿地景观中人的影响因素最大，人也是湿地景观中最有影响力的因子，所以人类会对湿地景观中生态环境发展的各个阶段都产生影响。在最近的半个世纪中，人口突飞猛进的增长，人力的建设力和创造力都有着不同程度的改变和提高。与此同时，人类更拥有了巨大的毁坏力量。人们大量向大自然索取自然资源，也以惊人的速度破坏了生态环境稳定。因为人类这样的举动，造成了危害性较大的自然环境。良好的生态环境以及规划科学、合理的湿地景观，改善了人类的生活条件，也提高着人类的生活质量，所以在进行湿地景观规划的时候，要将生态目标放在最优先考虑的位置。

五　科学性原则

湿地景观规划中的科学性原则指的是景观规划中的定义、原理以及设计方案等都准确、清楚，所运用的专业术语表达清楚，所引用的数据真实可信。湿地景观建设规划中，各类指标要根据实际情况来进行分析，要使测评的结果具有参考的价值和对实践的指导性。景观规划中的自然场所和环境的特点，根据现有范围内的地貌特点以及景观资源、传统文化等的分布，进行合理的规划和布局，确保区域内的动植物资源有着充分并适宜的生活空间。科学有效地利用现有区域内的资源，坚持资源的最大限度利用，避免不必要的工程，最大限度地保持湿地原有风貌，是湿地景观规划所坚持的方式，能够达到为自然减少负担的目的。

六　自然性原则

湿地景观规划过程中的自然性原则，具有双层含义。一方面是指通过水所进行基本的物质代谢以及能量交换所遵循的固有规律。在湿地景观规划中，应该尊重自然本身的面貌，使湿地出现原有的自然美，避免过多的人工干预所留下的人工痕迹。在此过程中要利用水体所具有的恢复能力、自我净化能力等，实现对水中残留污物的净化，实现水体的良性循环。另一方面是指保持湿地的自然特性，是保持湿地具有自我恢复能力和调节能力的基础。所以，在进行湿地自然景观规划的过程中，要坚持保证水体的自然特性，维持水体的良好循环，确保水体自我恢复能力的使用。

依靠自然所具有的特点来保证湿地景区的生态多样性，是保证湿地景观生态系统实现良好循环的前提。从生态视角进行分析，湿地景观有多种多样的生物物种组成，与物种较少的系统相比，物种较多的系统能够在一定程度上避免来自自然或者人类的损害，维持稳定。例如，有时候气候会发生较多变化，外来物种有可能会给物种较少的生态系统带来较大破坏，但是生态种类相对丰富的系统，因为有着不同群体之间能量的相互传递、信息的交流，会快速实现稳定。与传统的规划方式相比，湿地景观的生态规划不仅要考虑到景观设计的各种原则的运用，还要考虑其自我恢复的能力，从而保证湿地景观可持续发展。

湿地景观最主要的原则是修复性原则，而这个原则应该从湿地景观所在地的基本情况来分析，包括了其自然过程中的规律、当地的基本经济情况和文化习俗等多个方面。湿地景观规划中，最应该充分考虑的就是其修复功能，即利用自然进行自我恢复和调节的能力。同时，应该根据规划地区的经济情况和社会情况进行分析，选择适宜的修复方法。最后，应该结合本地的文化和习俗，让湿地景观能够成为地方的主要特色景观。只有如此，坚持以环境的自我修复为主要内容，以地方的经济为支撑，以文化为内涵，才会达到人与自然和谐共处的目标。

七　社会满意性原则

人类是整个景观规划过程中的最主要的主导因素，可以主动地调节景观的设计过程，确保景观规划的完成，所以，景观规划应得到景观所在地人们的认可。其中有关景观的各种生态功能，以及社会服务功能等都要进行周密的考量，例如，景观生态中树木、花草因素的应用形成了复合景观，为生物提供了良好的休憩场所，同时，实现农业生产或生态观光功能则也应该得到满足。景观生态规划过程中，保护生态平衡仅仅是景观生态规划的第一层次功能，实现现代农业生产为第二层次功能，而发展成为旅游资源则可以说是景观生态规划的第三层次功能。在现代景观生态规划中，更多强调了除了第一层次功能以外的功能，因为我国一直以来都是农业大国，常常对土地实行较高密度的利用，其中形成了人与自然在土地上的紧张关系。景观规划除满足生态功能外，另一个重要功能就是要协调人与生态之间的关系。生态景观规划要与地区的经济开发工作相结合，与人类的生产生活相适应，从空间上来讲，景观生态规划仍应坚持以下内容：

（1）能够充分利用土地，实现人工生态系统，保护有限土地资源；

（2）有效控制建筑斑块的使用，符合人类的发展需要；

（3）坚持以生态恢复为主要目的，有效增加植被斑块，合理利用绿色廊道和自然斑块；

（4）节约用地，形成环境优美的景观。

景观规划的最终目的还是要实现空间的有效利用和空间的合理安排，从而实现景观的整体高效利用。因此，唯有按照景观生态学的观点进行设计，从宏观层面上进行布局安排，微观层面上提供适宜的条件，才能有效发挥景观规划的作用。景观生态规划强调的是充分依靠景观的自然特点，对现有资源进行合理安排。在进行景观生态规划的过程中，需要坚持充分调查，掌握景观设计的基本目标。景观功能的制定，需要坚持区域服务的导向，对区域经济、生产等进行设计，满足人们生产、生活的需要，为地区的环境和经济服务，发挥景观的最大效用价值。

第三节 景观生态规划目标

一 服务系统设置标准

湿地景观生态建设的目标应为考虑周围服务对象的特点，满足周围百姓的要求。湿地景观建设应该满足多个建设目标，应该充分显示湿地景观建设的主要目的，为城市的生态建设以及社会、经济效益等服务。

一是体现在生态建设中，要在发展生态旅游以及改善周围居民生活环境、宣传生态文化的基础上，改变周围生态环境。通过景观设计的方法，平衡居民的需要与城市生态建设、保护生态多样性的目标，宣传生态保护理念，实现人与自然的和谐发展。二是通过景观生态建设的方法，发展生态旅游业。通过景观生态建设的方法，促进地方社会经济的发展。将百姓的游憩需要与城市发展相结合，与生态环境保护的目标相结合，实现生态环境的平衡，缓和城市发展中的矛盾。

在景观生态建设的标准中，都有一个规划的主要目标。以景观廊道的建设为例，不管是生态型还是休闲型，都有共同的目标。一是保证符合要求，既要保证其生态环境方面的作用，还要保证其休闲、通勤等作用，同样在规划时还要保证符合人体对于环境的需要。二是成本合理，生态廊道建设的过程中，因为环境的不同，建设需要的不同，所需要考虑的成本也不一样，所以建设者应该充分考虑建设过程中所需要的廊道、环境以及建设费用等不同的因素。实际建设中，要从实际出发，充分对建设地的生态环境进行调查，并根据建设使用要求，确定建设的方向，对建设进行初步预算，避免出现因为建设标准等环节而影响使用的问题，或者因为建设面积过大、过小等出现有关生态环境的冲突问题。具体应考虑“功能完备目标—生态功能健康—景观美学目标”（见图 3－6）。

功能完备目标 → 生态功能健康 → 景观美学目标

图 3－6　景观生态建设目标

二 景观生态建设目标

（一）功能完备目标

基础设施是一个城市的基础，更是一个城市发展水平以及文明程度的体现，如城市公共空间内的座椅、卫生间等都属于城市的公共基础设施，可以为人们提供最基本的服务。湿地景观规划中，基础设施应该包括以下基本内容。

标志牌：基本要求应该与湿地景观的设计风格、主体颜色以及主要场所相匹配。其内容应该达到指示线路、方向，标识距离以及标注位置、紧急联络方式等内容。也可以将地区的文化、历史以及景观的特色内容进行介绍。需要注意的是标志牌需要符合人们的身体高度和视线距离。

休息场所：景观生态规划中，需要合理设计休息场所。一是要求视野开阔，能够在休息的同时欣赏湿地景观。二是要通风良好、采光适宜，并具有休闲的设备，其中包括桌椅板凳等，满足人们休息的需要。休息场所的修建应该简单而富有特色，并以实用、美观为建设目标。

休息座椅：休息座椅要能符合人们的身体特点，相邻间距也要保持合理，不能太近也不能太远，应该符合景观的需要，为人们提供休息的场所，建议与周围花草等相融合。

停车场所：景观需要充分考虑停车场所的建设，其中要包括必要的遮阳、遮雨工具，开阔的空间。停车面积要符合景观的承载能力，要尽量建设生态环保型的停车场所。

公共卫生间：公共卫生间的建设要与景观设计的风格一致，可以反映地方的特色，建议使用生态型卫生间。

垃圾箱：首先，位置应该选择在人们方便使用的地方，以便于人们投入垃圾。其次，要能够融入景观。造型上可以独特，同时能够与景观保持一致，引导人们爱护环境。

（二）生态功能健康

景观生态健康的目标是景观系统之间的物流和能量循环没有受到侵害，其中主要的核心部分保存完好，没有明显的问题，对于长期的自然或者突发的干扰能够恢复稳定，并且整体表现出丰富多样的生态功能，让生态保持完整。生态系统保持健康的目标是一个整体的规范化概念，也是生态系统最主要的特征。这里包含着多层含义，其中最主要的是：一方面保证景观生态的健康，即景观生态应该保持着和谐稳定；另一方面是保证市民的精神和心理上的安定。所以，湿地景观规划要从自然的角度和社会心理的角度去设计一种能够使人与自然和谐共处的社会环境，增进人们的精神享受，提高景观设计的品位。这一方面是生态建设的目标，另一方面也是社会发展的目标，更是为城市经济服务的目标。以居民健康为例，居民的心理健康在社会发展的过程中，涉及医疗保障问题，同时涉及社会价值的创造问题。

湿地景观生态系统能够提供特别的生态功能，也能维持生态组织的稳定，从而抵御生态系统的各种侵扰。湿地景观生态中物种丰富，也具有自我调节、恢复的能力。一个没有受到过干扰的景观湿地系统，具有复杂的生态多样性，也具备自我恢复能力，处于动态平衡状态中，但是，因为有着人类活动的影响，这样稳定的生态系统也在逐渐改变。所以，一方面，进行湿地景观设计，必然要做到对现有自然资源的保护，维持现有的湿地景观，实现湿地生态系统的平衡。另一方面，湿地景观也是保证百姓们身心健康的一个重要途径。湿地景观打破了人与自然对立的局面，将大自然与人类生活融为一体，良好的生态环境、干净的空气、健康的生态以及和谐的生态文化，使得城市生活与周围的湿地景观实现良性的互动。当然，除了生态环境中所包含的文化，湿地景观还应该表现出地方的历史，以及生活方式和传统习俗等，景观设计要通过多种方式将生态的文化性表现出来，让人们接近自然，并享受自然带给人们的精神生活的丰盈。

（三）景观美学目标

景观是以物质为基础的，具备一定的物质结构和特征，所以景观设计中，更要体现对于美的追求。湿地景观生态是集自然与人文统一的系统，具备生态功能和艺术功能都是景观设计中所追求的目标。其中最应该先考虑的是生态环保功能，另外还要考虑美学和艺术上的功能。在保护生态环境和绿色发展的前提下，我们必须达到景观的美学目标。

湿地景观设计的优良与否，还与基本的自然环境有关，还与周围是否适应以及是否便利，各种自然是否得到了良好的使用有关。如果过度强调形式，就会弱化景观规划的部分功能。湿地景观是人们了解自然的一个重要途径，丰盈的体验空间也可以拓展人们的想象，并积极参与到环境改造中去。我国的湿地景观设计中，包含着生态保护以及生态伦理、生态宣传等重要因素，也是我国文化建设系统的重要部分。所以，湿地景观结合地方传统习惯、结合地方文化特点进行宣传教育活动，同样是传播生态和弘扬生态文化的重要方式，是让周围居民通过这个媒介了解湿地、了解自然，感受大自然生命活力的重要方式。完整的功能和完备的服务，才是湿地景观艺术美的真正来源。从实际角度出发，只有功能和形式齐全、完备才具有真正的美学价值。

生态美学原则在景观设计中具有非常重要的意义，同样也是景观设计的主要目标。其中，湿地景观设计的生态美学目标主要包含两个方面的内容：一是对于自然的认识与感悟，这属于基本的感性认识；二是对于湿地景观整体结构的感知，这属于高级的理性分析层次。在感性层面中，主要认识湿地景观的主体颜色、形态等要素的和谐关系。例如，要考虑景观湿地建筑中的各种景观要素与湿地主题是否和谐，是否能够体现湿地的特色，植物群体的颜色是否层次分明。而从理性的角度分析，生态美主要是从逻辑思维的深度系统分析湿地景观的系统、结构和功能问题的合理性，如湿地景观物种的丰富程度，植物的完整性和功能的完整性，动物数量的变化程度，调节情况和信息传递等。

从景观设计的艺术角度分析，艺术只能以美为对象，所以景观规划也要以美为追求的目标，但是我们仍然要注意湿地景观规划也要结合时代的精神、地区的风格以及地方文化的特点，但是这并不是我们单一追求的目标，也不能替代景观规划中的文化特征和风格，并不能束缚想象力和创造力，否则就会出现景观设计形式固定、单一的问题，所设计的内容就会缺少生动性和趣味性。但是如果一味强调历史、文化等内容，就会让人们产生沉重感，造成湿地景观设计的生硬、刻板印象。宣传文化内容是重要的，但是一味过度的宣传就会形成对艺术的生动性及美学精神产生影响。一个优秀的景观设计，应该将传统文化、地域习惯等要素合理地安排到景观设计中，并在此基础上探索新的景观设计的艺术形式，摆脱传统设计理念和模式，呈现景观设计清新、脱俗的目标，达到景观设计的美学目标。

第四节　景观生态规划的范畴

湿地生态系统整体上非常丰富多样，所以通常理论的研究对于湿地的分类也很多样，其中主要的分类包括按照形成原因的分类、按照特征的分类以及综合分类的方法。但是从整体规划的角度分析，其中基地环境对于湿地整体的影响较大，如此的特点和分类方法也是湿地划分的基础。通过各种基地要素的分析，可以协调各种资源之间的相互影响，可以更有效地应对湿地多种环境因素的影响。景观规划按照基地分类更容易对湿地形成整体认识，比较适合湿地景观规划的分析。

一　生态保护型湿地公园

生态保护型湿地公园主要是以良好的生态环境为基础规划建设而成，或者是作为湿地保护区而成立的，对于湿地周围的环境具有保护性。利用生态湿地公园对湿地周围的土壤以及水系统等因子进行管理，在原有基础上开展部分提升，可以保护湿地景观的人为因素，发挥湿地景观的休闲、宣教等功能。例如，新加坡双溪布洛自然公园（见图 3－7），是一种具有保护功能的公园，兼有湿地保护以及宣传教育的功能，公园对于已经破坏的生态系统部分进行了修复性的模仿，并营造了科学、合理的空间，方便人们开展宣教活动。

图 3－7　新加坡双溪布洛自然公园

（一）湿地公园主要特点

湿地公园的生态系统是一种过渡形态，即从水生生态到陆地生态的系统，具有着稳定的边界效应。稳定多样的生态环境为湿地的生物提供了理想的自然栖息地，同样也会有数量较多的鱼或者鸟类等动物栖息于此，物种丰富。景观规划的过程中，湿地公园常常会兼备展示以及宣教的功能，因此会在原有的基础上引入一些其他的生物，会提高生态系统的复杂程度。另外，湿地在生态系统之间能量交换的过程中，物质交换频繁，陆地与水体中的营养物质也互相产生影响。这样稳定的生态系统一旦受到了外界的影响，就会产生一系列的蝴蝶效应。

（二）湿地公园物种类型

湿地具有丰富的动植物群体，多样的动植物群体交替演变，可以朝向陆地生态系统发展，也可以朝向水生的系统方向变化。交替变化的过程汇总，水生生态系统是主要的因素，影响着湿地的发展变化方向以及湿地空间的范围。人为的影响因素比湿地系统具有更大的影响力，可以影响湿地系统的能量、信息以及物质交换，水的自我恢复和调整能力相对较弱，所以整体湿地的稳定较大程度上是依靠人类的活动。在湿地的日常规划中，通常以维护稳定为主，植物的选取也以少数几种为主，因为生态系统的稳定性如果处理不好，将会带来植物的大量入侵，对植物的生长形成抑制的作用。另外，湿地公园的施工过程中，为了保证达到预期的效果，一些常见的湿地植被也使用得较多，如芦苇等。此时如果加上了一些鸟类粪便等有机物堆积，不能保证及时清理，也会造成环境的污染。

我国湿地公园的种类非常多，地形地貌也各不相同，湿地公园的景观很多情况下都建立在原有基地上，不同地方的湿地常常呈现出不同的特点。场地基地形成了多种多样的湿地，包括了湖泊湿地、农田湿地等。环境因素会影响湿地公园的主要特点及未来可能的发展方向。另外，因为不同湿地公园建设的理念不同，所以也会有着不同的类型。从宏观层面来说，湿地公园建设规划并没有通用的规范方法，一定要结合不同的环境做好分析，根据具体的实际情况进行设计规划。

二 湖泊型湿地

湖泊型湿地主要是因为地理位置的原因而得名，这样的湿地类型处于湖泊的边缘，因为泥沙的堆积以及部分落叶、植物体等逐步积累，使地缘逐步升高形成湿地化。这样的湿地类型经常出现在小湖泊的边缘。例如，镜湖国家湿地公园就是这样类型的湿地（见图3－8）。

图3－8 镜湖国家湿地公园（浙江绍兴）

湖泊型湿地因其水文特点主要是面状的类型，且流速非常缓慢，可能会出现物质的沉淀等问题，进而对周围湿地产生影响。湖泊型湿地水的深度会受到雨水，以及周围流经河流等影响，会因为季节的变化而有所不同。湖泊型湿地一般是由周围的河水带着泥沙等流入湿地表层而形成的，另外因为有着部分植物残体，会形成营养成分丰富的土壤。此类湿地最明显的特点是岸线以及入口的位置有着非常多的植物，植物生长的特点随着湿地条件的变化而形成自然过渡，植物由陆生植物逐步变成了水下生长的植物。湖泊型湿地相对完整、稳定，受水体的影响较大，整个湿地湖泊视野非常开阔。如果规划设计得当，会产生较好的视觉效果，但是如果处理不好也会显得单调空旷。

湖泊型湿地设计的最主要原则是避免单调，要利用现有的植被结构等进行空间上的调整，既包括横向空间，也包括竖向空间。规划过程中要利用现有的边际线、岛屿、滩涂等对岸线进行改造，同时要保证良好的生物栖息场所，形成科学合理的格局，也要根据季节性的水位变化、植物等对景观进行合理的规划，避免因为水位变化产生的改变影响视觉效果。

三 江河型湿地

江河型湿地因为有着泥沙和河流的聚集，会形成较多的滩涂，或者因为水速、地势的影响而形成滩涂。

江河型湿地的水文条件多是条状形的水面，水速相对较快，其中的物质和能量交换也比较多、频率较快。江河型湿地也很容易受到周围空气的影响。因为其独特的空间特点，江河型湿地常常会有弯曲的流线型形状，是水体的过滤器，可以实现净化水体的特点。因为江河型湿地的水体流动比较快，深度比较浅，所以更容易受到季节水量的影响。江河型湿地整个土质细腻，有机物含量较高，植物也可能因季节的变化出现明显的分段特点。因为人们逐水而居的生活习性和特点，人们与江河型湿地的关系密切，互动频繁，其植物、水体等容易受到人们的影响。

江河型湿地在空间上呈现带状特点，岸线形态也会因为有着人类的影响而改变，常常会出现自然岸线和人工岸线相互交替的状况。江河型湿地的岸线优美、曲折，但是深度不如湖泊型的湿地类型。人类对于江河型湿地最明显的改变是防洪水利等建设项目，这样的建设项目会形成硬质的驳岸，对生态的破坏巨大。

根据江河型湿地整体的特点，我们要对湿地进行长远的规划，充分尊重并利用江河型湿地带状岸线的特点，利用现有的技术做好开发建设；要平衡人类活动和江河湿地之间的关系，根据风俗习惯、社会生活实际进行当地特色的开发，并对岸线进行适当改造，从而帮助江河型湿地形成稳定的特殊环境。

四　滨海型湿地

滨海型湿地的地点主要在滨海，因为有着江水和海水的相互作用，泥沙堆积在入海口的地方，形成稳定的三角洲，如南大港湿地（见图3－9）。形成的过程先是从水下开始，后逐步向水上延伸。

滨海型湿地主要受到海水和江水的双重影响而形成，其水文条件等也会根据潮汐的改变而改变。滨海湿地因为地处海边，所以受到海水的影响比较大，适宜种植耐盐度较高的植物，包括藻类以及其他盐生类植物。这些植物有着海洋丰富的营养资源，不仅种类丰富，而且会形成滨海红树林等植物群体。人类对于滨海型湿地的影响有限，但是滨海型湿地会受到海洋自身周期变化的影响。滨海型湿地与其他湿地相比较，前者更容易受到海水变化的影响，且面积相对更大，生物多样性更为复杂

图 3－9　南大港湿地

且资源更加丰富。在对滨海型湿地进行规划的过程中，需要根据当地的潮汐特点和生物特点进行规划，要做好核心区生物的保护，根据本地的植被特点进行文化展示。

五　城市湿地公园

随着城市湿地公园的逐步完善和发展，其吸引着越来越多的人来到湿地公园，这样城市湿地公园逐步朝向旅游业发展。城市湿地公园具有一部分自然的特点，还有一定的生态美化功能、宣传教育功能以及观光休闲功能。

城市湿地公园的主要特点是自然属性，在这样的特定场所内自然环境是主要的内容，并且这样的城市湿地公园主要是为了保护生态环境。其中，人工建设的部分并非纯粹的自然景观，而是对现有的土壤结构、生态多样等内容进行综合分析后提炼而建设成的对自然景观干涉最少的野趣景观。城市湿地公园运用艺术的方式方法，通过科学的分析，对现有的湿地生态机构等进行规划，让湿地公园不仅能够还原自然本色，还能够成为人们休闲、娱乐的场所，并且可以作为城市的重要宣教场所。

城市湿地公园另一个重要特点是生物的多样性。城市湿地公园会让景观空间环境发生变化，并且具有相关活动的丰富体验。根据景观生态学理论来分析，城市湿地公园主要是各种重要的景观要素通过廊道链接而成，形成了丰富多彩的环境空间。例如，高的乔木和低的灌木形成了层次分明的景观；而岸线、水面、绿树等则形成了水体景观；木桥、栈道等形成了游人观赏的线路，宣传栏及各种参观设施形成了人们主要的体验活动。

城市湿地公园另一主要特点是彰显城市文化特质。不同的城市湿地公园具有不同的文化底蕴，会融入不同的文化元素和内容，让城市湿地公园更具有内在的价值，这样在一定程度上可以引发人们精神上的共鸣，彰显城市湿地公园的独特魅力。城市湿地公园因为有了文化而更显得灵动。在规划的过程中，可以从整体进行布局，也可以对个别的要素进行设计。对于湿地景观来讲，湿地本身的文化内涵会成为湿地公园的内在标志。不仅能够给人们以视觉上的享受，更能让人们产生精神上的共鸣。

而城市湿地公园规划重要环节之一，在于实现水的自然循环。首先，要改善湿地地表水与地下水之间的联系，使地表水与地下水能够相互补充。其次，应采取必要的措施，改善作为湿地水源的河流的活力。

城市湿地公园规划的另一重要环节，是采取适当的方式形成地表水对地下水的有利补充，使湿地周围的土壤结构发生变化，土壤的孔隙度和含水量增加，从而形成多样性的土壤类型。

城市湿地公园规划还应从整体的角度出发，对周边地区的排水及引水系统进行调整，确保湿地水资源的合理与高效利用。在可能的情况下，应适当开挖新的水系并采取可渗透的水底处理方式，以利于整个园区地下水位的平衡。土壤作为景观规划的要素之一，在土层剖面上是由不同材料叠加而成的。不同的土壤类型产生了不同的地表痕迹和景观类型。城市湿地公园规划必须在科学的分析与评价方法基础上，利用成熟的经验、材料和技术，发现场地自身所具有的自然演进能力。

六　人工湿地

人工湿地是由人类对自然的模仿而建成的，这样的湿地是人工建造而成，其基底主要是利用现有的沙土、煤渣以及泥土等按照一定的结构混合形成基地，并利用现有的结构形成基质，植入能够适应本地环境的植物进行污水处理。人工湿地一般由水生的植物、基质以及动植物和微生物等构成，类型主要包括池塘、水稻田以及灌溉地等，能够对污水产生净化处理的是基地、动植物及微生物共同作用的结果（见图3－10）。人工湿地也是一个综合性的生态系统，具有缓冲量较大、处理工艺较好以及投资少、管理费用低等特征，常常以物种共生和循环的特点，协调

图3－10　人工湿地洪湖公园

和调整湿地功能，促进废水污染物质的良性循环，发挥资源的生产能力，协调水体中的污染物质等，充分挖掘潜力避免被破坏，提高湿地系统对于生态环境的效益。这是一种集物理以及化学等诸多反应于一体的过程。

（一）人工湿地分类

人工湿地能够发挥净化水质的目的，能够维持区域内水体的平衡，可以较好地保证周围生态资源的功能。规划、建设人工湿地，能够非常有效地实现对于城市环境的改善，有效避免生态系统功能单一，实现城市生态环境的良性变化。

1. 按照湿地使用目的分类

一是污水净化类湿地。充分利用现有的湿地要素，发挥各个要素的综合作用，实现对于周围生活环境的净化作用，例如，人工湿地可以对现有的污水进行初步净化，避免污水的二次污染。由此也可以看出，部分人工湿地可以实现对于自然资源的改善，发挥湿地的作用。当下因为城市的发展，已经致使很多自然湿地被损坏，人工湿地能够发挥一定的补充和保护作用。

二是保护自然滩涂。人工湿地可以有效避免水土的流失，人工湿地利用周围植物的特点，保护河滩周围的土壤，避免水土过多的流失，有效调整河水中泥沙的比例。它主要在农业生产中有较多应用，例如，水产以及种植等，较多应用人工湿地的形式。

三是动植物的栖息场所。人工湿地可以保护动植物和自然资源，这样的湿地可以调节储水量，避免自然灾害，也可以用来防洪，集观赏、保护环境以及防洪抗洪等功能于一身。

2. 按照流水的方式分类

一是水面的湿地，又被称为表面流湿地，这一类湿地与自然界最为接近。通常而言，是废水等在表面流过，一般水位不深，而其中有机物的去除通常是由水中的动植物来完成的。这样的湿地优势明显，主要是人工建设的工程量非常少，操作简单方便，但是整体而言效率非常低下。这样的湿地通常出现在我国的北方地区，因为天气寒冷而影响处理效果，所以很少采用。

二是垂直流的人工湿地。主要是指水流由上而下的垂直的流向状态。水流在基质由上而下的过程中，氧气可以由此实现传递到整个系统中，这样的湿地消化能力高于表面流，可以用来处理污水。但是它的建设要求非常的高，也容易滋生细菌和蚊虫，所以在生活中并不常见。

三是渗水式的人工湿地。利用填充的物质以及湿地中的植被等进行污水处理，如果卫生条件允许会对周围环境有较大的改善，是当前使用较多的一种方式。

人工湿地在人类生活中所发挥的作用非常大，对人类经济生活的影响更为明显。部分人工湿地可以实现美化环境、保护水体以及发展养殖业。例如，养殖业可以实现养殖鱼虾的目的，而种植业可以种莲花、芦苇等，可以实现经济发展和环境保护同步实现的目的。最重要的是，这样的湿地能够为动植物提供栖息的场所，让人工湿地呈现出生机。人工湿地功能主要是通过人工规划实现的，整体上尽量与自然状态靠拢，充分满足湿地生态系统的布置格局；通过人工规划的方式，发挥自然的功能，并呈现出自然的美。另外，人工湿地的动植物、气候等使得人工湿地既符合人类的需要，也具备自然的属性；既能发挥观赏作用，也能实现经济价值。

（二）人工湿地规划注意要点

1. 坚持人工湿地的主题

坚持人工湿地的主题主要是指要充分尊重当地的风俗习惯。以当地特有的传统文化和知识等为基础，进行人工湿地的规划。因为不同的地方有着不同历史风貌，也有着特有的生态特点，所以一个符合当地发展需要的湿地，必然能够融入当地的风俗，并具有鲜明的地方特点。另外，主体性还指运用具有当地特色的材质在园林规划中或者小品景观的建设过程中。在选择湿地景观植物的时候，应该优先选择本地的物种，这样既能保证费用低，也能够让植物有较好的存活率，而这些也是城市湿地建设中缺少的。

2. 注重人工湿地的特殊性

规划、设计人工湿地景观最应该注意的是其动植物的特殊性。过去的景观设计、规划中，主要是以陆地环境为主，水文部分是兼顾设计。而人工湿地景观规划则是以水域环境为主要设计目标，兼顾陆地本身。在场地选择上，人工湿地首先要选择水文条件较好，土壤结构合理的地方，且如果原先的湿地条件较好，则应该充分利用原先的湿地。当然，人工湿地最特殊的地方还表现在其景观的构成上。在没有人为因素干扰的情况下，人工湿地规划应该遵循原有的食物链，无论是动物、植物，都应该保证其自然生存状态，坚持保证湿地原有的食物链平衡。不能随意引入外来的物种，避免出现整个湿地系统的失衡。同样，植物景观群落也应保证稳定，其设计规划要按照一定的经管序列进行规划设计，给动植物提供完备的栖息场所，促进动植物的繁衍和栖息。

3. 注意人工湿地的局限

在场景规划设计中，不管是进行何种工程建设，除去财务因素的限制，都会以达到景观预期效果为目标。但是人工湿地具有一定的特殊性，其设计的主要目标是降低硬质材料的使用，避免人工建筑的干扰，同时要保证天然材料的运用。因为人工湿地设计、规划的特殊性，其景观必须要以保证场景的天然性为目标。人工湿地景观建设的过程中，要尽量保证其原有的自然资源不被破坏，所建设的项目符合原有生态系统的生态承载能力。这样的设计目标，在一定程度上限制了硬质景观设计，带有一定的局限性。

4. 明确人工湿地的延续性

景观生态规划的过程，要强调保证景观的生态性不被破坏，要确保景观生态规划的完整和连续，这也是湿地环境保护的目标。首先，人工湿地景观要符合地方的生态系统特点，保证其整体性和相关性，保证生态景观的整体品质，满足地方的生态环境发展要求。结合湿地现有的天然性和野生动物的建设保护要求，要避免破坏天然湿地，让动物在生态环境内实现自由活动，避免被局限在小范围内影响其野外适应能力。其次，人工湿地景观的规划设计要保证在湿地周围附近，不能脱离该区域。在这个过程中，要充分考虑到人工湿地对周围的环境可能产生的影响，包括对于水体的影响、对于土壤结构的影响以及对于动植物的影响。再次，建设人工湿地景观的过程中，不能与原有的景观因素相互脱离，要能保证原有的景观与人工设计景观视线融会贯通，要保证原有湿地景观的原生性。最后，要坚持本地优先原则，在湿地景观规划的过程中，需要将湿地生态工艺与地方环境特点相结合，从而实现湿地景观对于城市环境压力的缓解。

七　农田型及其他类型湿地

农田型湿地可以分为冲田型湿地、圩田型湿地及养殖塘湿地。农田型湿地，主要是人类自己根据现有的自然条件进行改造，从而增加农田的面积，其余的人文形成的湿地类型主要有水库型湿地、矿区湿地等，这样类型的湿地是因为人类活动对地表进行了挖掘，后天逐步经过降水或其他因素的影响而形成湿地。

农田型湿地以及其他类型的湿地都是因为有着人类因素的影响而产生的，水文都受着人工构筑物的影响。农田型湿地水位相对稳定，因为人类活动的长期影响，例如，生产、耕地、施肥等会对农田型湿地产生影响，原有的土壤结构会受到较大程度的破坏，原有的物种也会有着较大程度的改变，或者存在着食物链中断的情况。

建设规划这一类湿地的时候，我们应该积极探索如何能够更好地利用现有的湿地环境做好生态规划，通过人工建设的方式改变周围环境污染、破坏的问题，甚至调整、改善土地结构，实现湿地周围生态的恢复。农田型湿地的整体性不强，多数较为破碎，岸线也缺乏曲线变化，适宜动植物生长栖息的地方较少，因此，在设计、规划此类湿地时，应该注重岸线的调整以及水文条件的改善。采矿区湿地等这一类湿地因为是有人类活动而形成的，所以环境情况通常较为恶劣，细小、破碎的水体结构也有着较为复杂的空间结构。其中存在的问题较多，一是水体间联系较少，二是植被遭破坏较为严重，三是有着工业污染的影响，四是存在一些人工生产设备的遗留问题，包括工厂、废弃设备等。

通过上述分析我们知道，湖泊型湿地、江河型湿地以及滨海型湿地都是自然界中水文和沙土等相互作用而后形成的，具有相对稳定的系统，结构也更为合理，生物异质性更为明显。在规划的过程中应该坚持的核心原则是保护原有的场地特征，并且根据场地现有的空间格局有步骤地恢复其自然功能，有效降低人为的干扰，恢复原有生态环境。而农田和其他类型的湿地，都是人为因素产生的或者因为人类的诱导行为而出现的，在进行规划过程中，应该将工作重点放在如何更好地改善现有的破碎景观，恢复良好、稳定的生态环境。这类湿地的规划过程应该以恢复原有生态的稳定性为主要追求目标，也要给人类的部分活动留出应有空间，充分利用现有的科技对废弃的工厂等进行改造，让周围的湿地环境焕发新的生机和活力。

第五节　景观生态规划方法

伴随着我国科技的迅猛发展，景观生态学研究的方法也比以往有了很大的不同。现在，景观生态学的研究过程中，已经充分利用了先进的遥感技术等，并开始使用了模型以及数据模拟的方法。以遥感技术为例分析，其中地理信息技术主要是在景观要素分析过程中使用，其应用的形式包括景观的动态管理和景观的定量分析过程。这里讲的景观生态模型有三个重要的类型，其中分别是空间变化模型、土地变化模型以及生物的动态变化模型。数据模拟主要是利用现有的动态分析土地，找出其中发挥重要作用的部分，对土地情况分析。

景观生态规划中研究的内容可以概括为两个重要的方面：一方面是空间的布局以及生物体、植物体之间的异质特性，主要是描绘不同空间下的物体和生物特点，并分析其相互之间的适应性问题。同时，包括深入对空间的异质性进行探索，分析其间各种不同个体、群落之间的相互影响。湿地景观的各项要素，会因为这些要素的不同布局而产生不同的作用，也会因为时间的改变而产生不同的功能。另一方面是对空间内的异质性进行重要的分析，主要包括嵌体空间以及各种景观功能问题等。

景观生态规划主要是以景观生态中的理论、方法为主要内容作为基础进行分析、调查，并提出优化的意见。这其中运用的主要原理包括了人类生态学、系统生态学等。国外学者曾经指出了景观生态学规划运用的系统方法，进行生态要素的调研、评价分析、规划及优化等。

一　景观生态要素特征调查

不管是在西方国家，还是东方国家，景观都是具有丰富内涵的词语。

生态学的研究视角中，将景观定义为以重复的方式相互作用的异质性生态系统。伴随着生态景观学不断发展，景观的定义也有理论改变。现阶段景观生态学主要定义为不同土地单元相互匹配且发生作用，具有经济、文化等多种价值。城市湿地依据其自由的环境条件和不同的文化差异，以及不同的风俗习惯等，为人们演绎各种景观要素的作用。由此可以得知，对生态景观要素产生影响主要包括了两个方面，一方面是自然景观的各种要素，另一方面是人文景观的要素。

（一）自然景观要素调查

湿地中的景观空间是天地自然形成，通过相互之间发生影响，利用空气、风、水等，形成湿地空间中的主要要素。同时，气候的条件也对湿地的主要功能，地方人们的生理、心理状态等产生影响，这些又进一步对湿地景观规划提出了更为具体的要求。在进行调查的过程中，气候调查包括降水量、刮风情况以及空间的分布、暴雨资料等进行调查。其中，降水调查包括了降水日期、空间的范围以及水量等。这些内容为具体的水体分析提供有利条件，并对景观规划中地貌的利用情况和人工使用实施的建设提供参考。地方风俗内容分析，包括了每年具体的风俗、等级等情况。这些内容可以为分析植物覆盖等内容以及部分人工休憩内容提供参考，会对景观规划的最后内容产生重要的影响。另外，还要包括温度调查，即平均气温以及各种特殊天气情况的调查。最后，日照的强度和时间，也是自然景观要素调查的重要内容。

1. 水文特征调查

在自然界里，我们会充分利用各种水文条件，这里的水文条件主要是指湿地中水的各种现象及其相互之间作用的发生。水在湿地景观中是廊道系统中的重要部分，它为物种的迁移提供便利条件，对各种物种斑块之间的能量交换等发挥作用。一方面来讲，水具有非常重要的保护作用，另一方面来讲，水也具有很强的生机和活力。水是湿地景观中最具有表现力的要素，能够影响人们的心理感受，可以使景观要素更加的灵动。因此，在湿地景观规划的过程中，充分保护和利用水体资源，保护各种水生的植物，平衡好生态系统中的各部分水体，都是湿地景观规划的重要内容。

湿地景观中水体的调查内容主要包括河流情况、沼泽情况以及地下水资源情况的调查。其中，河流水情调查主要包括了对河流中水的流量问题，河水的潮汐、风向、温度等变化进行人工的调查。一是要对河水中的主要化学成分进行分析，对它们可能对环境产生的影响进行预判。二是要调查河流的补给状况等，以及相应的融水和湖泊、地下水等补给的变化。三是要对成因进行调查，包括湖泊成因、水温变化以及水体运动情况和类型。四是对湿地野趣和景观进行调查。湿地景观中最吸引人的通常是野趣和生机景观，会让湿地景观增色。湿地景观丰富的动植物，可以进一步提升湿地的趣味性。五是对动植物进行调查，主要包括了动物数量、栖息地点、分布、习性以及种群特点等。

2. 土壤条件调查

土壤条件是湿地景观得以存在的重点，也是其中动物繁衍生息、植物生长的重要基础。土壤一般由风化的岩石以及部分有机物组成，因为有着深度的变化，所以土壤的结构也各不相同。湿地中的生物体大都要从土壤中获得维持生命的养分。所以土壤是湿地生态环境中的重要一环。土壤一方面与生物圈相互连接，另一方面与岩石层相互连接，是湿地中的重要环节，与景观有着内在的特殊联系。对土壤条件的调查，主要是对土壤的类型、结构以及特点，另外包括深入的土壤价值、退化和沙化程度等进行分析。

（二）人文景观要素调查

人文景观要素通常是指为了满足人们的需要，利用湿地景观周围特有的环境，利用人工进行改造，在自然景观基础之上加上人工改造的内容，形成湿地景观。这里面主要包括了建筑物、道路以及广场等物质形态的人文景观，也包括了经济、社会风俗、习惯、心理等无形的非物质人文景观。物质形态的人文景观与非物质形态的人文景观之间相互影响，物质文化形态发挥着载体的作用，非物质形态的人文景观因素是内在的核心文化。人文景观要素主要体现在对于历史风俗、人文风貌的传承，其具体的作用是为了满足人们精神上的需要，这是对自然景观作用的补充，也是对自然文化的提升。因为有着人文景观要素，湿地景观的文化内涵得以呈现。

1. 建筑物

建筑物是地方文化得以传承的重要载体，也是景观的重要组成部分，与地方的文化有着千丝万缕的联系。建立具有地方特色并且彰显人文精神的建筑物，是湿地景观实现可持续发展的一个重要目标。建筑是地方文化的凝聚，也是地方文化发展和人文精神的见证。湿地景观在设计的过程中，最应该考虑的问题是建筑本身的特点，建筑物相互组合以后的色彩以及比例等是否与周围的环境相互协调。建筑物调查的内容包括了建筑的颜色、材质、光线比例等，同样其大小、尺寸以及构型等都是调查的重要内容。

2. 景观道路

湿地景观中的道路就好像城市中的街道，在湿地景观中有着非常重要的作用，道路作为湿地景观重要的廊道形式，具有非常明显的生态意义。景观中的道路连接着各个重要的斑块，发挥着纽带和桥梁的作用，景观道路在一定程度上影响着斑块之间的连通性，也对物质间的交换以及能量的转换有重要的影响。在对景观道路进行调查的时候，要对空间布局进行分析，对道路的宽度、长度以及人工休憩的场所进行调查。

（三）生物景观要素调查

生物景观要素主要是指湿地景观内各种天然存在的，或者人工培育的生物资源以及它们所生长的场所。

1. 植物资源

植物资源中，首先要关注的是植被。植被是在一定的区域范围内植物的规律性组合，既是湿地生态系统汇总的重要部分，也是湿地景观生态系统中的重要环节，影响着周围环境的能量之间的传递，植被也是评价湿地品质的重要指标。植物资源是湿地景观的基础资源，是湿地景观的重要主题内容，也是湿地景观的决定性因素。植物资源四季各有不同，其颜色、香味以及生态特点等都是湿地的重要内容，植物资源与其中的地形地貌、水文以及周围的建筑等形成优美的环境效果，所以说植物资源更是湿地景观的重要优势，能够保持稳定、具有丰富物种的生态群落具有无法比拟的优势，物种的多样性比城市公园等要丰富，且能提供休闲、娱乐的场所。因此，在对植物资源进行调查的时候，要对植物的物种、植物群体的组成，以及结构等进行调查。

2. 动物景观资源

动物景观资源是湿地景观资源的重要基础内容，是自然中的一分子，湿地动物包括鱼类、两栖类、爬行类、鸟类、兽类等。

（四）非生物景观要素

非生物景观要素是湿地景观要素的基本内容，包括了地貌以及气候等特点确定的结构和属性的要素体系。

1. 地形地貌

湿地景观的陆地部分并不是水平的，甚至湿地景观的水体部分也不是水平的，而是上下起伏的，在部分地方形成山脉，在部分地方形成低谷，同时，这样的地面也会有褶皱等存在。湿地景观中最基本格局部分会直接影响着地面景观的主体特点，是湿地景观的重要载体，地形地貌特点丰富的湿地景观也常常会成为湿地景观主要观赏点，这与其他的平原型地形地貌特点有所不同，会成为湿地景观独有的闪光点。

地貌类型主要包括坡地、河流、熔岩、冰川、冻土、荒漠地貌和黄土地貌以及大地构造地貌、褶曲构造地貌、断层构造地貌、火山和熔岩地貌与人类活动形成的地貌等。在对地形、地貌进行调查的时候，一定要对有典型代表性的地形地貌的形成、特点以及组合形式等进行调查，并深入分析地形地貌特点和环境特点，深入探索如何能够在开展人类活动的同时，对自然界的地形地貌特点进行利用和改造，并由此形成新的地貌。与此同时，地形地貌条件也会对周围湿地景观的环境、空间布局产生影响，在进行调研的时候，一定要充分尊重地区的地形地貌条件，并严格分出等级，为进一步的湿地结构规划形成依据。

2. 气候条件

气候是直接影响湿地内动植物群体和其栖息、生长环境，影响湿地土质结构以及湿地内物质交换的重要因素。在进行气候因素调研的时候，一是对主要的气候特点进行记录、分析，二是对其中出现的反常现象等进行记录，三是对其中的气候条件下形成的典型环境特征进行记录，分析这样的环境特征中所具有的资源，进行深入分析，为景观设计提供基本的数据框架。

（五）历史文脉调查

从湿地景观的建设过程来看，湿地景观必然反映一个地区的文化底蕴。一个地区的文化习俗与其历史风俗等有着非常重要的联系，我们可以将历史文化基因理解为一个城市的重要文化内容，可以展现一个城市的独特魅力和风格，并且记录中国的风貌，例如，一些湿地景观周围是古代诗人的故里，所以一些诗句特别能反映当地的风貌。湿地景观要考虑周围城市的生态系统，同时要充分考虑湿地景观中人类所产生的影响，所以，在进行湿地建设的过程中，一定要强调人文的因素，尤其是对于周围城市风俗习惯的继承和沿袭。中国有很多地方因为较好地保持了当地周围的良好风貌，所以赢得了人们的青睐，例如，鄱阳湖的建设不仅能够很好地保护环境，还能够很好地发挥其经济价值，这也为现阶段的湿地景观设计、规划提供参考，所以，在进行湿地景观规划和设计的过程中，设计师要对周围城市风貌、历史风俗、传统习惯等进行深入研究，并最大限度地加以利用，以便使景观规划能够更好地融入当地。对湿地历史文脉等进行调查，主要是对湿地周围的古迹、历史遗址、物质文化遗产、字画及文物等有形的资产进行分析调研，同时要对周围的民俗风情、歌舞表演、故事传说等进行总结，让湿地景观更具有当地的特色。

（六）地区经济调查

湿地景观的地区经济包括了湿地周围的城市、村镇等地所经历的行政变迁、人口的迁移和改变。对湿地景观周围地区经济进行调查，可以对当地的人口、民族、宗教信仰以及社会发展情况进行分析，其中最重要的是对人口进行分析，因为人口是对湿地产生重要影响的主要内容，调查中主要针对人口的年龄分布、性别比例等进行分析。文化调查主要包括了对信仰、民俗风情、政治生活背景以及饮食起居特点等进行分析。产业调查主要是针对当地的经济情况而开展的，具体的调研内容包括了地方主要的产业结构、各类产业的发展规模以及整体经济效益，并由此掌握地方主要行业的情况以及重要的劳动力、生产要素等配置情况，找到并仔细查看地方的特色产业支撑。最后，要关注整个湿地景观地区的环境污染和破坏情况，分析并查找具体的污染源，分析其对环境产生的破坏作用，在调查过程中，要分析出湿地景观规划区是否具有稳定的水、空气以及土壤等因素。

二　景观生态分析

（一）景观生态过程分析

在景观生态规划的过程中，蕴含着非常强大的生态过程。例如，物种扩散与迁移过程、生态系统物质循环过程、生态系统能量转换过程、物种与物种的生态关系、空间分异过程、水循环过程、大气动力过程、物质重力过程、生命过程和扰动过程十大生态过程，每个生态过程对周围的生态环境产生不可避免的影响，发挥着至关重要的作用。湿地景观格局的形成和演变，并非只受到单一作用的影响，同样，湿地景观形成以后还会影响生态过程。

景观生态分析的过程和方法主要是指在一定空间范围内所发展的生态系统产生的尺寸及演变过程分析，具体的方法有分析和模拟，因为景观格局的形成与周围景观生态过程有着特定的联系，会对周围景观的结构以及单元组成等进行配置。景观生态过程也在一定程度上反映着景观空间的结构特点，反映景观结果的异质性，最终是各种不同生态过程发生作用的结果。景观生态格局分析是开展后续各项评价活动以及设计、建设施工的前提，其主要目的是找到湿地景观中各个主要斑块内在的联系，并深入其内在的联系，进而发现景观中主要部分的变化规律。

进行景观生态分析的目的主要在一定程度上对景观的空间性、生物多样性等进行分析，形成景观空间格局各个部分的紧密联系，并对其中各个斑块进行理解，生态过程分析是空间分析的进一步表达，通过这一方式给予了各个要素基本的生态解释。景观生态分析界定为在以地理信息系统和遥感技术为基础手段的生态调查基础上，以景观生态学的基本原理为指导，基于景观要素的空间位置和形态特征，反映景观格局与过程之间的相互关系为目的的景观要素生态分析，其空间形态及特征取决于其中的斑块和廊道。

（二）景观生态格局分析

景观的格局分析法宏观上可以为两种，一种是定性分析的方法，另一种是定量分析的方法。景观生态格局分析中的定量分析方法主要是指通过运用具体、明确的指标来实现对于景观空间格局的分析和评价，整个分析的过程利用多样的指数，形成景观各个部分的密切联系，对其内涵的主要规律进行充分描绘。在进行景观格局的定量分析时，通常会运用格局分析的方法，一是指示分析方法，二是动态景观格局分析方法，三是景观格局模型方法。这三种方法中，最为常用的是第一种方法，具体包括了单元特征和景观异质性的景观分离度指数、景观分维数、景观多样性指数、景观均匀度指数、景观破碎度指数和景观优势度指数等。景观生态的过程分析中，研究的主要内容是各个景观之间的内在联系，其中包括了物质转换以及能量的交换过程，是一种微观的研究方式。

通常景观生态格局分析的过程，既包括了宏观分析，也包括了微观分析，这样的格局具有较为宽泛的尺度，而与之对应的是各种结构，其空间格局都是存在的，并且是具有景观的基础构架，包括了斑块、廊道和基质。由此，我们可以知道，这样的基础构架是景观格局的基本构成。

这里的斑块主要是指与周围环境发生相互作用的实体，与周围基质有着明显的不同，这样的定义方式也突出了斑块的非连续特点。斑块在其大小以及空间结构中有着非常明显的差异，在形状以及复杂程度上有着明显区别，其中最主要的区分方式是其体积大小和面积大小，都对景观湿地对抗系统中的各种干扰产生巨大影响。从景观湿地的整体结构来看，斑块的完整性与生物多样性的维持有着密切联系，大型斑块的异质性突出，而小型斑块则更多的是对大型斑块进行补充。为此在进行湿地营建过程中，我们可以将大型斑块当成核心的区域，与其一定尺度范围内的小斑块发生相互作用，满足景观的生态需要。

廊道是指景观中与相邻两侧环境不同的线性和带状结构，其结构和功能与区域内连接度密切相关。廊道一方面能够将景观的各个主要部分进行分离，另一方面又能够把景观的各个部分相互连接，对内对外起到了双层作用。在湿地景观规划中，人们强调建设“生态廊道”，生态廊道要有动物、植物以及水体等景观要素。生态廊道的建设一方面可以解决部分支离破碎现象的产生，另一方面通过廊道可以对景观破碎进行修复，且可以通过廊道解决一部分生物多样性和环境污染的问题，在人类与自然和谐共处中发挥作用。基质是指景观中分布最广、连接度最强、对景观的功能所起作用最大的背景结构。

（三）景观生态分析评价

景观生态分析评价在完成了景观各个要素生态调研的基础上，通过综合分析得到基本的情况反馈，并进行系统的概括、分析，综合评价景观各个要素对当下应用情况的适宜性分析，从而为湿地景观确定方案。景观生态分析是在一定尺度上，通过对各个景观要素之间的空间异质性的对比、分析，形成对空间各个要素之间相互作用、相互影响的理解，是对空间分析的进一步明确，以给予各个要素生态解释。

景观生态分析主要是利用现有的遥感技术进行分析，运用抽样调查的方式进行评估，建立基本生态学观念的指导，对空间内主要元素的空间特点进行梳理，反映各个部分元素之间的相互作用，让景观生态系统中的各个要素可以进行更为详细的分析和模拟。当下，随着技术的提升，景观生态模拟技术也发生了较大的改变，由传统利用实验室进行模拟提升为运用计算机进行模拟。在未来，景观模型以及利用计算机进行模拟的方式，将会成为生态规划的重要方向。图谱对照和动态分析主要是针对景观中的不同时间节点进行对照和分析。通过这样的分析，可以发现湿地景观元素、格局等具体情况发生的改变，并由此预测湿地景观未来的走势问题。

景观生态评价在景观生态规划中发挥基础性的作用，同样也是规划中的重要组成部分。景观生态评价的目标是通过理性分析方式，理解景观生态格局中各个部分的内在联系，同时对其过程中各种物质能量之间的互动有深刻认识，让人们能够合理地利用湿地景观中各种资源，并且最大限度避免人为因素的干扰，提升湿地景观与人类生活的适应程度，实现对湿地景观的科学规划和合理布局，并且，随着景观生态方法运用的深入，湿地景观评价也逐步向系统化、科学化转变。当下对湿地景观的评价细分为七个重要的维度，传统的七个维度包含了自然度、旷奥度、美景度、敏感度、相容度、可达度和可居度，而经过逐步发展，这七个维度的主要内容也变得更加贴合实际，变为了相容度、适宜度、敏感度、连通度、持续度、健康度和原生度这七个方面的内容（见图 3－11）。地方性评价主要从实际的角度对湿地景观的主要特征以及人们利用情况分析，逐步发展为湿地景观的主要特征和人们利用情况以及未来持续发展能力的评价结果，这是湿地景观科学发展的结果。

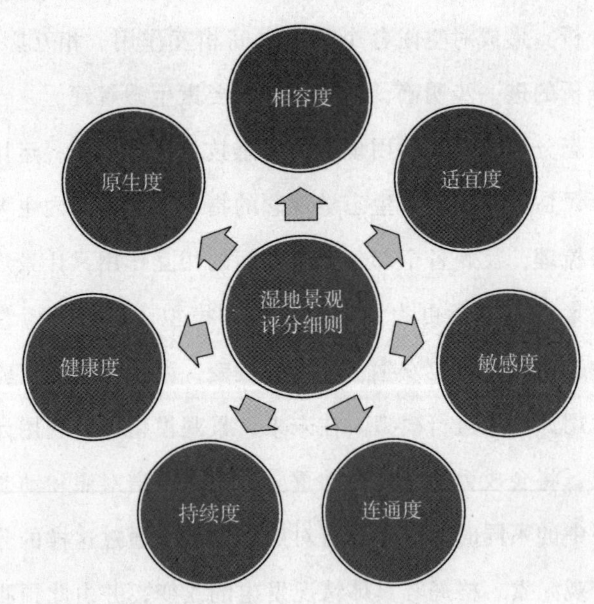

图 3－11　湿地景观评价七个维度

湿地景观利用的方法中，景观生态优化方案是湿地景观的核心内容，主要目的也是根据湿地景观利用的调查、分析结果，对湿地景观资源情况进行分析，找到既能够符合当下发展需要，也符合未来发展与期待设计方案，对当下的湿地景观空间进行最合理规划，方案还需要经过论证，选出最为科学、适宜的方案，从而发挥湿地景观的最大效用。湿地景观作为环境保护、人类互动的重要载体，在进行湿地景观规划的过程中，要对湿地现有的生态进行调查和分析，并在充分论证的基础上完成规划设计。

（四）景观生态规划的主要作用

1. 优化城市空间格局

湿地作为城市空间的重要部分，是国家战略空间安排的重要内容，对于优化生态空间有着重要作用，能够链接城市和乡村，发挥其网络作用。湿地景观系统是城市生态网络中重要的结构组成，可以对能量的流动、物种大迁移以及生态环境的保护发挥作用。湿地为鸟类的迁徙提供重要保障，湿地生态系统的破坏将会给生物生存、繁衍带来巨大的损害。湿地景观中各个斑块链接，对湿地景观的格局进行了改变，绿色生态能够为动植物提供生长、繁衍的巨大场所，避免栖息地支离破碎所产生的负面影响，同时为其他的生态组合提供密切的联系，构建绿色发展网络，打造发展绿色空间，为脆弱的生态系统提供环境保障。

2. 休闲娱乐功能

湿地景观规划是重要的生态建设过程，同时是非常重要的民生保障，湿地景观规划得好可以为后续民众提供更好的服务，是百年生态大计。当前社会，人们已经逐步满足了对于物质生活的追求，人们也越来越需要精神文化生活的提升，湿地景观建设不仅能够满足当地的生态发展需要，更能够给人们提供精神上的慰藉，让人们获得心灵上的放松。湿地景观周围的居民，在享受良好环境的同时，可以放松心情，一般湿地景观都具有这样的休闲娱乐功能，例如，湿地可以提供垂钓、休憩的平台，也可以提供让人们欣赏自然风光、活动场所，调动广大民众的参与度，释放心理压力，从而更好地投入工作生活中。

湿地景观中，除了要向人们提供一定的娱乐功能外，还要向人们提供一定的休憩空间，满足人们休息和活动的需要，例如，很多湿地景观，不仅利用水面等要素进行规划设计，还会在周围提供休息的场所，满足人们野餐活动和朋友聚会的要求。同样，在湿地景观中也可以利用特殊景点组织开展具有地方特色的活动，例如，在水域开展龙舟、钓鱼等项目，在林地开展野外生存拓展训练等内容，通过这样的活动，加强人与人之间的交流，营造城市良好的文化氛围。湿地景观除了休闲娱乐功能，还具有养生的功能，例如，景观可以为市民们提供非常休闲运动的空间，让湿地景观逐步融入市民的健身运动中，可以设置林间运动场所，为居民提供丰富的氧离子。其中一部分湖泊、河流原本承载着运输功能，但是现在被更为优良的铁路、航空等运输方式取代，能够转型成为百姓们游船观赏的场所。

3. 文化展示功能

文化是一个地方的核心，为一个地区提供源源不断的发展动力，文化同样是教养后辈的重要教材。例如，一个城市的文化、传说，一个城市的趣味历史等，或者是家国情怀，抑或是优美的爱情传说等，都能滋养人们的精神境界，为后人提供精彩的文化内容。科普型的教育湿地的首要目的是以生态保护为主，同时要兼具科普的功能，科普性较高的湿地通常比较适用于人工建设的功能性湿地以及受到严格保护的湿地。这样类型的湿地在开发过程中，既要保证生态知识的宣讲，同时也要保证科技、环保知识的宣传，要通过展览以及参观等主题活动进行科普教育。

大自然是人类的家园，其中有很多值得人们深入探索的内容，包括阳光、空气、动植物以及微生物等，通过湿地景观的宣传和教育，能够让人们更多地去了解科普内容，湿地景观为动植物提供良好的居住环境，因此是天然的自然知识科普课堂。在这之前，需要科普人员对地区现有的动植物种类进行调研，并能够为游人、市民进行宣讲，例如，可以展示动物、植物的标本，搭建与湿地风格相一致的观察平台，可以利用这样的平台培养人们的审美意识，掌握景观建设的主要原则，同时可以引导人们了解生态知识，知晓湿地中各种动植物的演变过程，科普的目的是提升人们对于环境的保护意识和对动物的关爱意识。

4. 支持城市经济发展

湿地景观是城市发展中的重要内容，也为城市的经济做出了一定贡献，建立湿地景观是坚持绿色发展的具体凸显，湿地景观可以在一定程度上带动城市内需，对周围经济的影响作用非常明显。当我们提到一座城市的时候，通常会先想到这个城市的历史风貌、历史文化，都会给人们留下深刻印象，人类的行为也都会在湿地景观中留下印记。湿地景观是一个城市发展的名片，在具有丰富自然资源的地方，湿地景观能够成为城市的核心资源，成为一个城市的核心竞争力。

湿地景观具有生态美化的功能，能够很好地促进湿地周围生态环境的改善。湿地景观对于周围的环境有着重要的调整和改善作用，也能够为动物和植物提供良好栖息场地，并且可以实现防洪的作用，影响降水量。湿地群落的动植物非常繁盛，是天然的氧吧，具有阳光、草坪等要素，可以实现对空气质量的提高，给百姓提供非常好的生活环境，湿地景观能够改善环境，并提高人们居住环境的美感。

5. 促进旅游产业发展

湿地景观不仅能够实现对环境的改善，同样可以实现对于周围旅游发展的影响。以湿地景观的特点为例来分析，其生态价值高、景观价值高，远离城市，对这类湿地景观的规划设计中，要避免外界干扰，且应该以保护为主，做适当的开放。湿地景观的湖泊等都可以为湿地提供更为丰富的资源，在开发的过程中，可以结合城市发展的规划、现有的资源类型以及城市未来休闲方式改进方向等方面进行设计，这类湿地位于城市周围，一般以恢复生态、引导地方发展为主要目的。在景观湿地开发旅游项目时，要考虑基本的宣教任务，同时要为游人提供基本的休憩活动场所，让儿童、成人游憩等都具有足够的空间。

（五）景观生态规划的预期方向

1. 生态为本，谋划景区绿色发展

要充分依托现有的资源和环境，发挥其优势特点，将地方湿地资源、旅游资源等形成有机的统一体，将湿地景观打造成为景色宜人、环境优美、特色明显且综合效益显著的湿地景观，让人类与自然景观能够实现和谐共处，实现“人地同处”的生态模式。景观在不断发展、进步的过程中，生态保护的作用是巨大的，可以充分实现景观与旅游业的良好结合，发挥各自的优势，将地方的生态湿地资源优势进行升级，进一步成为城市中的旅游发展优势，发挥景区的生态景观价值和社会价值。

2. 全面统筹，完善旅游产品体系

坚持生态景观的整体发展战略，突出湿地景观的特色和资源，将湿地景观升级为重要的休闲、旅游、观光、独家的场所，要结合现在生态旅游、文化旅游、运动旅游、休闲旅游的发展方向进行开发。充分运用旅游经济等形成良好旅游体验文化，例如，修建动植物的观赏平台，让人与自然更加亲密接触，人类也不再是只从书本上了解自然，人与自然的关系更加亲密，也可以修建特色酒店，为当地的服务产业提供支持，满足旅游业发展需要。当然，最重要的是实现文化产品的丰富，让旅游产品与地方文化特色结合，符合人们对湿地景观的发展预期。

3. 塑造品牌，突出景区特色

湿地景观建设的更高目标是要实现品牌化，让湿地景区成为一些地方的重要名片，带动地方经济、社会、文化的发展。中国已经有部分城市的湿地景观成了重要的名片，例如，千鸟湖湿地、渚湖湿地等，为城市的发展增添了强劲动力，也是城市中重要的旅游品牌。与此同时，可以在湿地内积极打造旅游节目和大型旅游活动，增强湿地景观的吸引力和动植物的生命力，开发具有地方特色的系列特色旅游产品，提高湿地景观的建设品质和认可度。总之，生态湿地旅游资源丰富，整合旅游资源，以生态湿地保护为原则，选择正确的湿地旅游发展模式，是推动湿地旅游发展的必由之路。

4. 复合发展，生态保护优先

湿地景观的保护与开发是相互依存的，保护为开发提供前提，开发为保护赋予新的生机。复合型发展包括了观光、宣教、养生、度假以及其他的多重功能，这样的发展方式适用于规模较大的湿地景观，这样的湿地景观有望成为重要的旅游目的地。合理进行功能分区，确定生态保育、旅游活动、产业发展乃至商业开发的空间布局，在保护湿地核心原则上最大限度发挥湿地的综合价值。在进行景观规划的过程中，要坚持设计能够持续利用的组合，使景观各个要素之间形成良性互补，为前来湿地景观的顾客提供良好的体验。

5. 创新传承，彰显城市个性

文化景观是指在历史的背景支持下，对具有历史意义或者人文意义的土地进行整改，建设出集文化传承和旅游观赏于一身的景观。现阶段一些湿地景观通常会具有非常丰富的物种类型，所以在进行景观设计之时，要考虑到地方文化的特殊性，不仅要注重传承，也要注意创新，同时也要兼顾景观的文化特性，对历史进行深入的挖掘，对当下进行创新运用，这不仅是对湿地景观的重要保护，也是对文化的弘扬。在规划过程中，要坚持尊重原貌为前提，不能为了创新而创新，追求外在形式新颖而忽视内涵。应该坚持发扬优秀历史，建设出集生态性、文化性以及科学性为一体的湿地景观，让人们在游玩的时候，享受到本地的人文风貌，感受到不一样的生态景观。

本章小结

本章主要是对景观生态规划进行论述。首先，景观规划是人类为了自己的利益而充分利用地表资源，使某地成为兼具生产力和绿色风景的过程，景观生态规划被认为是对退化的景观一种修复行为，或者是重新调整利用土地的一种行为。在本章节中，主要对景观生态规划概念及原理进行论述，详细介绍了景观生态学中常用的可持续发展理论、景观美学理论、系统理论以及游憩规划学理论。

其次，本章对于景观生态规划的具体原则进行了阐释。湿地景观的规划应该保证整体的和谐性，同时又要保证个体的差异性，即要保证各个要素的形式统一，且又能在发挥各自作用的基础之上保持和谐与相对稳定。其中不仅包括物质层面的整体协调，也包括社会层面上的协调。而湿地景观生态规划则应该坚持生态保护原则、景观异质性原则、景观本土化原则、生态优化原则、科学性原则、自然性原则以及社会满意性原则等。

再次，本章对景观生态规划目标进行阐述。湿地景观生态建设的目标应该考虑服务对象的特点，满足周围百姓的要求，为城市的生态建设以及社会、经济效益等服务。体现在生态建设中，要在发展生态旅游以及改善居民生活环境、宣传生态文化的基础上，改变周围生态环境。通过景观生态建设的方法，发展生态旅游业，通过景观生态建设的方法，促进地方社会经济的发展。将百姓的游憩需要与城市发展相结合，与生态环境保护的目标相结合，实现生态环境的平衡，降低城市发展中的矛盾。

另外，本章具体阐述了景观生态规划研究的内容。湿地生态系统整体上多样丰富，通过各种基地要素的分析，可以协调各种资源之间的相互影响，可以更有效地应对湿地多种环境因素的影响。景观规划按照基地分类更容易对湿地形成整体认识，比较适合湿地景观规划的分析。

最后，本章具体阐释了景观生态规划的方法，主要是以景观生态中的理论、方法为主要内容作为基础进行分析、调查，并提出优化的意见。这其中运用的主要原理包括了人类生态学、系统生态学等原理。国外学者曾经指出了景观生态学规划运用的系统方法，进行生态要素的调研、评价分析、规划及优化等。经过分析我们可以发现，景观湿地规划应该服务地方经济发展，服务地方百姓生活，符合城市未来发展预期。

第四章　景观生态学视域下的湿地景观营造

第一节　设计原则

一　保护自然原则

园林的空间营造在传统方式上追求“天人合一”，这是一种朴素的生态智慧，湿地景观生态系统的设计同样如此。在规划设计湿地过程中，只有严格遵守自然规律，才能够实现与大自然的共生共荣。湿地景观资源是大自然最为独特的赐予，我们在规划湿地景观系统的同时，更要做好湿地景观系统的相关保护工作，把维持大自然生态平衡作为首要任务，充分发挥湿地资源的天然优势，保证湿地水陆相结合的自然环境，为生物繁殖创造良好的生存环境，从而能够真正实现人与大自然的和谐共存。

（一）保持湿地景观的适度设计

湿地景观生态系统的设计原则应该保持适度，让湿地景观自然而然地和大自然融为一体，从而达到返璞归真的意境效果（见图 4－1）。如今社会经济不断发展，为了追求各种视觉效果，过度开发的湿地景观设计随处可见，本土植物换成奇花异草，自然地形改为人工高大上建筑，过度追求表面的绚丽，人工设施大范围覆盖，美则美矣，却毫无景区个性可言。湿地景观的适度设计不会对大自然造成干扰，独特的湿地景观还能彰显个性，同时也能有效保护自然环境，在规划设计过程中也能减少不必要的开支和浪费，真正实现湿地景观与大自然的发展和谐共荣。

图 4－1　自然湿地景观

（二）保持湿地景观资源稳定性

生态系统是大自然长期发展，物竞天择进化而来的结果，湿地景观生态系统也有稳定的生物链。各种生物都有自身的生长特性，保持湿地景观的资源平衡，需要保证资源储备量的充足，湿地水体、植物、动物和矿物等各种资源都要保持平衡，尽量防止出现因为湿地资源单一化、贫瘠化所带来的负面影响，避免让湿地景观系统的生态模式因此而遭受威胁，充分保持湿地景观资源稳定性，从而实现湿地景观生态系统的长远发展。

（三）保持湿地生物资源完整性

湿地景观系统的规划设计是一项复杂的工程，前期的科学调研必不可少，只有对原来湿地环境的土壤、水体和生物等有充分的了解，以及通过城市周边市民对其影响和期望的调查，详细掌握原有湿地的基本情况，才能在设计规划中让湿地景观的自然系统保持完整性（见图4－2）。湿地景观应实现水陆区域之间的自然融合，过分分割只会造成环境退化。在设计过程中，尽量避免出现比较明显的分界线，同时在湿地景观与城市的界限处，也要设立一定的缓冲地带，从而减少城市化进程中对于湿地系统的一系列干扰，有利于保护湿地景观资源步入良性循环发展的状态。

图4－2　湿地生物资源完整

（四）保持湿地生物资源多样性

生物的多样性，指在一定的区域范围之内，种类繁多的生物资源所形成的稳定而丰富的生态综合体。生物多样性不但可以为人类提供丰厚的物质保障，也能有效维持自然生态系统的平衡，同样有助于加强湿地生态系统保护，对于人类和大自然以及湿地生态系统都影响深远。湿地作为全球三大生态系统之一，拥有独特的水体、土壤、气候、资源环境等优势，能够为多种多样的动植物提供繁衍生息的优越生存环境，在维持生物多样性发展方面具有无可取代的生态价值，对于保护生物多样性的长远发展具有重要的积极作用。

保持湿地生物资源多样性，使湿地资源各种生物获取最大化的生存空间，才能为各种生物多样性的发展营造优质环境和生存空间。比如，在深水区种植沉水植物，在浅水区种植浮水植物，在沼泽区种植挺水植物，在旱地种植抗旱植物等，同时又有各种鸟类、昆虫，动植物相依而生，缺一不可，才能形成完整的系统生态链，保证湿地生态的平稳长远发展。

保持湿地生物资源多样性，需要充分尊重自然，尽量不改变生物资源生存环境，绝不能为了眼前的利益而进行不计后果的破坏；同时在设计过程中，也要有效防止有害物种的入侵，最大化保护湿地生态的物种多样性，让其呈现良性发展状态（见图4－3）。

图4－3　湿地生物多样性

（五）为后续发展留足空间

湿地生态系统作为“地球之肾”，生态价值意义非凡，拥有湖泊、河流、森林、珍稀生物等各种特色自然资源，能够为人类提供各种丰富的生活资源，同时对于保护生物的多样性发展以及改善城市自然环境、调节区域气候等方面都有重要影响，是社会生态系统可持续发展的重要因素之一。因此，在湿地景观设计开发时，要充分合理规划，不管开发还是建设，都要在湿地资源的弹性恢复范围之内进行，科学规划处理，保留其后续发展空间。湿地景观系统只有做到与大自然和谐共生，同时兼顾景区的长远发展，与当地区域经济联系密切，才能为大自然生态系统的可持续发展提供源源不断的后盾支持（见图4－4）。

图4－4　湿地生态的可持续发展

二　因地制宜原则

在地域方面，依据不同的水生环境类型，湿地可分为沼泽湿地、湖泊湿地、河流湿地、滨海湿地和人工湿地等。每个地方的湿地景观不同，因地制宜原则也不尽相同，在设计规划时应做到尊重自然，就地取材，遵循生态可持续发展规律。比如，在植物方面，可根据乔、灌、藤、沉水、浮水等植物的生长特性相互结合，

根据不同地区的地貌条件，在规划设计时将湿地资源充分融入当地自然景观之中，从而形成完整的生态植被群落，也可以通过对湿地景观生态系统的科学规划和不断完善，吸引更多湿地生物前来繁衍生息，以此形

成可观赏的景观，打造出独具地方特色、个性鲜明的湿地景观类型。

（一）合理利用资源

在湿地水景观中，可根据不同的水体形态，设置不同的欣赏区域平台，在保证游客安全的同时，也能让其充分赏析湿地景观的自然水系风光，可利用不同的植物品种特色，以及植物的花朵、叶子、果实等观赏要素，塑造不同的植被景观。

辅助搭配其他观赏元素，创造新颖的湿地景观类型，给游客留下深刻印象；也可以利用游客感兴趣的鸟类、鱼类、两栖类等生物，在不打扰其正常生活的前提下，提供并建设与其观赏互动的平台，真正满足游客亲近大自然的需求（见图4－5）。

图4－5 观赏湿地的鸟类

在湿地景观系统规划设计中，可充分利用区域内丰富的自然水体资源，结合科普教育宣传，展示当地独特的湿地景观系统特色，既能体现人与自然的和谐相处，又能保护并宣传湿地自然环境。比如，广东绿塘河湿地公园，在公园的主入口处，充分利用原有的大树资源，建设成了供游客游憩的绿荫广场，堆砌各种天然石材，种植各种乡土植物，营造缓坡堤岸，同时利用水塘的高低地形，建造雅致双亭，可让人在此休憩嬉戏。广东绿塘河湿地公园的建设做到了因地制宜，合理利用资源，让游客在此尽情享受来自湿地景观系统的自然之乐。

（二）挖掘文化内涵

湿地景观虽然旅游特色明显，但也是城市科普人文教育的基地，在规划过程中可挖掘其文化内涵，综合利用其优美的自然风光、丰富的生物群落、完善的生态系统等特色，让游客通过对湿地景观的了解，加强热爱湿地、保护自然的强烈意识（见图4－6）。

图4－6　湿地体验

（三）避免盲目移植

规划设计湿地景观生态系统，应该对湿地的周边环境、旅游开发、科普教育等目标有明确的定位，对于景观地形以及施工的改造要有充分的考虑。湿地景观应以趋于稳定的本土原生态植物为主，可适当辅以外来优良树种，也可选择生态位重叠减少的植物物种作为景观配置，充分考虑其在群落物种间的相互影响作用；但不可盲目跟风移植外来植物，过度追求短暂表面效果。

外来植物一般不易存活，但如果其生命力过于旺盛，过度繁殖，就会破坏当地生物系统的平衡。所以，应有效利用本土植物的生长特性，保持地域性生态平衡，让其发挥有效功能，改善环境、净化空气、调节气候等，让湿地的鸟类和动物有安全健康的栖息生长环境，从而创造出舒适宜人的湿地景观生态公园。

（四）协调规划统一

湿地景观生态系统是一座城市的景观地标，其建筑规划风格要体现浓郁的地域特征，其整体景观风貌要与区域内大自然生态系统相互协调统一，处处体现大自然意趣（见图 4 -7）；可优先使用有利于湿地景观生态系统环境的施工工艺，以协调发展的原则，做好湿地景观公园的设计规划。

水体是湿地景观的灵魂所在，在对湿地水体进行规划时，要科学把握水流及水量，避免改变水体河床的物理特性，尽可能地以水体空间为蓝本，进行科学模拟创造，让湿地充分保留婉转的水体形态。同时湿地景观空间规划，要充分考虑湿地地貌特征以及人类活动空间带来的影响，做到张弛有度，协调规划统一，符合大众审美标准。

图 4 -7　大自然的意趣

三 绿色经济原则

湿地景观的旅游开发和生态环境保护相互依存，在设计过程中要多方位进行思考，只有把握好平衡关系，充分从可持续发展角度出发，才能营造真正的湿地景观生态系统旅游环境，真正实现人与自然的和谐发展。湿地的景观建筑既要能满足旅游者的休闲空间，又要整体融入自然环境；湿地景观景区的道路铺装，既要满足其观光行走的功能，又要降低对湿地环境的污染；建设驳岸景观既要有防洪防涝的安全实效，又能在美化景区的前提下，给人以亲水的最佳体验感受。

（一）建筑材料

景区建筑材料的选择，要有利于湿地生态环境的长远发展。可使用一些废弃、可再生降解、可循环利用的材料，其中废旧的砖头瓦片石头、枯木、可降解的高科技材料等，都是可以考虑充分利用的绿色材料（见图4-8）。除此之外还能减少加工、运输成本；同时也可以使用高科技绿色生态高分子材料，在特定的环境条件下，充分利用其生物降解功能，有效解决湿地景观系统环境污染的问题，保证景区的长远可持续

图4-8 湿地景观建筑采用绿色材料

发展之路；另外一些软质景观材料可尽量多配置本土植物景观，不但能提高其成活率，更能最大化实现经济效益。总之，采用新技术、新材料、新设备，才能达到优良的性价比，充分利用环保以及高科技建筑材料，既能表现湿地景观的自然美感，也能在景观建设中减少铺张浪费。

（二）节能节材

湿地景观建设，也要结合当地经济发展状况，根据市场需求，做到节能节材，朴素简约，合理使用土地资源。可充分利用湿地景观的大自然自我调节功能，减少杀虫剂以及除草剂的使用，从而降低日常维护的成本，缓解湿地生态保护压力。但是如果为了"伪生态"景观而大兴土木，不但会造成资源的浪费，也会与湿地景观生态系统规划的初心背道而驰。比如，著名的香港湿地公园，其园区内部的建造材料就遵循节能节材的绿色经济原则，如选择清水混凝土、旧式的灰砖、稻草围栏、防腐木格栅等（见图4－9），朴素雅致的风格，反而让香港湿地公园更加静谧悠然，成为很多动植物、候鸟的最佳栖息地。

图4－9 防腐木格栅

四　文化底蕴原则

每个区域都有独特的地域文化特色，一个区域的文化底蕴主要来自风俗习惯、宗教信仰以及生活方式等，湿地景观在规划过程中，应保留原有区域的人文遗产，如祠堂、庙宇、亭台楼阁、特色植物、溪流等。可通过建立湿地文化宣教中心、湿地文化长廊等形式，向游客展示深厚浓郁的湿地文化。只有将湿地景观保护与当地文化相互紧密结合起来，才能使湿地景观拥有丰富的文化内涵，激发当地市民的荣誉感、归属感和责任感，从而使湿地景观更好地体现生态美学价值和教育宣传价值。湿地景观资源在区域内具有不可替代性，充分体现当地文化特色，可赋予湿地景观崭新的生命力。

（一）自然生态文化

湿地景观在合理规划的同时，更要彰显旅游文化魅力，可以根据不同动物植物的生长特性，也可以结合当地历史和民俗，延展不同的湿地自然生态文化，如鸟类文化、渔猎文化、森林文化、稻田文化等（见图4－10）。湿地景观加入生态文化内涵，就会大大提升其整体形象，拓宽可持续发展之路。

在充分吸收本土人文特色的基础之上，也可借鉴本土文化中的各种生态元素，塑造新的景观融入湿地自然环境，从而进一步促进湿地文化的发展和进步。

（二）当地传统文化

人类所积累的生存经验，是人与人之间、人与自然之间不断碰撞调整而累积形成的，每一个地区都有当地独特的亚文化区域，均由当地百姓的生活习惯、道德礼仪、传统风俗等因素形成。随着生活质量的提高，越来越多的人渴望亲近大自然，但如今市民对自然风光的要求不再

图 4－10　结合当地民俗的湿地景观

仅仅停留于表面，而是更加注重其文化内涵之美。

湿地景观规划设计，要遵循教育和娱乐相结合的原则，严格保护现有的当地历史文化遗产，同时对于和湿地文化有关的民俗风情更要重点保护，考虑当地自然环境，继承并发扬当地传统文化。可充分挖掘当地历史文化、民俗文化、湿地文化等，收集能够代表当地湿地文化的老事物、老照片等，唤醒市民们的情感认同，体现真善美的教育意义，以及亲近自然的内涵美，可以让人在心理和行为上达到积极向上的状态，以此来增强市民的地域认同感以及强烈的主人翁意识。

比如，杭州西溪湿地在规划设计过程中，充分注重文化保护，进行了历时考证、恢复遗存等相关工作，对西溪湿地的民俗风物、历史文化等进行抢救性修复和挖掘，广泛征集各种民俗文化产品，编辑出版和西溪历史有关的文化书籍，从而打造出了极具杭州特色的湿地品牌。利用当地文化要素，创造独具特色的符合当地区域的湿地文化景观，才能让游客感受到不一样的湿地景观地域文化风情（见图 4－11）。

图 4－11　湿地建筑与文化

（三）科普教育文化

湿地景观具有完整的生态系统，拥有丰富多样的物种，在城市中具有积极的存在意义。市民们在工作生活闲暇之余，能够充分接触湿地自然景观，通过一系列的宣传教育引导，可建立正确的自然生态观，通过对湿地景观的充分了解，可以对大自然生态平衡发展有更深刻的认识，从而进一步树立环保意识和行为，更加关爱大自然。

湿地景观寓教于乐的意义，也能够让游客潜移默化地接受环保知识教育，同时湿地景观丰富多样的物种，也能为科研人员提供考察基地，具有积极的科普教育文化意义。比如，香港湿地公园，就是集科普教育、旅游娱乐于一体的世界级生态公园，公园内部设置有访客中心，内含“湿地知多少”“湿地世界”“观景廊”“人类文化”“湿地挑战”五大湿地主题的展览廊，同时也有放映室、资源中心等互动空间。最重要的是，访客中心设置在香港湿地公园入口处，不会对湿地景观系统造成太多干扰，极具科普教育性，不管什么年龄的游客都能从中学到关于湿地的丰富知识。

五　生态美学原则

湿地生态系统，除了兼顾旅游、科研、生态保护等价值，也应该体现对生态美学的追求，拥有可观赏性，满足大众审美需求，也是其价值的重要体现。

湿地公园不能简单理解为种植湿地植物，也不是开辟成人工水上乐园，应以恢复和保护生态湿地为主，以充分发挥环保效益为主要目标，在湿地景观传统特色之上，以审美的角度进行设计，将设计者的思想、美学观和价值观用一系列的艺术手法通过景观结构、建设风格等形式体现出来，同时兼具园林自然特征，兼顾生态美学原则，吸引游客前来参观，以此达到保护湿地资源、爱护环境家园的宣传效果（见图 4－12）。

图 4－12　游客体验参观

（一）生态之美

人们对于“美”的标准虽然定义不同，但无一例外都是将能够带来视觉美感的事物统称为“美”。真正的美景让人心愉悦，只有人们觉得美的景观，才会在情感上引发强烈共鸣。湿地景观公园完美呈现大自然鬼斧神工的赐予，同时又在天然湿地的基础之上充分规划，尽情诠释生态之美，实现自然与人文的完美统一。

比如，盘锦红海滩湿地旅游景区（见图4－13）因其独特的碱蓬草植物而闻名于世，每年九月就会呈现举世罕见的火红壮丽景观，景区内同时也有浩荡的芦苇丛，极具生态美学价值，丰富的物种资源改善着当地湿地环境，也吸引着几百种鸟类珍禽在此栖息。

图4－13　盘锦红海滩湿地

设计师只有善于利用美学理论知识，将湿地景观自然元素与人工景观规划相结合，充分利用景观的个体特征，才能将湿地自然生态之美展现得淋漓尽致。

（二）形式之美

湿地景观的最终目标就是保护城市生态环境，同时为市民创造美的视觉享受和精神审美追求，其美学规划对于设计人员有较高的要求。需要对湿地景观空间的每一个细节精准定位，在植物配置、空间比例以及审美视觉等方面营造形式美感，从而形成连贯而富有特色的艺术体系，既有整体共通感，又有局部细节美，让游人在情感上对其产生认同感。

（三）环保之美

湿地景观环境规划设计，也要充分考虑自然环保因素。比如，水体景观岸线如果采用混凝土浇筑，虽然可以有效避免水体溢出，但是会严重破坏湿地景观对自然环境的过滤及渗透等作用。而如果在水体岸边铺以大片的绿草坪，虽然表面上达到了绿化的效果，但其实人工草坪自我调节能力较弱，后期还需要大量的人工管理，还可能会有农药喷洒致污染的风险，反而会加重湿地的生态负荷。所以，在湿地景观规划过程中，要充分考虑环保因素，可在水体与岸边的过度区域种植本土特色湿地植物，在加强自然调节的同时，又能带来良好的湿地景观生态效应，营造一种既和谐丰富又生态环保的湿地景观之美（见图4－14）。

图4－14　湿地景观之美

第二节 设计理念

湿地景观承载着城市生态系统，协调区域生态关系，对于改善城市生态状况，创造生态旅游环境具有重要意义。湿地景观的规划设计，应以保护湿地生态系统为前提，以发挥湿地的环境效益为动力，以当地意趣盎然的湿地景观为特色，以充分为野生动植物提供栖息环境为主要目的，为游人提供身心愉悦的游憩空间。

一 景观生态理念

生态理念在大自然与社会环境的互动中体现更为明显，城市湿地景观多为人工打造，具有不可忽略的社会性。湿地景观的规划具有特殊性，兼具丰富的水陆动植物资源，既要为游客创造一个舒适的旅游环境空间，又要兼顾湿地大环境的发展。湿地景观生态系统如果做到同时兼顾美学与生态，应充分考虑到湿地景观的防旱蓄洪、净化水污染等功能，尊重自然，合理利用当地自然资源，尊重生物的多样性发展，尽量减少对自然资源的剥削，不让太多的人为设计因素破坏湿地生态环境。促进其健康协调发展，人与自然共生共荣，才能让湿地景观为各种生物提供更加优越的生态栖息环境。

（一）自然环境中的生态理念

湿地景观对于自然环境有非常重要的价值，其独特的土壤、气候、水体等环境为各种动植物提供复杂而完备的生存空间，形成丰富的食物链，其中具有一定规模的湿地环境还往往会成为迁徙、越冬等珍禽鸟类的生存繁殖场所，可有效促进生物多样性的发展保护。比如，伊犁天鹅泉湿地公园，因其各类水草生长旺盛，可提供丰富的食物，再加上天然泉水汇聚密集，泉水温度比较高，属于地下温泉，即使在冬天零下

20℃水面依然不会结冰。如此优越的湿地环境，吸引了疣鼻天鹅前来栖息，从最初的几只已发展成如今的百余只，形成了奇特的天鹅景观。特别在冬天，万籁俱寂，雾凇沆砀，整个湿地公园宛若童话世界，吸引着大批的摄影爱好者和游客前来欣赏（见图4－15）。

图4－15 宛若童话的湿地景观

湿地在地球表面仅占6%，却为20%的生物提供栖息地，因此在湿地景观设计处理的过程中，应严格按照湿地原有的特点以及景观环境的现状进行资源整合，保证其生态环境的完整、平衡性和天然的调节能力，让湿地系统在自然环境中充分发挥应有的作用。

（二）社会环境中的生态理念

湿地景观水资源较为丰富，与人类文明密不可分。湿地系统作为中和空间的存在，可疏松城市水资源环境，充分利用湿地渗透和蓄水的作用，降解城市水污染，蓄洪防旱、美化环境，改善城市气候环境质量。湿地景观生态系统能够有效降低周边区域的温度，使其湿度大大增高，从而增加降雨量，对于调节当地区域空气、气候以及农业生产有明显积极的作用。同时湿地景观生态系统还可以进行自我调节，以此减少杀虫剂、除草剂的使用，从而有效降低城市绿地系统的维护成本。湿地景观作为城市公共绿地，其丰富的自然性，为市民提供充分接近大自然的景观空间，不但可以舒缓市民们的心理压力，丰富日常生活，更能促进人与自然的和谐相处。因此，湿地景观生态系统不管是在环保以及美学方面都具有十分重要的意义，在城市发展进程中具有积极的影响作用。

（三）生态理念设计内容

1. 保持湿地天然本色

在湿地景观生态系统设计过程中，应对环境进行深入调查研究，详细了解其水质、水岸环境、气候条件以及生物系统等，力求在原有的景观元素之上进行规划设计，保持其天然本色以及生态系统的完整性，使湿地景观与当地自然环境充分融合。

2. 根据景观形态设计

湿地景观系统拥有复杂的地形地貌，如浅滩、深潭、沙洲、凹岸等，可谓自然形态各异，在设计时应以最大限度尊重并保护自然形态为主（见图4－16），避免设计规划过于规整的形式，如圆形、方形、矩形等，应该随形就势，根据景观形态设计，做到和谐统一，自然均衡。

图4－16　自然的湿地景观形态

3. 充分利用植物配置

利用好植物配置也是维护湿地生态理念的重要内容，植物配置尽量以本土植物为主，使其形成良好的生态群落，以减少养护管理费用和难度。在以外来植物为辅的同时，也要警惕其入侵性，避免在生态系统竞争中对本土植物造成毁灭性的威胁。植物的配置要注重生态完整以及景观效果，如植物的叶、花、果等协调一致，相互搭配衬托，才能形成独特的视觉美感。同时，也应该考虑其对水体污染处理的功能，可根据湿地水体的深浅及其水流特点，合理搭配浮水、沉水植物，从而达到丰富的多层次植物景观。在湿地景观水体附近，需要充分考虑一些动物的生活习性，尽量少安排植株高大的植物，以免对动物造成觅食或者活动干扰。

4. 精心处理护岸生态

湿地的护岸作为水陆交界处的重点，在规划设计中，也是要充分考虑的生态问题。为了更好地保护湿地景观，针对护岸的设计可采用生态护岸和亲水护岸的方式，即在水陆交界的自然地带种植合适的湿地植物，以土壤沙砾替代人工硬化的驳岸，以此避免破坏湿地的过滤和渗透功能，有效加强湿地的自然景观调节。除此之外，精心处理护岸生态，还能发挥良好的生态循环效应，为各种动植物提供优质生存环境，为游客营造丰富的视觉景观效果，体现湿地景观生态系统的自然意趣。

5. 循环水资源的使用

在湿地景观系统规划设计过程中，只有通过合理利用水资源循环，才能把湿地景观生态系统内的水和社会用水相互融合。一般对城市污水进行回收科学处理，即可实现循环利用，以此提高水资源利用率，从而达到节水的效果。所以，科学循环使用水资源，是解决水资源危机的重要方法和途径，也是大力发展湿地循环经济，遵循生态理念不可或缺的重要内容。

6. 应用湿地自净能力

在大自然生态系统中，湿地无疑是拥有最强自净能力的生态系统，充分利用好湿地的各种超能力，也是规划设计生态理念的有效方法体现。芦苇、水葱等植物可以有效吸收水体内各种污染物（见图4-17），可加强类似绿化植物的种植，湿地内的植物和一些微生物、细菌等，可以通过过滤、吸收、分解等形式将水体内的污染物以及有毒物质充分转化，让其成为水体内的营养物质，这将大大减轻由水而带来的环境污染，充分应用湿地自净能力，由此实现湿地景观的生态理念规划目标。

图4-17 湿地的自净能力

二 以人为本理念

在日常闲暇之余，市民们能够根据自己所喜欢的旅游活动，增添身心愉悦的体验感受，这也是很多人所追求的休闲生活方式。湿地景观在规划设计过程中，应坚持以人为本的原则，通过打造集旅游、观光、科普于一体的生态湿地景观，注重景区空间营造，将改善自然生态环境与服务市民的需求相统一，让市民有足够的可参与性体验（见图4－18），充分注重游客丰富的视觉、听觉、触觉等参与感受，满足其自由享受湿地景观魅力的需求。

图4－18 可参与性体验

（一）公众参与理念

湿地景观生态系统的建设和发展，是当代城市生态文明建设重要的一部分。在湿地景观规划过程中，除了依靠党和政府的支持，更应该让市民积极主动有序参与进来，发动人人参与建设保护湿地景观，这也是社会经济发展的重要需求。实施公众参与理念，可通过湿地教育基地、学校生态湿地教育网络等方式宣传，对市民进行全面公开的环保生态教育，宣传湿地保护的可持续发展意义。通过公众参与的理念，积极倡导保护环境人人参与，营造生态环境人人共享的意识，让湿地生态景观达到人与自然、社会共同发展的繁荣局面。

比如，我国吉林向海国家级自然保护区，为了维护保护区域的长远发展，就制定了卓有成效的长远发展保护目标。多年来，保护区不断完善保护实施，相继建成了宣教中心、标本室等基础设施，同时又通过印制画册、录制专题片等形式进行广泛宣传，极大地提升了市民们爱护野生动物的意识，提升了市民们对于湿地生态环保的意义认知。吉林向海国家级自然保护区积极发动公众参与理念，让保护区的保护管理工作效果显著，多年来在湿地自然保护方面不断发挥着积极重要作用。

（二）游憩心理学理念

游憩作为一种旅游观光、生产和消费的社会行为，是社会系统发展的一部分。在设计规划过程中，以人为本，遵循游憩学理念，也是湿地景观生态系统设计成败关键。湿地景观为各种生物提供栖息环境，改善城市生态环境，同时在很大程度上也是人类活动、休闲观光的重要场所，所以湿地景观的建设，也应该从市民的需求角度出发，创造积极向上、极具艺术美感和与人类生活息息相关的湿地景观空间。景观规划可以当地市民生活为灵感，对其生活习俗、行为方式等进行研究，汲取生活中的民生情感因素（见图 4－19），让湿地景观生态系统的设计灵感既来源于生活，而又高于生活，让湿地公园成为游客休憩旅游观光的好去处。

图 4－19　汲取民生情感因素

（三）加强法律监管理念

加强对于湿地景观旅游系统的保护，需要法律作为强大的支持后盾。对于湿地资源的合理开发利用，需要上级部门履行监管职责，对于游客在景区的行为规范，需要景区的严格监督，明确告知游客哪些行为是不允许的。同时景区更要做好游客的统计和服务工作，在保护湿地环境的基础之上满足游客的旅游需求，以减少对景区带来的压力。只有建立健全相关法律制度，加强法治监管，全面贯彻于湿地景观的综合开发利用、科学保护管理等各个环节，相关部门才能更好地履行职权，做到有法可依，执法必严；游客才能提高并重视对于湿地景观环境的保护意识，才能有效保护湿地的良好生态系统循环。

三　注重科学理念

在规划设计湿地景观之前，要对区域内的各项数据进行翔实的调查，如土壤基本结构、地形地貌基本特征、地下水位基本形状，以及当地生物活动情况、周边绿地、林地、农田等各类生态系统的基本状况，以此作为准确并科学规划湿地景观生态系统的重要依据。

（一）科学合理开发

湿地是蓄水防洪的天然“海绵”，如果利用得当，就能充分发挥防洪抗旱的作用，而如果不能够进行科学开发，就很容易忽略对湿地的保护，从而导致湿地系统承受压力过大，湿地资源也会因过度使用而得不到正常休养生息，长此以往，就会变得日益脆弱，将会严重影响当地经济和市民的生存生活环境。所以湿地景观生态系统的建设过程和方法，都必须有科学合理的思路。在科学系统地合理开发并保护城市湿地景观资源的同时，应让其充分发挥环境保护效益，以注重科学的理念，合理开发利用，让其为社会经济效益以及美化城市环境发挥更加重要的作用（见图4－20）。

图 4－20　湿地中的科学理念

（二）加大科技投入

湿地景观生态系统的开发是非常复杂的工程，湿地系统的敏感、脆弱、自我调节能力等都决定了开发湿地是一项艰苦的任务，这些也都是规划设计中需要考虑的重点。湿地景观生态系统的有序开发和合理保护，需要科技力量的支撑，整个工程建设需要经过合理规划、科学选点、重点实施、严格验收等多个环节，包括湿地生态恢复、可持续发展等多项内容，都需要加大投入科技力量，以科技手段实现科学整合湿地资源，实现湿地景观生态系统的良性发展。

（三）科学监测环境

作为“生物多样性摇篮”，湿地的水文条件是决定其环境状态的重要因素（见图 4－21），因此湿地景观公园的水文环境监测工作至关重要，关乎湿地的长远发展。应定期监测水质变化，及时发现水质问题，在湿地水域结点处设置监测点，定期安排专业人员监测，以根据情况随时调整针对湿地的保护措施，保证各种生物正常的繁衍生息良性循环，从而达到保护湿地景观生态系统的目的。

图 4－21　水文条件

（四）科学技术恢复

在湿地景观资源建设过程中，可充分借鉴国内外湿地修复经验和先进的理论知识，引入超前的湿地科学恢复技术，结合当地实际情况以及湿地公园现状，使一些退化的湿地能够在科学技术的帮助下，重新焕发往日生机。

四　低碳环保理念

随着全球变暖的温室效应，“低碳”已经成为全世界国家公认的环保理念，向大自然排放少量的“碳”也是应对环境保护的重要措施之一。湿地是在城市里集中把“碳”生物化的场所，具有改善环境和调节生态资源的作用，更是维持生态资源进入良性循环的重要场所。因此，在规划设计城市湿地景观时，应该充分融入低碳理念，合理开发严格控制成本，让湿地景观系统增加更多生命力。

比如，对芦苇的管理，就要定期合理收割，而不是让其自生自灭在水中腐败，严格遵循湿地景观的生态特性；对于景区内的生活垃圾要科学处理，避免污染湿地水资源；游客在进入景区后，可换乘景区所提供的电力汽车，以此减少汽车所排放的废气对于湿地空气的污染。同时，要尽量减少建筑物的建设规模，选择使用低碳环保的建筑材料（见图4－22），在一些基础设备的应用上，可以选择以太阳能为动力系统的工具，如太阳能路灯、太阳能热水器等，提倡低碳低能的建设规划模式。如此，才能让城市彻底享受湿地作为天然宝库的重要资源，让低碳型湿地景观资源的价值更加深入人心。

图4－22　低碳环保材料的运用

（一）尊重场所合理布局

湿地景观规划设计遵循低碳理念，即明确湿地景观的发展定位，从不同的生态环境基础规划分区，立足于当地城市的发展现状，将生态环保、节能减排的“低碳”理念贯穿于湿地公园规划的全过程。

在整体功能布局、能源有效利用、建筑绿色节能等环节，应考虑与湿地自然环境的协调性，可结合湿地景观的地貌特征、水文地质条件等，做到因地制宜建设规划，充分考虑景观建设对于生态环境的影响，注意与周边生态环境的协调性，让建筑物与周边环境和谐统一。同时也要减少对植被和生物栖息地的破坏，科学规划尊重场所（见图4－23），处理好人类行为与大自然环境和湿地生态系统的关系。

图4－23　科学规划空间布局

湿地景观空间布局要因地制宜，结合实际情况，从景观美学角度出发，不违背自然规律，做到以人为本，合理规划出湿地景观空间体系。尊重场所合理布局，可减小对湿地自然环境的破坏，减轻环境负担，减少废气污染的排放，降低能源的消耗力度，同时也能降低针对湿地景观的运营管理和各种维护成本。

一般湿地景观按照功能可划分为以下五个空间功能区：重点保护区、展览宣教区、游览观光区、生态缓冲区、服务管理区。

1. 重点保护区

湿地重点保护区作为湿地内部最重要的区域板块，主要以保护珍稀动植物而专门设计，此区域一般禁止游客进入，以确保珍稀动物的正常生活和繁衍生息，保证其正常的自然活动，使其不会被外界所干扰。

2. 展览宣教区

湿地展览宣教区一般设置在湿地的重点保护区域之外，旨在通过展览的形式加深游客对于湿地的印象，或者以更为直接的宣讲科普的形式，宣传讲述湿地景观文化知识，加强游客对保护湿地环境的深刻认知，以提高人们保护湿地的意识（见图4-24）。

图4-24　湿地的科考与宣教功能

3. 游览观光区

在湿地敏感度较低的地方，可以适当规划设置游览观光区，其原则是不能对湿地景观系统造成丝毫的破坏和影响。比如，静态的观赏区域，可以让游人近距离观察各种珍禽、植物等，还可以设置水上活动，体现鲜明的湿地特色，以使游客更好地亲近湿地自然风光。

4. 生态缓冲区

生态缓冲区主要是城市与湿地园林景观之间的生态区域，旨在减少现代城市化进程以及人类活动对湿地景观所造成的干扰和破坏，一般以绿化带为主，因为绿化带有隔音减尘的效果，而且经济效益较高，能够长期保持良好状态生长，从而达到保护湿地景观的目的。

5. 服务管理区

服务管理区一般主要设置在湿地公园的入口处，是整个公园的后勤保障，旨在为游人提供更加便捷的服务设施。

（二）保持良好生态格局

各种生态系统对于“碳”的排放和捕获能力有一定的差异，需要人为调控，优化区域内景观，以此形成良好的生态格局，从而达到低碳规划湿地公园的目的。根据湿地景观生态系统的特点，可利用其独特的地形地貌特征和丰富生物资源，营造独树一帜的湿地景观，为多样化的生物提供繁衍生息的优质生存环境，从而形成丰富多样的生物群落，保持良好生态格局，最终达到低碳环保目的（见图 4－25）。

图 4－25　丰富的生物群落

（三）遵循可持续发展理念

湿地景观生态系统的可持续发展，指既能满足当代人的旅游观光需求，又能兼顾并满足后代人的利用协调发展。因湿地景观生态系统遭到破坏所带来的各种社会问题已日益严峻，让更多市民拥有湿地忧患意识，明白湿地与人类生存环境相互依存的关系，需要人人积极参与到湿地生态保护中来。但湿地自然生态系统的可持续发展之路，也绝非朝夕之功，需要几代人的共同努力。

在建设规划湿地景观公园时，应严格遵循可持续发展理念，尤其在施工过程中，应充分考虑湿地景观系统的承载能力范围，施工材料尽量选择可回收、可再利用或新型环保材料，以减少对湿地自然环境的影响。同时低耗能环保选材的使用，也是维护湿地景观可持续发展的长远之路。

湿地景观生态系统的一些硬质景观，如驳岸景观、水岸线景观、休憩道景观等，在规划设计过程中，就要进行多角度考虑。其中，驳岸景观的设计（见图 4－26），既要有实效能够进行防洪防涝，在提供视觉美感的同时又要给人以最佳亲水体验；而湿地景观内的一些道路铺装，既要展现湿地美感，让游客随时感受湿地特色，也要在材料的使用上降低对湿地的污染。比如，上海后滩湿地公园，其路面主要由钢筋水泥筑成，而路面的铺装则是由石材和复合竹材组成，这样做的好处是以后钢结构可以拆卸进行再利用，而铺装的材料则可以降解为湿地景观的绿地肥料。

图 4－26　驳岸亲水体验

关于湿地公园的建设，需要满足现有的旅游需求，在空间布局上留足后续发展用地，尽量建设可持续性发展较强的项目。同时湿地景观内部的生态系统建设，也要遵循可持续发展理念，形成结构完善、功能协同、生态系统价值不断增加的良好可持续发展景象。

五 经济价值理念

湿地景观生态系统旅游的长远发展，必须同城市的区域经济发展紧密联系起来，只有加大开发力度才能吸引更多游客，为当地社会经济创造更多利润，但切不可为了眼前的商业利益，过度强调其商业性。

在湿地景观规划过程中，要创新公园建设，提升文化层次，既能体现当地民俗文化特色，又能使当地经济在旅游中受益，提升市民地域荣誉感，提高城市生活环境质量，使其成为最得力的受益者。同时还要形成湿地聚集效应，让一些相关的旅游行业、高科技技术产业、畜牧养殖业等经济项目逐渐融合到湿地景观系统中，形成新的经济增长点，在不断寻求新的产业中，把湿地经济文化不断做大做强，在未来赢得更多发展商机，实现生态旅游和经济效益的双赢发展（见图4－27）。

图4－27 湿地旅游

第三节　空间格局

“空间，既是哲学的概念，也是美学的范畴，既是高度的抽象，又是具体的存在。世界万物从宏观的天体到微观的沙尘，无不存在于空间之中。”湿地景观空间指为游客旅游而塑造的空间场所，主要由水体、植物、建筑、山石以及地面与道路等实体要素构成。

一　空间序列

（一）序列布局

序列就是人对于景观的一系列连续感知，只有置身于湿地景观中，所有的体验才能成为序列。季节的变化会让湿地景观产生不同的艺术效果，所以湿地景观其实是融合了季节、时间、光影等诸多元素的多维空间。不同的景观，空间布局也是千差万别，只有合理规划路线，才能让湿地景观内大大小小的景点形成完整的序列。

（二）序列节奏

序列是景观设计过程中比较重要的因素，湿地景观的尺度、色彩、光照等不同特性，都可以组织形成不同的序列节奏。在景区，序列节奏的变化可以带给游人不同的情绪反应，如兴奋、神秘、好奇、愉悦、狂喜、舒适等。在湿地景观规划设计中，不仅要让游客看到每一处的景观特色，更要让人在行走过程中获得连续的美感视觉享受，其观赏路线的演变，正是空间序列组织多视点、多空间的丰富变化过程。湿地景观大都有主次分明的空间分割区域，主景区主打宣传，次景区辅之，其他小景点多条并列展示，作为陪衬重点烘托主景；而简单的序列一般有两段式、三段式，即低潮至高潮，其间经转折、分散最后至结束，从而形成一个有节奏韵律的观赏路线。

所以，湿地景观内部规划，应依据序列节奏、景观特点等诸多因素，以及旅游路线的级别、长度和容量等，注重安全、便捷、可选择性强等特点，避免重复游览，合理安排旅游路线，让湿地景观旅游系统充分发挥其积极作用。

1. 起始阶段：起景

起景一般从湿地景观公园的入口开始（见图4－28），通过与外界环境的隔离，以及整体环境氛围的熏陶，使游客摆脱外部环境的干扰，在心理上产生新奇兴奋之感，将注意力转移到湿地景观环境中，达到欲扬先抑的效果。可通过极具视觉性的标志以及其他景观介绍，开门见山地给人以提示，提醒游客“收心定情”，以为开始赏景做准备，同时也便于后续景观序列组织的展开。

图4－28　景观入口（起景）

2. 铺垫阶段：前景

前景主要指为接下来的主景而进行烘托铺垫的序列空间，通过丰富湿地景观组合的强化和渲染，让游客在通过起景阶段后，开始渐入佳境，使其赏景兴致逐渐高涨，为接下来景观序列的铺垫打好基础。

3. 高潮阶段：主景

主景一般是湿地景观生态旅游最具特色的景观，是景观序列空间的高峰，往往会拥有庞大的规模、极具特色的景观、巧妙的人工设计辅助等，也是让游客注意力最为集中兴奋的空间。主景代表着整个湿地公园的主题，统领着整个湿地生态系统，特别是经过起景、前景的逐渐铺垫，更能给游客以丰富的视觉美感享受。

4. 终结阶段：尾景

尾景是湿地景观的结尾终结部分，也是让游客从开始到结束而逐步调整心态的一个过程，可使游客的心情逐渐趋于平静，以免景观戛然而止，从而让人产生心理失落感。尾景是对整个湿地景观生态旅游的总结，也是令人回味的景观序列空间（见图 4 - 29）。

图 4 - 29　湿地空间的序列

（三）序列类型

在湿地景观生态系统中，景观序列可充分通过垂直空间、水平空间、境界意境等组织的有序变化来完美实现。各种类型的景物通过有机组合，在湿地公园主题的串联影响下，会形成一个起、承、转、合极富韵律美感的旅游观光线路。

1. 垂直序列

垂直序列组织是景观竖向序列中最常见的组织方法。一般设置在观光的起点或者山下等低处，即公园入口处。利用景观空间的垂直变化，设置不同高程的景观单元，穿插高低起伏的变化，可让游客在登高观光的过程中体验景区美感，以此形成垂直景观序列。

2. 水平序列

水平序列的组织主要应用于水体、广场等开敞式空间，以及森林、栈道等半开敞式空间，通过景观的不断开合变化以及旅游观光路线的迂回曲折体现，让游客拥有丰富的景观体验感受。

3. 意境序列

意境序列既包含当地人文历史等文化要素内涵，又需要启迪游客的审美意识和旅游观光心境，使其领会湿地景观生态系统的特殊意义。因此，意境序列在湿地景观生态系统规划建设的过程中尤为重要。

（四）序列组织

1. 序列组织原则

首先，要遵循整体原则。序列组织整体原则指湿地公园内部的序列完整性，同时也指湿地公园与整座城市的顺畅序列关系，其并不是孤立存在的个体。湿地公园景观序列按照整体序列秩序的营造，将各个景观空间组织起来，形成有序空间节奏，才能更好地完成湿地景观生态系统的规划设计服务。

其次，要遵循属性原则。序列组织属性原则主要是按照空间序列的属性、基本特征以及环境设计来进行的有机组合。不同的空间类型具有不同的特征，会带给游客不同的感受，如开敞式空间一般在景区的入口处，会给人以提示或者收心的作用，而闭合式的空间具有围合感，能够让游客沉浸其中而欣赏风景。只有合理利用景观空间属性，才能营造出步移景异的丰富景观序列效果（见图 4－30）。

图 4－30　空间序列组织

最后，要遵循认知原则。序列组织认知原则主要指游客的行为认知，即把景观空间属性与游客的行为习惯相互结合起来，通过展开、引导等形式，制定适合游客行为规律的轨迹，做到人的行为和景观空间序列协调一致，更有利于提升游客对湿地景观的接受程度。

2. 序列组织手法

在景观空间序列的组织手法上，第一要把控全局，湿地景观序列组织需要从全局把控，根据游客对环境空间整体性的感知，科学设置景观序列各个阶段，营造出移步换景的湿地景观序列。第二要追求意境，湿地景观和中国传统园林景观一样，也讲究一种意境深远的韵律美感，具体规划设计手法多种多样，可充分借鉴各种文学艺术手法，有效组织湿地景观的各个布局，形成和谐统一、自然神韵的视觉美感。也可应用延伸空间的借景方式，通过阳光照射水面形成虚假重复的空间效果，随着风和日丽、惠风和畅的天气，给游客以变幻无穷的视觉美感，从而增加湿地景观空间的深度视觉效果。第三在组织路径方面，路径的可识别性有助于提升游客对于景观整体的把握，通常会通过石刻、指示牌等元素标明方向。一般会在景观特征明显处开辟，需要充分利用自然元素，营造吸引人的趣味空间，也可在路径的转折点或者游客视线聚焦处设置意趣盎然的景物，做到秩序井然，条理清晰。充分组织好路径，能够让游客在游览过程中有景可对，随着曲折的路径不断丰富视觉变化，获取深刻难忘的观光感受。

二　空间尺度

空间尺度是衡量一个湿地景观建设成败的关键。在湿地景观中，以人和一些景观实体元素作为比较的标准，通过对比而获得尺度感。不管是水体、植物还是建筑，都应该依据其功能和使用对象，严格遵循控制尺度和空间比例以及空间界面的处理。比如设置一棵观赏性乔木时，其周边的草坪就要有合适的视距，才能欣赏到这棵树最美的状态效果。湿地景观生态系统的尺度是根据人的视觉、心理以及规划设计等各种综合因素而决定的（见图 4－31）。

图 4－31　湿地的空间尺度

湿地景观生态系统根据人的视觉特点，可以将视距的尺度范围分为四个方面：（见图4－32）

图4－32　视距安排要合理

1米—3米尺度，此范围是人与人之间亲密交谈的尺度空间界限，在这种尺度划分的小空间里，人对景观空间领域的控制感强，在满足私密心理要求的同时，能近距离欣赏到景观的细节之美。

25米—30米尺度，此范围可以看清人的面部表情，同时是可以看清楚湿地园林景观局部的最佳距离，以此将其组织为近景或框景，可以增加景观的层次，让人与景观空间进行更好的交流。

70米—100米尺度，此范围是满足人与人之间正常交流的尺度极限，可以把握景观空间节点，看清建筑全貌，以此将其组织为中景，让人更直观地把握湿地景观物体的结构和形象。

150米—200米尺度，此范围可组织为远景存在，在光照、色彩和背景等因素的衬托影响下，人视觉远眺可以大体分辨出景观物体的大体轮廓。

总之，不同的景观，要依据其色彩、姿态和形式等合理安排，确定了比例和尺度，才能给人以美的享受，让人视觉舒适愉悦。

（一）平面布局

在湿地景观的平面布局中，尺度控制是设计的根本。需要在前期充分了解湿地景观的各种场地、建筑以及设施小品等尺寸控制标准，统筹运用对称、比例、节奏韵律以及均衡等规划要点，让湿地景观的水体、道路、建筑和设施小品等元素恰到好处，充分发挥点线面等艺术构成要素的视觉造型作用，在以人为本的设计理念中，规划出具有科学性和实用性的平面轮廓形态，表现具有视觉艺术审美的湿地景观平面布局形式。

（二）立体造型

不同的空间尺度为游客传达了不同的空间体验感受，湿地景观的立体造型是空间视觉焦点，也是体现空间尺度的主要内容。湿地景观立体造型的规划，要具备强烈的视觉冲击力，才能在湿地景观的比例和形式等构成方面独具艺术性，在视觉上与周围湿地景观产生先后次序感，与湿地景观环境风格统一，形成艺术感染力（见图 4－33）。

图 4－33　景观要素的立体造型

（三）植物配置尺度

植物是湿地景观的重要组成部分，各种植物根据不同的观赏特性，可采用多样化尺度的造景组合方式，比如花坛形式、孤植形式、丛植形式以及群植形式等，所种植的长宽比一般占地小于或等于3∶1，力求植物树种少而精。

孤植造景方式一般指在空旷草地上所种植的高大乔木，能够与周边的植物形成视觉上错落的反差和强烈对比；丛植造景方式一般指自由的种植方式，由十棵左右的乔木自由搭配组成，可通过植物空间上疏密层次的变化、视觉上的强烈反差表现纵横交错的自然美感；群植造景方式则主要由乔木和灌木自由混合搭配种植而成。通过合适的空间尺度，合理配置，展现植物的群体生长所带来错落有致的自然视觉美感，同样可以形成迷人的天际线，表现极具艺术美感的湿地景观空间尺度节奏和韵律。

（四）植物构成空间类型

（1）开敞式构成空间：利用低矮的灌木植物作为空间的主要限制因素，以小尺度植物为重点，通过强烈鲜明对比，形成大尺度空间。

（2）半开敞式构成空间：利用一面或多面体型高大的植物作为主要构成，遮挡住穿透的视线，以此所形成半开敞式构成空间。

（3）覆盖式构成空间：利用枝繁叶茂的遮阴大树，其顶部因覆盖而形成开敞状态，营造限定的垂直尺度覆盖式空间，以此产生强烈的视觉效果。

（4）完全封闭式构成空间：利用高密度植物的覆盖性，对一些需要安全隔离的人工设施进行隐秘性遮蔽，以此形成完全封闭式的空间，增加安全的效果（见图4－34）。

图 4－34　植物构成空间

（五）铺装设计尺度

在湿地景观营造过程中，综合利用各种铺装材料，运用人对于空间透视的视觉感受，以科学的尺度营造令人愉悦的湿地环境。其中，景观建筑常用的材料有鹅卵石、青砖、混凝土、石材、木材等，在设计过程中可以根据铺装材料的质感分别对待，把一些质感颗粒粗糙的材料作为前景设计，而把细腻有质感的材料作为背景设计，可以在人的视觉上扩大透视效果，由此创造不同的湿地景观空间尺度感，提升游客的视觉审美美感。

鹅卵石形状较小，尺度空间也比较小，比较适用于湿地景观小范围的道路铺设，施工组图方式有很多种样式，都能形成观赏性较强的步道视觉画面。

混凝土在湿地景观景区内主要应用于水泥印花地面的铺装，其造价不高，但处理形式可活泼多样，塑造多元化的道路地面。

木材在湿地景观景区内主要应用于木桥、廊架、指示标识、休闲座椅等，其易于加工，风格百搭，可以与景区的其他景观充分融合（见图 4－35）。

图 4－35　湿地中的木栈道

湿地景观尺度主要是表现人在视力范围内的空间场景，所以在规划设计过程中，需要根据人视觉高度进行设计，时时注重尺度的重要性，如此才能达到人与自然和谐共生的视觉美感。

三　空间要素

景观空间形态主要由静态要素、动态要素和模糊要素三方面构成。湿地园林景观在各种空间构成要素的组合中，也形成了一个让游人可视听、可感受的完整系统，是人与自然环境交流的一个重要媒介。只有了解其构成要素实质，才能充分发挥尺度在湿地景观规划时的作用。

（一）静态要素

静态要素是构成湿地景观的主要实体要素，主要指湿地景观空间中的实体部分，即能够看得见的实实在在物体，比如水体、建筑、地形、植物等要素，这些要素也具有组织空间、分割空间等作用。

（二）动态要素

动态要素是指在湿地景观中，人作为客体与周边环境互动所形成的视觉形态，以及彼此之间的互动关系。在欣赏风景的过程中，人在

“静”和“动”的观赏状态下，所产生的空间尺度感是完全不同的，只有将“动”和“静”合理结合，才能形成戏剧性的景观序列，充分发挥空间尺度感的变化，营造极具节奏感的观景路线（见图 4－36）。

图 4－36　动与静的结合

（三）模糊要素

模糊要求指人与空间在时间、光影等因素的影响下，所形成的一种有机关系，一种立体空间的五维体系。

四　空间表现

（一）起伏

湿地景观的高低起伏，不但可以丰富空间层次，更能增加空间趣味性，给人以视觉上的吸引，使人产生好奇心，怀着新奇探索的心情继续游览观光（见图 4－37）。

图 4－37　景观的起伏

（二）曲折

曲折婉转的表现手法同样可以丰富景观层次空间，隐而不露，使景观空间充满深邃的意境，意趣盎然，让人忍不住前去一探究竟，同时更能增加游人在景区停留的时间。

（三）借景框景

借景指充分利用湿地景观环境，把外部的景观巧妙引入内部空间，而在内部空间，游人如果远眺，目光所到之处则无处不景，从而营造出丰富的视觉空间效果；框景与借景有异曲同工之妙，即通过亭台楼阁等内部建筑，充分强化外部的景观，展现湿地景观的空间艺术之美。

五　空间层次

（一）边界层次

一般景观之间边界的出现，会让人在心理上觉得进入另外的景观空间，可利用栏杆、矮墙、坡道等进行明确的边界划分，以此增强景区空间之间的领域感，让景观空间层次更加丰富。

（二）空间引导

在湿地景观空间营造过程中，也可以充分利用表达方向的指示措施，比如道路、标牌、台阶等，向游人暗示前方景观空间的到来，以此达到游人在心理上的景观空间层次（见图 4－38）。

图 4－38　空间引导指示

（三）视觉层次

只有通过美学理论充分处理好前景、中景和背景的关系，让其形成多角度、多层次的景观环境，才能让游人的视觉层次更加丰富，让湿地景观的整体空间更有韵味。

六　空间形态

湿地景观空间形态类型按照构成形式划分，主要有线形空间、点状空间、面状空间等。其中线形空间又分为直线、曲线、波折线等，主要指湿地公园景区内的一些主干道路和曲径通幽的小道；点状空间主要指湿地公园景区内各种小型的广场，还有尺度较小但是主体元素突出的雕塑、小品等；面状空间一般尺度比较大，主要指湿地公园景区内大面积的生态景观带，以及自然保护区等。

（一）空间对比

在湿地景观规划过程中，也可运用相邻空间对比的方法。安排两个明显具有差异化的空间相邻，既能相互衬托鲜明对比各自的特色，也能让游人在游憩过程中产生视觉变化。比如，大小悬殊的空间安排临近，狭长的廊道和拥有至高点的亭台楼阁安排相邻，不同的景观空间地点、不同的视野高度，都能够带来不同的视觉享受，让人在快速转换间有豁然开朗之感，从而让旅游更加兴奋开怀（见图4－39）。

图4－39　空间对比

（二）空间分割

空间分割在湿地景观设计中占有重要作用，合理的分割，不但可以增加湿地景观的可观赏性，还能够营造虚拟空间效果，给人无尽的遐想，让人充分享受湿地景观空间所带来的视觉震撼力和感染力。

在湿地景观中，水体、山石、廊道等都是游人观赏的对象，而地形地貌、道路、植物和建筑等，也都是湿地景观的重要基本构成要素，这些实体要素也是空间分割的一部分，可以让湿地景观更好地实现过渡，拥有丰富而变化的空间效果，不会有太突兀分割的感觉，让游人在游览的过程中，能够步移景异，明确空间状态，丰富视觉感受。

1. 地形地貌分割

如果湿地景观地形复杂，可因地制宜，设计不同的场所景观，充分利用地形地貌划分景观空间（见图 4－40）。一般在景观设计分割时要注意改造和利用地形地貌条件，使其起伏变化丰富，创造出利于植物生长和构筑建筑物的有利条件。

图 4－40　地形地貌分割

2. 植物特征分割

湿地景观植物种类丰富，利用植物的生长特性和生态功能进行分割景区空间，可使其树隙相互渗透生长，结合地形的高低起伏，在参差交错中更富有层次变化。利用植物特征分割空间，拥有较大的自由随意性，可以不拘泥于任何几何形状的限制，营造富有艺术特色的湿地空间美感。

3. 建筑组合分割

建筑一般依地势而建，错落有致，可有效保持湿地原地形的落差，一般廊道、亭台楼阁、假山、小桥等建筑物，都是组合分割景观空间的有效元素。

4. 道路纽带分割

道路一般是联系湿地景观各大空间的主要纽带，以道路为界限划分空间，也可以让各大空间更具直观特色。道路作为景观绿化分割带，不仅能够加强视线诱导，缓解行人的视觉疲劳，其自身也是湿地景观的一部分（见图4－41）。

图4－41　景观道路分割

5. 景观空间功能与形态的联系

“形式追随功能”是美国建筑大师路易斯·沙利文的经典设计理念，一切设计都必须以实用为主，而其艺术表现主要围绕着功能来做形式。景观空间的形态与功能相辅相成，紧密关联。湿地景观生态系统所营造的空间，其形态应该是静谧、宁静、自然，给人一种天籁之感。各种灌木、乔木、花卉、地被等植物的生长以及水体的布置恰到好处，相得益彰，有适合游人休憩活动的座椅、满足交流休闲的广场、愉悦舒缓视线的特色景观，同时有地标性的湿地景观，充分代表着整个城市的气质和形象。

七 空间结构

为了便于分析湿地景观的内部特点，梳理结构框架，监控动态过程，实现功能目标，将景观解剖成斑块、廊道与基质。从结构的宏观组成来看，湿地景观拥有多个斑块，廊道是斑块之间连接的桥梁。斑块的多样性能够分担生态系统的风险，而湿地景观是多种物种的集合体，从这个角度来看，最大限度地创建多种类型的湿地才能被称为是一个设计成功的湿地景观。在景观生态学层面上，湿地斑块大小、形状、构成要素都可以在设计过程中得以控制，在此基础上，由于人同样是湿地景观的构成要素之一，所以不同的栖息地和活动地的充分利用也应集中在湿地景观的结构布局中展示，如观鸟台、湿地博物馆等。考虑到人的需求，可以提出一种湿地景观的结构模型，在结构框架中强调湿地景观中应该有专门的野生动物保护区、污水处理和雨水收集区。除此之外，还应拥有游览所必需的设施，例如停车场、行车道，观察野生动物的地方。

（一）斑块

湿地景观中的斑块即景观节点，划分主要依照要素组成，但对人工、半人工湿地，人的设计作用会干预湿地斑块的形成，人工设计的斑块常常会以景点的形式表现出来。景点是在风景秀丽的空间，与周围的环境相比，是小规模的非线性空间实体，其具有生态完整性和景观异质性。景点是不同的地理风景区旅游资源集中的聚集和最有吸引力的风景的整体形象，是最基本的单位和风景旅游存在的条件和表达的基本活动。在小尺度空间中，湿地景观的一个斑块会表现一个完整的生态系统，这往往是为了表达该景点的全貌，所以可以将湿地公园看作多个小生态系统的集合。斑块的大小反映景点的尺度，斑块的形状体现景点的外形，斑块的要素构成景点的复杂程度。

按照景点的表现主题，景观节点分为人文和自然两个方面。人文方面包括向游客起到教育与科普作用的湿地动植物展览馆、具有休息娱乐功能的场地景观节点、反映本土文化特色展示区，甚至是一些用于水产养殖的示范基地；自然方面包括不允许人类进入供野生动物栖息的自然岛屿、稳定成熟的植物群落、用于观察鸟类的观鸟亭等。由于湿地本身具有的生境脆弱性，人文节点应尽量远离湿地公园自然景观区域，避免游客对自然生境的干扰与破坏，如此可吸引更多的鸟类以及其他野生动物栖息于此。自然景观区域要限制游客进入数量，规范游客游览行为，保证湿地生境在不遭到破坏的同时，以往破坏部分得到及时修复。

（二）廊道

湿地景观中的廊道像一张无形的网覆盖湿地各个角落，连接起大大小小的斑块，比如景观大道、线性水域、引景空间等。廊道是湿地生态系统的物质流、能量流、信息流的循环连系通道。廊道的阻断会导致生态系统瘫痪，所以科学合理、主次分明、有力有序地进行廊道布局关系重大。

在景观使用的功能层面上，基于人的游览需求结合廊道特性将湿地廊道可划分为景观大道、线性水域、引景空间。景观大道是空间主线，其宽度和长度在公园中都是最大的，结合景观生态学，作为廊道的景观大道，其两侧绿化宽度及植物配置应符合规范要求。湿地离不开水，湿地中流动的线性水域往往会成为游览路线的参考。斑块无规则排布，连接大大小小斑块之间的廊道成为景点的引景空间，作为引景空间的廊道外在表达应与景点一致。

在面积较大的湿地景观中，区间廊道的种类更为丰富，可以是水路，也可以是陆路。水路作为游览通道之一，可以给游客不一样的游览体验，这是其他景观无法实现的游览方式。同时水路为水中的动物提供了迁移的路线与空间，有益水生动物的繁殖与生长。陆路可分为硬质廊道与软质廊道：硬质廊道就是为游客提供游览路线的道路，一般为硬质材料铺设而成，最近兴起的木栈道也是比较好的选择；软质廊道就是跟随道路、水系而分布的植物群落，这些植物群落是动物迁移生存地区，也是游客观赏的部分。

（三）基质

基质即湿地景观中的景观背景、氛围、印象等。无论是斑块还是廊道，湿地公园中每一个结构部分都不是孤立存在的，他们常常是在某种自然和文化氛围中专注于本地文化，并在规划的生态背景下展现自然和文化环境的性能。依托风景优美背景的存在，是先天性的资源，由一个强大的氛围提供了景观吸引元素，在其中营造的景点或者独具特色的景观段落。景点的背景是指在人们视线范围所及的最远处，视线可达之处是设计不能忽略的地方，这个地方的资源积累应避免人类的到达所带来的干扰。风景名胜区（第一印象区）的第一印象通常是风景区入口区，是旅游区的第一接触，是指区域内旅游效应形成的第一感受地区。为了给人的第一印象达到完美，引导游客继续前行，该区域通常是重点区域规划和设计对象，规划和设计的重点在体现景区特色方面，以此来打动观众。景区（最后印象区）的最后印象是最后接触到游客，而游客即将离开景区的位置。为了维持整体形象。根据环境心理学，最后的印象能够给游客带来坏印象的作用要远远大于第一印象更多。成功的设计应将精心设计的每个环节都达到最佳效果。

八　人体工学

湿地景观园林的规划应以人为本，其空间尺度规划需要严格按照人体工程学遵循的规范进行，才能让游客在旅游观光的过程中充分享受湿地景观生态系统所带来的视觉美感。

首先，从人的尺度、心理空间以及人际交往空间等因素出发，确定湿地景观活动场地空间范围，确定各种景观设施小品的适用范围；其次，要根据人体热环境、光环境、重力环境等最佳物理环境参数，科学规划湿地景观空间设计，也可以根据人的视觉要素，如视力、光觉和色觉等，对湿地景观的光照、色彩和视域等进行合理规划。尺度适宜的湿地景观，以人体工程学作为景观设计的科学依据，才能够营造舒适合理的旅游空间（见图 4－42）。

图 4－42　景观尺度

第四节　环境要素

一　水文

水文、植被和土壤构成的湿地独特的风景是由不同的因素相互作用造就的。其中，独特的水文要素是湿地形成的主要因素，对湿地土壤环境、地形、物种分布以及植被的组成具有决定性作用。该轨迹的运动、变化和自然界的水源等现象被称为“水文”。取得了时空分布和变化的水在自然界中成为可追溯的数据。可以通过水文测试、观察和计算来获得，测量方法被用来描述水流的运动，反映水文变化的主刻度。湿地开发的水文过程是水和土地之间的过渡区唯一的纽带，所以环境条件不同于陆地生态系统和水生生态系统。以景观生态学为视角的湿地景观营造研究里，水文深刻影响并决定着湿地生态系统的功能与构造，贯彻其形成、发展、演变、替代直至消失的全过程。

水文对于湿地景观而言，是必不可少的“血液”，水文对湿地的定义以及分类起着最基本也是最重要的作用。水源供给的质量和流量维持着湿地生态系统良好的状态，同时水资源的可持续发展与管理是生态景观的保护和建设中湿地水文研究的焦点。湿地生态水文研究从生态学的角度为湿地景观营造提供可观的依据，包括湿地景观的保护和建设乃至恢复，同时，将提高区域水资源管理，促进生态平衡维护湿地景观，并与全球气候变化和人类经济活动的多层次的变化更好地应对。这将是国际科学对湿地领域积极鼓励研究的主要趋势。

（一）影响湿地水文特征的要素

1. 常水位和水深的变化

湿地水文周期因水源补给方式不同，常水位和水深对气候变化的响应也存在不同时期的变化差异，但总体来说达到水平衡。在雨季或上升季节，湿地水文可存储水和洪水，补充地下水。过量的水被储存在湿土的海绵中，其可控制下游洪水压力，并防止溢流。然后，经过几天、几周甚至几个月，慢慢松开，以补充河流或渗入补充地下水，有效缓解水资源短缺或断开的问题（见图 4 -43）。

2. 降水和蒸散发

洪水规模、最低水位、季节性洪水发生时间、年平均水位、长期和短期的水位变化等对湿地景观的形成有较大的影响。降水包括降雨和降

图 4-43　缓解城市水资源的问题

雪，随地理、时间和季节变化，变化依赖于大气和地形因素。

蒸散发过程改变全球水文循环现状，它引起大气降水形态和大小的变化，增加了洪水和干旱等极端水文事件的发生频率，增加了干旱和洪水的强度，对湿地景观的水文过程产生了重要影响，并改变了湿地的生态过程和功能。此外，调节湿地区域的气候，通过蒸发，湿地可以持续将大量的水和气体输送到大气中，调节该地区的气候，减少干旱的频率和危害。

3. 集水区和径流

降雨、地表径流、地下水、潮汐和河流泛滥等水文过程将能量和养分输送到湿地或从湿地输出。湿地水文条件，如水深、流动条件（流量和流速）、时间延迟和洪水频率可以决定湿地土壤、水和沉积物的物理和化学性质，进而影响物种组成和丰度，以及初级生产力和有机物的积累。生物降解和养分循环和利用进一步影响了湿地生态系统的结构和功能。湿地对气候变化的响应最为敏感，比以径流为主要补给方式的湿地受气候变化的影响更大。

4. 地下水和地表水

湿地是水资源的“水库”和“净化器”。湿地具有较强的水文调节和循环功能，能有效储存，保持降水和地表径流，补充地下水，具有降低污染、净化水的强大功能。湿地通过降雨、地表径流、地下水、潮汐、河流和洪水等水文过程交换能量和养分。水深、水流形式、洪水泛滥程度和洪水频率是水文输入和输出的结果，是影响土壤生化特性和湿地最终生物种类选择的主要因素。

（二）水文对湿地生态的影响

近几十年来因气候变化和人类活动，湿地的数量、面积、形态和分布发生了巨大变化，更显著的是湿地水量、水质和水生态退化。湿地的水文具有诸如净化水质、保护水源和调节洪水功能。它在维护地区水平衡，防止水旱灾害，维护防洪库容，水质保护，避免营养水，并确保生物多样性上有不可替代的作用。湿地的水文生态功能是湿地在地球上重要的天然水库和物种基因库，支持人类生存环境和经济生活的可持续发展（见图 4 – 44）。如果森林被比喻为“地球之肺”，湿地是通常被称为“地球之肾”“天然水库”和“天然物种库”。

图 4 – 44 湿地生态

1. 对湿地景观生物群落的组成与丰富

作为土地与水体之间的对象，湿地具有水和陆地特征，是自然界中生物多样性最丰富的生态景观之一。水文过程具有湿地物种组成和多样性的两面性，具有一定的局限性和一定程度的促进作用，物种丰富度就取决于水文循环和自然能源。一般来说，至少在植物群落中，物种丰富度随着水流量的增加而增加，因此在淡水和咸水条件下，水文过程将选择耐洪植物，并且干燥环境相对消除，这是一种双向的自然选择。

流动的水通常会促进物种多样性，这可能是由于水流促进了矿物质的更新并改变了厌氧条件，这也是因为水流的作用和沉积物的运输，改善了空间的异质性，形成了更多的利基空间。洪水规模、最低水位、防汛发生时间、年平均水位、长期和短期的水位变化对河边的湿地生物多样性的影响很大。对于较长时间的水浸湿地，植被物种丰富度比不频繁的洪水湿地低，由于土壤和相应的氧含量与其他化学条件产生显著的变化，在这样的环境中生存下来的植物的数量和功能受到限制，在这些植物中，只有少数品种能适应水蛭的土壤条件。在物种群落，物种丰富度随着水流量的增加而增加，在外，流动的水也可以创建一个相对均匀的表面，提供的条件适宜单个物种的生长。

湿地的物种在长期观察中显示，流水一般提倡多样性，这可能是水的流动促进矿物质的更新和改变厌氧条件的事实。因为水流的作用和沉积物的运输，从而提高空间异质性，形成一个更详细的生态空间。大型无脊椎动物在静水环境下种群丰富度较高；浮游动物在洪水或高水位过后特别丰富；两栖动物对湿地水质要求较为挑剔；湿地鱼类在上游水会影响下游中的鱼类，水文充沛有利于提供食物和栖息地。湿地对鸟类的限制看似不大，因鸟类具有较广的活动范围，但其实鸟类对长期水文变化反应较敏感。其余的包括藻类、细菌等，受到深度、干湿交替频率、水流速等方面影响。湿地水文过程在湿地植被、沉淀物、微生物的共同作用下，改变湿地营养条件、有机质累积、水流速度、水流模式等环境特征，从而影响不同种群的营养条件、滤食作用、集聚分布、掘穴活动等。

2. 对湿地景观营养物质循环的影响

营养物质流是决定湿地生产力和分解能力的重要因素之一，湿地营养物质的输出则主要受水文过程的控制。水文过程的营养物质输入与沉淀，通过河水泛滥、潮汐、地表和地下径流的湿地营养素的输出主要通过水流的输出控制物质的流出，主要由水的流出进行控制，这些流被称为“水文营养流”。营养盐输入的增加会改变湿地生态系统的生产和分解过程，并改变湿地的原始沉积平衡，导致在湿地地貌和高度的变化，并从而在结构和功能上影响湿地微生物。

湿地的水文循环对风景养分转化有着显著的影响，保证营养素的生物有效性，特别是在湿地景观植物反映湿地生态系统的一个明显的方式，当分解的生产率和速率都很高，营养物循环加速，而当营养盐增加，原先营养贫乏的湿地会有大型植物生长，有利于形成泥炭的地下部分生物量相对减少，同时相应增加地上部分种群。地上植物量的增加往往能解决更多的沉积物，弥补植物的地下部分的沉积物，营养物质的增加也将促进微生物的代谢和泥炭的分解。湿地水文影响土壤 pH 值，影响微生物活性和土壤有机碳转化，导致土壤碳积累或碳的损失。湿地由于初级生产力的增加或者分解和输出的降低而累积过剩的有机物质，事实上，世界范围内的湿地是生物圈中主要的碳。通常有机碎屑物的分解需要相应的供体、水分、无机营养和能在相应环境下生活的微生物，它的分解速率也受环境温度和大型食碎屑动物的影响。

（三）湿地水文所面对的总体环境变化

1. 全球气候变化对湿地水文的影响

在全球范围内，全球气候平均值和离差值两者中的一个或两者同时随时间出现了统计意义上的显著变化，这就是全球气候变化。气候变化的成因多样，可能是大自然内部的变化进程，也有可能是外部条件改变，或者人为地持续对生态的改变，譬如大气组成成分和水土方面的活动。近年来，在全球气候变化问题上，全球变暖已引起广泛关注，随着温室效应不断积累，地气系统的能量吸收和排放不均衡，城市的“热岛效应”导致全球整体气温上升，全球变暖问题加剧，这影响着生态环境和人类的生存环境。气候变化对水文和水资源的影响尤为突出，其不仅会造成水资源在时间和空间上的不均匀分布，还可能加剧洪水、干旱、水土流失等自然灾害等异常天气状况。

同样地，湿地景观营造离不开水文和水资源，全球气候变化对湿地水文的影响也是一个全球性的环境问题。气候变化对湿地水文的影响体现在：一方面，全球气候变化，特别是全球变暖，将改变大气环流和水循环的过程，从加速而改变温度、降水、蒸发，或其他更频繁和更高强度的干扰现象，如洪水、风暴等。总体而言，对湿地物质和水分收支平衡产生消极影响，破坏生态湿地原本的水循环过程，改变湿地水分收支平衡，令水文条件变差。

另一方面，全球气候变化导致水供应减少，从而增加湿地水需求，水分的缺乏影响着湿地生态的水分状况和生态特征。同时全球变暖可能会促进高维度湿地植被的生长，从而使湿地供水需求更大，湿地收支平衡的水文条件进一步被打破。更严重的是近海及海岸湿地，因全球气候变暖，海平面上升的速率加快，很有可能大于湿地沉积物和泥炭积聚的速率，海平面的上升会带来海水入侵湿地的结果，咸水入侵淡水系统将改变湿地水体的酸碱性质，随着湿地被海水入侵的频率变大，以及被海水淹没的时间逐渐延长，长久以往滨海湿地面积不断缩小，乃至逐渐消失。

2. 人类活动对湿地水文的影响

随着信息网络的迅速发展，全球流动性不断增加，全球范围内开展了大规模城市化运动，城市化已纳入国家乃至全球发展政策。人类在城市化的进程中，因为前期在生态保护和经济发展方面存在分歧争议，尤其是发展中国家在经济发展方面急于求成，以损害环境为代价进行不合理的开发，对自然资源和能源的消耗令人惋惜，导致大范围的环境恶化。

21世纪以来，城市人口快速增长，城市人口比例不断上升。快速城市化进程中涉及侵占湿地的问题，人类的工程建设如水利工程（水库、堤坝和排水渠等），水资源过度开发利用的行为活动对湿地水文的影响尤为突出，对湿地围垦、填埋的情况多有发生，水利工程建设会割断湿地与周围环境的水文联系，水资源的过分开发利用，减少湿地补给水源，同时地下水位下降袭夺湿地水体的补给，进而改变湿地水文过程和水量平衡，影响湿地生态系统的可持续性。大型工程建设使得泥沙和水中的营养物质大量沉积截留，使冲向下游的泥沙量、养分减少，减少湿地的入流量，降低湿地水位，延长湿地淹水周期，影响下游湿地水化学特征以及湿地未来发展趋势。湿地围垦侵占了大量的湿地（见图4－45），会影响湿地水位变化，导致湿地蓄水调洪能力下降，进而加重洪涝灾

图4－45　湿地围垦

害。城市化进程通过改变径流、水文周期和水质等要素来影响湿地生态系统的结构和功能。不仅湿地面积减少，而且栖息地破碎化也将加剧。人类城市化进程导致了城市湿地的流失。

此外，由于城市化过程中的不合理规划，可持续发展的战略思想曾经滞后，加之开发过程中不注意环境保护，致使湿地受污染情况愈演愈烈，生态平衡遭受破坏后，其周围环境也造成不同程度的污染损害，区域生态受损难以恢复。湿地水文恶化等成为中国乃至世界湿地生态安全和水安全面临的重大问题，严重破坏了“人水湿地”和谐环境，影响并制约着国家经济社会的可持续发展，是当前水生态文明建设亟须解决的重要课题。

二　地形

湿地作为地球的“肾脏”，最早应用于人类生产活动的是污水净化处理功能，“水”和“土”是湿地构成要素的最重要因子。湿地系统是指任何天然或人工、永久或临时湿地、潮湿地点、泥炭或水域，静水或流动，或淡水、微咸水或咸水，包括退潮时不超过 6 米水域，其特点是水饱和度和土壤水饱和度。《湿地公约》中的湿地分为天然湿地和人工湿地。在中国，湿地分为 5 类和 28 类，即近海和沿海湿地、河流湿地、湖泊湿地、沼泽和沼泽草甸、库塘。

地形指的是分布在地表以上的固定物体表现出高低起伏的各种状态，包括地形和自然特征的表面形态以及人工特征。地形是支撑湿地的基地，包裹着湿地的外壳和身体，没有基地，湿地就没有水文或生物形成。地形作为湿地环境要素之一，它的三个主要属性——高程、坡度和坡向，在一定程度上影响着湿地土壤、小气候、水文以及湿地生物等要素的空间分异规律。利用湿地地形的起伏变化可以营造出湿地多样化的景观特点，同时，地形的起伏变化也影响着湿地生态过程和湿地功能的发挥。湿地地形反映了湿地地貌在一定范围内的起伏，在湿地景观的建设中，适当的地形处理有利于丰富景观要素，形成景观层面，创造多种栖息地类型，达到加强湿地艺术和改善环境的目的。湿地地形划分以确定湿地生物分布、水力联通为前提，建立湿地地形的基本骨架。湿地地形研究区分湿地坡带、浅滩、深水区、浅水区和地形区，促进不同地貌类型的水流，开放水域分布等。挖掘水力连通性，可提高物质迁移速度。保护湿地植被，丰富湿地生物多样性，发挥整体生态功能，有机结合生态过程和生态功能，实现湿地生态景观建设。

随着生态文明和城市化的进展，湿地景观生态设计思想理念逐步发展，人们对于湿地的研究也逐渐深入，湿地除了肩负着净化水源、涵养水土的作用，它在生态功能、美学功能和动植物价值方面也具有重要意义。由于全球气候变化、城市化进程、人为活动等因素或多或少改变并影响了湿地原先的水文特征，从而直接影响了湿地的地形结构，也改变了湿地生境生物学和植物群落的组合与相互作用。

目前湿地地形面临的现状问题是全球气候变化和城市化的进展改变了湿地的水文特征，直接影响了湿地结构与功能，部分破坏式的开采和不合理的人为活动（围垦、商业式经营、富营养化等）使湿地格局遭到破坏发生改变，面积减少，生态功能恶化甚至毁灭，反过来又引起气候变化。

（一）湿地地形的类别

1. 基于地形功能特征的湿地地形类别

根据《湿地公约》，湿地一般分为自然湿地和人工湿地。根据地貌属性，湿地分为28种类型，主要包括沿海和沿海湿地、河流湿地、湖泊湿地、沼泽和沼泽湿地，以及库塘。其中海岸、河流、琥珀、沼泽类湿地属于天然湿地，人工湿地的类型包括蓄水区、运河、输水河流、淡水养殖池塘、农业池塘、稻田、水库、灌溉沟渠、盐田、采矿水收集区、污水处理场和城市景观。

天然湿地按湿地地形功能特征划分，湿地地形又可以划分为浅滩、开敞水面、生境岛、深水区、岸带、急流水带、滞水带七个主要类型。

其中，浅滩湿地包括砾石滩、沙质浅滩、壤质浅滩、岩石海滩、珊瑚礁、海草层、永久浅水区、沿海咸水湖、潮滩等（见图 4－46），地形特征在交错带植被和植被条形分布，以平缓的斜坡形式，在保持生物多样性，创造植被带和鸟类栖息方面更为突出。

图 4－46　海草湿地

露天湿地包括诸如湖泊、水库和永久性内陆三角洲等子类别。水流的地形特征是温和的，湿地植物分布较少且单一，这有助于湿地水禽的起伏空间和广泛的家禽活动。

生境岛类湿地包含沙洲、岛屿、岩溶洞穴水系等亚类，地形特征内部高程大于外围，并由内向外呈梯级降低趋势，是湿地水鸟理想的栖息地。

深水区类湿地（地热湿地：温泉），其特征表现为冬季湿地动物较丰富，水温处于相对稳定，属于湿地动物越冬空间、游禽觅食地的优选。

岸带类湿地分弯型岸带、直型岸带两种，处于水陆交错地带、植被多呈条带状分布，呈缓坡形态，具有防洪抗冲刷能力。利于生物栖息，具备减缓水土流失功能。

急流水带类湿地，水力停留时间短，复氧能力强，湿地生物主要黏着于藻类和洄游动物，用于水体复氧和营造叠水景观。

滞水带类湿地水力停留时间长，复氧能力弱，湿地生物种类丰富，用于维持湿地生物多样性和沉积污染物等。

2. 基于地貌起伏特征的湿地地形分类

地形指的是地表以上分布的固定性物体共同呈现出的高低起伏的各种状态，包括地势与天然地物和人工地物位置在内的地表形态。景观微地形是指某一园林绿地内种植区的起伏，适当的微地形处理有利于丰富园林要素，形成景观层面，达到增强景观艺术，改善生态环境的目的。即小地形和微地形这一尺度的地形再划分不仅要考虑海拔高度的变化，还应涉及地形等形态特征描述。根据湿地地貌起伏特征划分为三种常见的湿地地形，分别是平坦型、凹形和凸型。

平坦型地形表现为湿地平原地貌形态，适合营造单一湿地景观，如恢复以芦苇为优势种的湿地植物群落等。

凹形地形表现为湿地坑状的地貌形态，适合水面景观营造，如湖泊、池塘和泡沼等水面景观。

凸形地形表现出湿地蜿蜒曲折的地貌形态，适合营造生境岛、土山等湿地景观，如营造适合湿地涉禽栖息、觅食和繁衍的鸟岛。

3. 基于空间尺度变换和可操作性的湿地地形分类

地形是地球表面的形态特征，按海拔高度分为高原、山地、平原和低地。湿地地形是植被空间分异的主要自然约束因子，能直接影响湿地土壤、小气候及水文过程空间变异规律，进而影响湿地植被垂直带、群落分布和种群分布等不同生物组建层面以及湿地生物多样性分布、群落结构甚至物种能量结构上的差异。在湿地景观地形研究中，根据湿地地形和地貌的特点，创造了自然环境，为湿地生活创造了一个良好的环境，从而改善和构建了湿地植被和水禽的生存环境，增加了湿地植被和水鸟的异质性。稳定湿地栖息地，改善水文，湿地生态系统的结构确保了湿地生态系统的结构和功能。

按地形要素变化规律、基于空间尺度变换和可操作性来划分，湿地地形可以分为小地形和微地形两种类型。其中微地形是湿地具有景观多样性、生物多样性和生态系统多样性的基础，多样的微地形维持多种湿地生物的栖息地。它是在一定范畴内承载湿地植物（个体或者种群水平）、湿地动物（个体或者种群水平）、湿地小水面等要素的地面形态，空间上属于小尺度范围。微地形恢复以局部地形的削平和抬高为主，以不破坏原有大部分基底结构为目的，通过局部地形恢复来实现湿地景观的营造以及多样的生境恢复，实现湿地生物多样性的恢复，以使水力联通性和水环境质量得到有效改善。

而小地形是一定范畴内承载湿地植物（种群或者群落甚至是生态系统水平）、湿地动物（种群或者群落水平）、湿地大水面等要素的地面形态，空间上属于中尺度范围，小地形可以包含微地形。小地形是营造湿地开敞水面、深水区等较大湿地恢复工程的基础，涉及的土方量比微地形的大，通过小地形恢复能够部分甚至全部恢复湿地退化区地表形态。小地形适用于大规模湿地恢复区的地形恢复，如底泥疏浚、基底清除等。

通过对湿地地形的分类及功能研究，对湿地的地形提供理论支持，对湿地地形的作用及功能进行分析，以期为湿地地形的研究设计提供理论支持。

（二）地形对湿地环境的作用

湿地地形不是孤立的单独因素，地形与湿地水文、生物、植被等有密切联系。如湿地平原、湿地广峡谷、湿地泥炭丘陵等同时形成景观的过程中，地形的高差起伏直接影响到植被的生长；地形的平面划分影响到场地内水面的形态和水陆交界处的水岸线生境空间；地形的曲线会影响人的心理和各种小空间的创建。因此，为了正确地塑造景观效果，就必须充分考虑和规划设计地形（见图 4－47）。湿地的传统分类主要集中在地理位置、空间结构和湿地的水生生物。基于相似的湿地空间形式，发生特性和植被的相似性，在湿地生态系统按照类型、湿地生态功能和生态学进行分类，此过程中，人类活动干扰的因素较少考虑，这种分类方法主要是定性的，并且所述分类索引系统是简单的。

图 4－47 地形的影响

随着景观生态学的快速发展，湿地景观的生态分类始于 20 世纪 70 年代和 80 年代。其实质是根据湿地景观系统中物质、能量、信息交换形式和水热分布的差异，综合考虑湿地景观的空间结构。根据一定的原则，通过一系列指标描述生态功能、自然属性和人类活动干扰等因素，划分各种湿地景观的生态类型，建立湿地景观生态分类系统。

1. 对气候生态的作用

地形会影响整个湿地区域的光照、温度、风速和湿度。在曝光方向上，朝南的斜坡在一年中的大部分时间保持较暖的状态，并且表面温度高于远离阳光的区域。从风的角度来看，凸起的地形、山脊或土墩可以阻挡风吹到一定区域，这将影响湿地的水流状态和湿地的植物形态。相反，地形也可以用于收集湿地分布和地形类型的跌宕起伏，差异会对气候产生一定的影响。根据对流层温度的变化规律，在相同维度区，地形越高，温度越低，该沉淀是有一定的高度，在达到最大降水量高度后，降水随高度增加而增加，反之相应减少。不同类型的地形对气候的影响不同，从而形成了不同的气候类型，改变了湿地的温度分布。

对于一些对生长环境要求较高的湿地植物（或动物）来说，地形所构成的小气候环境，可以使它获得良好的成长性（生活）条件。同时，地形也影响了湿地生物通过影响水文过程和土壤类型的生存。

2. 影响水流和气流速度

不同地形带来不一样的湿地区域气候，为生物多样性提供了多种不同的生境空间，植被生长环境被改变，并且被提供给植物的干、湿地混合生长空间上光的因素、风向因素和降雨影响。湿地地形可控制水流和气流速度，进而影响物质的迁移转换规律和水文循环等湿地生态过程。湿地地形的高低变化、坡度的陡缓以及河道的宽窄、曲直变化等影响和控制着水流及气流变化的线路和速度。

3. 蓄水、防洪作用

湿地植被根系发达，经过水的浸泡有很多树根死了便留下了孔洞，洪水来时一部分水渗入孔洞，相应地减缓了流速及流量，同时植被对洪水有很大阻力，很大程度上减弱了水的流速，因此湿地地形通过多样化的护岸形式能起到蓄水防洪的作用。常见的较为坚固的是采用混凝土打框抛石护岸，这种护岸方式坚固耐用，但对生态起到小幅度的破坏作用。另外，在抛石的间隙对培植土的选择可以增加植被的生长和动物的生存环境。

4. 景观作用

人工湿地的地形设计作为园林景观设计的基本骨架，是众多其他要素依据的载体，一个湿地最重要的景观效果绝大部分取决于该地基底的设计，因此，地形设计具有重要的景观作用。

5. 经济作用

湿地的地形一方面承担着提供给动植物生存空间，另一方面自身的经济价值也得以体现。由于地形的特殊性，湿地具有净化水源的功能，所以创造良好的自然排水条件有利于保护珍稀动物和植物，以及自然原有功能的恢复。

总而言之，关于湿地的形成，地质历史上形成的地层与地貌变化首当其冲。地貌类型形成了积聚水分的环境，地表元素及生物的作用下形成土壤，两者又结合起来使更高一级的生物定居，形成不同的群落（见图 4 –48），并进一步演替和进化，形成湿地系统。湿地的形成过程和其他群体一样充满了环境和生物的相互作用，形成生态系统的功能，不断进行着物质与能量的交换。保护湿地，先要尊重湿地的原始地形，包括现有地形中的各项因子，水系、植被、竖向高差等，尽可能地保护原始生态环境，同时对被破坏的地形进行修复改造，使之与原始地形连通延伸。可以说，对原始地形的尊重以及最大限度地利用与保护是湿地保护和开发建设中的首要原则。

图 4－48　湿地动植物群落

三　植物

前文中提到湿地类型的划分，主要是根据地理景观的区别，以海洋、湖泊、河流内陆等不同景观，分为湖泊湿地、海洋湿地、河流湿地及沼泽湿地。湿地植被类型的划分以植物为基础，以其生态习性及其外貌为根据。湿地植物复杂多样，通常指的是生长于沼泽、湖泊、河流、海滩或水域的不超过 6 米水深的湿地植物，狭义的湿地植物在水和土地的交点生长后，土壤环境是潮湿或存在于浅水植物。

我国位于欧亚大陆东部，东临太平洋，横跨温带、亚热带和部分热带地区，自然条件复杂，湿地分布广，是世界湿地植物种类和植被类型丰富的国家之一。根据全国湿地资源调查，我国湿地高等植物约 225 科 815 属 2276 种，分别占全国科、属、种的 63.7%、25.6%、7.7%。全国湿地调查将全国的湿地植被划分为 7 组、16 个植被型、180 个群系（见表 4－1）。

表 4－1　　中国湿地高等植物统计

类别	科数	属数	种数
苔草植物	64	139	267
蕨类植物	27	42	70
裸子植物	4	9	20
被子植物	130	625	1919
合计	225	815	2276

湿地高等植物中，濒危种约有 100 种。如亚热带的水松、江南湿地的李氏禾、青藏高原湿地的芒尖苔草、西藏粉报草、斑唇马先蒿、三江平原的绥草、大花马先蒿、南部沿海红树林湿地的水椰子、木榄、红榄李等都是濒危、渐危或稀有种。列为国家一级重点保护的湿地野生植物有 6 种：中华水韭、宽叶水韭、莼草、水松、水杉、长喙毛茛泽泻。

我国湿地植物中以温带成分为主，其属数和种数及所占比例均居首位，这些植物广泛分布在我国东北地区和青藏高原地区（见表 4－2）。

表 4－2　　中国湿地高等植物属的分布区类型

分布区类型	属	占总属数（%）
世界分布	泥炭藓、水藓、细湿藓、赤茎藓、金鱼藻、狸藻、眼子菜、睡莲、香蒲、泽泻、芦苇、苔草	37
温带分布	泥炭藓、赤茎藓、苔草、芦苇、木贼、驴蹄草、毛茛、蒿草、地榆、毒芹、柳兰、黑三棱、水芋、鸢尾、灯芯草、菖蒲、杜香、越橘	50
泛热带分布	水车前、菰、茨藻、眼子菜、灯芯草、野生稻、红树林、海桑、猪笼草、水椰子、桐花树	10
中国特有	水松、水杉、垂头菊	1
北极高山分布	冰岛蓼、杜香、越橘	1

湿地中有分布广泛的广布种。广布种指普遍分布于世界，或几乎遍布世界的种。广布种主要属于淡水水生植物、盐生植物和伴生植物。前两大类多属于湿生植物，如挺水植物芦苇、宽叶香蒲、狭叶香蒲；浮生植物如

浮萍；沉水植物如篦齿眼子菜、菹草、金鱼藻、轮叶狐尾藻、大茨藻、角茨藻、轮叶黑藻；沼生植物如莎草、藨草、灯芯草等，均为世界广布种。

我国的第三纪孑遗木本植物水松和世界珍稀古老树种、白垩纪孑遗木本植物水杉这两个特有物种。水松生长在东起福建、香港，向西至广西，北到江西庐山，南至广东茂名，主要分布在珠江三角洲一带；水杉分布在湖北省利川县，武汉市武昌区东湖。北极高山分布，如杜鹃属、越橘属，常见我国东北山地落叶松泥炭沼泽中（见图 4－49）。

图 4－49　湿地植物（乔木）

（一）常见的湿地植物类别和分布

湿地植物种类包括沼泽植物、潮湿的植物和湿地植物。它们生长的表面往往过于潮湿，常年有水或浅水环境。湿地植物的基部被淹没在水中，茎和叶大多高于水面，并暴露于空气中，因此，他们有陆生植物的某些特性。另外，有些湿地植物下沉在水中，所以湿地植物也是水生和陆生之间的过渡类型，有适于这种特殊栖息地的生态特性。由于区域自然地理条件的影响，湿地植物区系较为复杂。从生长环境的角度来看，它可以被分为三类：水生、沼泽和湿生；从植物的生命类型的角度来看，它可以分为挺水、浮叶、沉水和漂浮等类型；从植物生长类型的角度来看，有草木、灌木、乔木类。

1. 类别

湿地植物在湿地生境的进化过程中，经历了由沉水植物—浮叶植物—浮水植物—湿生（挺水）植物—陆生植物的进化演变过程，进化过程与湖水沼泽化的过程相一致。这些湿地植物竞争和生态环境相互依存，形成了丰富多彩的各类湿地王国。按照湿地植物的生长特征和形态特征可分为5人类。

沼生型植物。有许多种湿生植物在湿地，如石菖蒲、枸杞子、水八角、水虎尾巴、芦竹、苋菜、稻、慈姑、野生稻、睡菜、苔草、莎草、毛茛等。

挺水型植物。高大的水生植物，通直挺拔，花朵鲜艳，且大多有茎和叶。下部在水中或水槽的底部，根或茎被塞入泥中发展壮大，如荷花、睡莲、石松、菖蒲、水葱、藤草、香蒲、芦苇等。

浮叶型植物。浮叶型植物的根茎发达，花朵丰富多彩，明显的茎或茎不直立，它们的身体通常储存着大量的气体，这样叶子或植物就能以平衡的方式漂浮在水面上。浮叶植物有如王莲、睡莲、潘帕斯草、枸杞、苔藓等。

漂浮型植物。漂浮植物的根不是生长在泥土中，植物漂浮在水面之上，随水漂流，大部分主要观赏叶子。漂浮植物有浮萍、满江红、大漂、凤眼莲、水蕨等。

沉水型植物。沉水植物的根茎生长在泥浆中，整个植物沉入水体，通气组织特别发达，促进了水中空气极度缺乏的环境中的气体交换；叶片多为狭窄或丝状，可以吸收水中的养分，在水下光照不足的情况下正常生长，但对水质有一定的要求。沉水植物有海藻花、黑藻、金鱼藻、眼子菜、苦草、水筛、狐尾藻等。

2. 分布

湿地植物广泛分布于世界各地，如泥炭藓、水藓、细湿藓、赤茎藓、红茎秆、金鱼藻、睡莲、香蒲、芦苇、苔藓等，主要以淡水为主。水生植物芦苇、阔叶香蒲、香蒲，漂浮植物如浮萍（15种），沉水植物如缬草、轮叶狐尾藻、大茨藻、角茨藻、轮叶黑藻，沼生植物如莎草、藨草、灯芯草等沼泽植物，在世界上广泛分布。

温带地区湿地植物的属数和种数及所占比例均居首位。分布于温带的湿地植物包括泥炭藓、红茎秆、莎草、芦苇、木贼、毛茛、地幔、有毒芹菜、柳树、黑三角、水蛭、鸢尾、蔺草、菖蒲、杜香、越橘等。泛热带分布的有水车钱、鸢尾花、蔺草、野生稻、红树林、海桑、猪笼草、水椰子、泡桐树等。

（二）湿地植被的类型

湿地植物可以改变湿地环境条件，特别是植被地貌等特征，进而影响湿地水文过程。茎和叶减缓水的流动，促进沉积物和其他颗粒物质的沉积，表面根的生长和地下茎可以增加沉积物的稳定性，从而改变湿地的仰角和影响水文过程的区域，包括相应的水文循环（见图4－50）。

图4－50　湿地植物（乔木与水生植物）

1. 木本湿地植物

（1）落叶针叶林：兴安落叶松群落、长白落叶松群落、太白落叶松群落、水松群落、水杉群落、池杉群落、落羽杉群落（见图4－51）。

图4－51　湿地落叶针叶林

（2）常绿针叶林：赤松群落、油松群落、马尾松群落、偃松群落、鱼鳞云杉群落、雪岭云杉群落、川西云杉群落、柳杉群落。

（3）落叶阔叶林：白桦群落、西伯利亚桤木群落、桤木群落、尼泊尔桤木群落、枫杨群落、胡杨群落、灰杨群落。

（4）落叶阔叶灌丛：油桦灌丛、柴桦灌丛、沼柳灌丛、三蕊柳灌丛、紫柳灌丛、柽柳群落、沙拐枣群落、白刺群落、盐节木群落、盐爪爪群落、黑刺群落。

（5）常绿阔叶灌丛：桃金娘灌丛、杜香灌丛、小叶杜鹃灌丛、露兜筋灌丛、仙人掌灌丛。

（6）竹丛：箭竹丛。

2. 草本湿地植物

（1）高草湿地：五节芒群落、荻群落、斑茅群落、类芦群落（石珍芒）、河八王群落、芦竹群落、芦苇群落、卡开芦群落、水蔗草群落。

（2）低草湿地：甜茅群落、水甜茅群落、李氏禾群落、扇穗茅群落、佛子茅群落、狗牙根群落、苔草群落、莎草群落、蒿草群落、藨草群落、灯芯草群落、马先蒿群落、问荆群落、杉叶藻群落、碱蓬群落、大米草群落、互花米草群落、旋花（肾叶打碗花）群落、盐生鼠尾粟群落（见图 4－52）。

图 4－52　低草湿地

（3）苔藓类湿地：泥炭藓群落、金发藓群落。

3. 水域植物

（1）挺水型群落：芦苇群落、香蒲群落、菖蒲群落、菰群落、水葱群落、木贼群落、水生木贼群落、慈姑群落、荸荠群落、泽泻群落。

（2）根着浮叶型群落：莲群落、睡莲群落、芡实群落、莼菜群落、莕菜群落、水皮莲群落、菱群落、浮叶眼子菜群落（见图 4－53）。

图 4－53　浮叶植物（王莲）

（3）漂浮植物群落：满江红群落、槐叶萍群落、浮萍群落、紫萍群落、水鳖群落、大漂群落、凤眼莲群落、雨久花群落、苹群落、空心莲子草群落。

（4）沉水型植被：菹草群落、马来眼子菜群落、苦草群落、水韭群落、金鱼藻群落、黑藻群落、狐尾藻群落、梅花藻群、落茨藻群落、水车前群落、狸藻群落、川蔓藻群落、水盾草群落（见图 4－54）。

图 4－54　沉水植物

4. 浅海与海滨植被

（1）滨海森林群落：木麻黄群落、莲叶桐群落。

（2）红树林：白骨壤群落、红树群落、秋茄群落、木榄群落、桐花树群落、海桑群落、水椰群落、苦槛蓝群落、海漆群落、红海榄群落、榄李群落、草海桐群落、水芫花群落、银叶树群落、黄槿群落。

（3）海滨沉水植被：海藻植物群落。

（三）湿地植物受环境影响的因素

湿地植物受湿地现有植被类型和总体影响，湿地生境的多样性营造出不同季相及林相变化的湿地植物景观，使湿地生态系统多样性与景观多样性得到充分展示。湿地植物是湿地生态系统的基本成分之一，它直接影响湿地环境的质量，同样，湿地的水文性质、地形变化同样影响着湿地植物的生存现状。

湿地水文是由溪、河、湖、水库、渠道、池塘等及其附属地物和水文资料相互联系的整体，并通过水环境的相互联系形成一个系统，其中某一环节水环境的变化会影响到其相关联的环节，进而影响整个系统。气候主要影响植物的生长，在适宜的温度条件下，湿地植物生长良好，对污染物的去除效率会增高。

湿地水体的 pH 值同样影响植物的生长，长期偏离可以忍受的 pH 值时，植物的生长会受到抑制甚至枯萎死亡。而许多微生物在 $4.0 < pH < 9.5$ 的范围之外就无法生存，反硝化细菌一般适宜的 pH 值为 6.5—7.5，硝化细菌则喜欢 $pH > 17.2$ 的环境。而湿地植物群落对水有很强的依赖性，对水的任何变化均很敏感，无论是水分缺乏还是水污染，都将对其产生极大的不良影响。加上不同的植物根系发达水平不同，不同湿地植物的净化能力也有着一定的差异。

（四）湿地植物的作用

1. 净化水体的作用

植物的根结构为微生物的生长提供了巨大的空间，微生物在植物的根生物膜中繁殖，促进一些有机物质与植物的降解，这是根的退化。植物利用蒸腾作用、呼吸作用、光合作用等将污染物富集到根区并减少其扩散范围，但植物利用率很低，即根系对污染物有固定作用。植物根系和其他器官从原始环境中提取周围环境中的重金属等污染物，然后将其转移到植物的地上器官如叶子和其他器官进行储存，直到植物生长到收获阶段，并通过收获去除污染物。湿地植物可以通过植物生长和代谢活动降低水中有机污染物和无机污染物的浓度来减轻天然水的净化，从而净化湿地环境（见图 4－55）。

图 4－55　湿地植净可以净化环境

近年来工业化和城市化进程对湿地水域生态系统有所破坏，湿地水体中氮、磷含量急剧增加，加速水质恶化，严重影响水体功能性。调控水体目前常用生物法，即利用湿地植物或者动物的生命代谢活动来降低存在于环境中有害物质的浓度，从而使水环境得以净化修复。湿地植物

特别是湿地植物的生态功能，在水质处理中受到广泛关注。

湿地植物在其生长过程中需要吸收营养物质，水环境中的某些污染物正好可被植物作为自身营养物质加以利用。植物将污染元素作为自身营养物质吸收后，将大量污染物移除水环境。

湿地植物也可通过富集作用对水质进行净化。湿地植物在吸收污染物尤其是重金属离子等有机物之后，便富集、固定在其体内，同时植物具有将污染物转化成安全、低毒的结合态机制。植物在吸收重金属离子后，通过金属转运细胞将重金属离子转运至根细胞，随后转运至液泡中。根系微生物在土壤修复的研究中已被大量报道，在水域环境中，根系微生物同样能起到修复污染水体的作用。在湿地植物中，光合作用在水环境中产生氧气，并且通过曝气组织将氧气从植物的上部传递到底部，在释放和扩散之后，根部会形成需氧区域，这个区域对很多微生物尤其是硝化细菌来说，是极好的繁衍栖息区域。因此，这个区域的微生物相当活跃，能够将对水生动物有害的氨氮转化为硝态氮。

湿地植物对藻类有抑制作用，主要表现在两个方面。一方面，湿地植物的生长需要营养物质及光热条件等环境因素，因此会与藻类形成竞争效应。高等湿地植物根系发达，在与藻类的竞争中处于优势地位，对氮、磷等营养元素的吸收能力较强，藻类由于缺少限制性营养元素，生长受到抑制，从而避免了水华的发生。同时，湿地植物的存在会阻碍光线进入水体，进一步抑制藻类的生长和繁殖。另一方面，植物分泌抑制藻类生长的化感物质。这些物质主要分为五类：脂肪族、芳香族、含氮杂环化合物、萜类化合物和含氮化合物。研究表明，化感物质可以影响藻细胞膜结构、呼吸作用、光合作用、酶活性及基因表达以达到抑制藻类生长的目的。

2. 维持生物多样性功能

大多数湿地植物群落的垂直分层不明显，群落类型的复合构造较少，主要集中在溪流的沼泽湿地。许多植物群落是单一的优势群落，群落内的相关物种稀少，只有少数群落具有多种群落共生。植物物种正常生长、成块、成群，并且富含垂直层。它们由树木、灌木和地被植物组成，形成了一个分层的森林。湿地陆生植物具有一定的抗水能力，根系可适应较高的地下水位，对环境具有较强的适应性，可营造自然、美丽、和谐的植物群落。植物在湿地中发挥着作为生态系统的生产者和材料的全球回收作用，同时，湿地植物可吸引湿地鸟类和昆虫，保护了生物多样性和生态建设链条（见图 4 - 56）。

图 4 - 56　湿地植物与鸟类

湿地植物在维护湿地生物多样性功能方面的主要作用：第一，湿地植物的湿地环境，即初级生产者的第一生产者。第二，湿地植物在维持湿地物质循环的平衡中同样起着不可替代的作用。第三，湿地植物为湿地上其他生物提供了赖以生存的栖息和繁衍后代的场所。第四，湿地植物对温度调节、水土保持、净化生物圈大气和水的质量具有重要作用。总之，湿地植物是湿地的第一生产者，是一切湿地生物赖以生存的物质基础，提供了万物（包括有氧原核生物）生命活动中的氧和生活环境，维护湿地的物质循环和平衡。甚至可以说，没有湿地植物，湿地的存在将受到严重打击。

3. 景观作用

通过植物在土壤生长，修复植被，同时提高景观水平。空间分布和群落结构的空间差异被淹没植物群落的空间分布表现出来，有漂浮植物群落、挺水植物群落和湿草本木本植物群落。

（1）水体植物景观。水体中的植物可以扩大和丰富湿地水景空间，增添情趣。同一水面多种水生植物，可以避免相互竞争与抑制生长。

根据水体的大小，在水面开放区域，远视力的影响是主要考虑因素，并创建水生植物群落景观。植物配置可以大型化，连续的整体，通过数量取胜，给人富丽堂皇之感。若水域面积不大，则可显示植物的个体美，凸显姿态、色彩、高度。

根据水体的深度，潜水和漂浮植物可以远离水岸或到更深的水域生长，达到净化水的效果。

根据水体的流动状态，选择适合静水状态或流水状态下的植物生长。

（2）堤岸植物景观。堤坝连接水面和陆地两个不同的栖息地，起到连接和过渡的作用。岸上灌木的枝干和枝条垂直或平坦地延伸到水面，形成水景的一部分，富有生趣。

（3）湿地园边植物景观。湿地周边的区域引导游览和组织空间。不同级别的花园与起伏的地形结合。

道路基本上可以分为以下几种类型的绿化：主干道、支干道、步行道、海滨道路、道路节点。主要道路两侧可以在常规行列式栽植的形式基础上适当用于增强的势头；分支道路和步行道都比较曲折，并且应该尽可能自然、灵活和愉快地种植。道路节点的园林植物应该是不同的，而且具有独特的观赏性，姿态和色彩方面，形成了鲜明的对比和视觉冲击力。

第五节　景观要素

一　地形地貌

湿地生态景观营造通过空间布局的设计来影响生物因子在构造空间过程中有序的、自然化的组织方式，通过自然协调平衡内在联系对外部环境进行改善，为湿地动植物提供适宜的生长环境和生存空间。

在湿地景观设计中，空间布局规划设计受地形影响较大，应考虑遵循原始地形的原则，利用现有自然条件的优势，适度造景使之融入大自然的形态，减少人工干预，以保护和恢复湿地生态为主要目的，对湿地内的生态破坏降到最低。

根据湿地的原始地貌，就低挖池或者保留原状，就高堆山，增加异质空间的塑造，注重从尺度比例和地形形态的把握，使土方平衡，并考虑当地的材料。人工湿地的池或沟槽可以内置，防渗和防水层可在底表面上敷设，填充有一定深度的土壤或填料层，供水生植物与发达根生长。地形可以通过多角度的设计来实现与植被完美结合。

通过利用地形地貌进行湿地景观的营造可以达到良好的景观视线效果，湿地景观空间布局可通过不同因素分割空间，进行功能分区。在进行分区的过程中，遵循艺术与技术相结合的原则。湿地景观营造中常用到种植池设计，对湿地景观的连续起到分隔作用，丰富不同类别的空间，为动植物提供休憩。作为生态景观营造的异质空间，培育种植池，增加生物物种的多样性，构造多层次的林冠线，也起到分流水系的作用，将湿地内的水系随着种植池的走向运输灌溉到各个地块，维护生态平衡（见图 4－57）。

图 4－57　湿地地形

对地形、种植进行设计可以创造不同的视线条件，从而形成不同的空间感，通过种植池或凸或凹的形态，在视觉上形成一种有序或无序式的景观效果。当种植池比周围环境更高时，将形成一个开阔的视野，视线具有延展性，空间是发散的，是观看景色的好地方，并在同一时间，观景处也成为一个景观。当种植池比周围环境低时，则形成内聚性的视野，视线具有封闭型，空间呈积聚性，凹地形能聚集视线，可以作为聚焦热闹的动态场所，也可以形成展示性的静态空间，配以精致的景物。

二　功能分区

湿地生态景观是由物质和能量联系的多重等级组织，湿地景观的营造承载着湿地各个景观要素的体现和联系，同时是湿地空间布局有机秩序的具体表达形式。湿地景观的功能分区结构可以根据不同的设计类型创作需要来决定。在设计之前，由于湿地区域的特殊性，必须在功能分区上有严格的要求。如《城市湿地公园设计导则》中规定规划功能分区为重点保护区、湿地展示区、游览活动区、管理服务区。其中，湿地展示区位于重点保护区外围，游览活动区与管理服务区位于湿地生态系统敏感度相对较低的区域。这无形中指出了湿地景观的功能分区结构与自然保护区的三功能分区方式是一脉相承的。

湿地生态景观的空间布局需要游客与自然生态的隔离，以及尽可能满足娱乐功能的需要，以实现人类活动与自然循环之间的平衡。一般遵循三个原则：以生态学出发，通过空间布局保育当地湿地和野生动植物栖息环境；以生态旅游出发，通过空间布局改善生态旅游对游客的容纳量；以人为本，满足游客的景观欣赏，兼顾游客的行为模式和场地空间、娱乐形式、设施服务、科学教育等诸多因素。

例如，对于城市湿地公园中的功能分区结构，须先遵循“生态保护区—缓冲过渡区—开发利用区”的三圈层基本模式，这样才能有效地平衡湿地保护与湿地利用。同时，在此结构基础之上，可以根据现状条件发挥多种结构的扩展模式，或者在该分区之下，再进行功能的细分。

（一）功能构成

重点保护区。《湿地公约》认为，湿地恢复与建造人工湿地并不能弥补自然湿地的损失，但依然是遏制湿地退化的重要措施。如城市湿地公园需要对湿地进行保护与恢复，但与湿地自然保护区不同，城市湿地公园所要保护的湿地资源尺度不一，条件各异，所以城市湿地景观营造过程中必须遵循保护优先于恢复、恢复优先于创建的原则，因此重点保护区中设计要素的组织需要配合湿地保护与恢复的需要。重点保护区中设计要素微乎其微，主要包括科考需求的设施、道路、少量观测设施，如观鸟屋（见图4－58），这些设计要素需要以最隐蔽且低影响的方式存在。

图 4-58 观鸟屋

缓冲过渡区。缓冲过渡区首先需要有一定的宽度。根据研究表明，河岸岸边以上的植被带宽度将能有效降温、过滤、控制水土流失等，提高生物多样性。以上宽度可以满足动植物迁移和生存繁衍的需要，并符合生物多样性保护的需要对缓冲过渡区的宽度要求，不可能仅仅考虑过滤拦截颗粒污染物、植物或土壤吸收溶解污染物等，在城市规划区域，土地面积有限，还需考虑社会、经济等层面的因素。不仅要考虑缓冲带的净化效果，还要考虑受纳水体的水质保护要求，不同的保护要求下，对于缓冲带的宽度需求是不一样的。虽然实验证明，湿地周边的缓冲区域越宽，净化效果越好，保护效果也越好，但缓冲带不可能无限制地扩宽，尤其是在城市规划区中。湿地景观中，对于湿地核心区域而言，人工环境的作用不可小觑，在满足一定宽度的前提下对外界城市用地环境的干扰进行隔离，包括对地表径流起到一定的阻滞作用、隔离噪音、承载人的活动，同时通过自身的设计变化，缓解暴雨洪水给城市带来的影响。然而，也不可忽略人工环境在系统运转过程中对湿地带来的干扰，包括人活动带来的干扰、设施运行带来的干扰等方面。

开发利用区。可开展群众性的湿地景观游览活动以及湿地研究的科学普及活动。以湿地的内容为基本原则，包括湿地植物识别、湿地植物品种实物和多媒体展示、湿地保护和过渡区的远距观察，不同类型和不同地域湿地的多媒体和模型展示。可以青少年活动为主，有条件地组织相关科学家来此进行研讨、讲座和研究，并结合湿地公园的特点，有条件地组织接待不同类型的餐饮和休闲活动。

（二）分区原则

首先，明确主题，突出湿地景观的特点和功能。应该保护湿地生态系统的完整性，即遵循整体性原则，突出保护其水源、净化水质、调节气候和为动植物提供良好生存环境的功能。再根据各分区的特征，赋予相应的功能，从而保护湿地，合理利用湿地，提升湿地的社会影响力。

其次，根据科学性原则，依据规划对象的属性、特征和管理的需要，进行科学合理分区，实施分区设计，遵循同一区内规划对象的特性与其存在环境基本一致，管理目标、技术措施基本一致，自然、人文单元完整性的原则。

再次，各功能区有机结合，功能互补。依据资源特色及主要功能划分各分区，同时注重各个分区之间的连贯与流通，避免形成封闭的小环境，影响整个园区的和谐。

最后，因地制宜，节约资源，强调地方特色。虽然各个功能区的划分是根据实地实际情况进行规划设计，但是应尽量减小工程量，节约资源，尊重场地的历史文脉，突出地方特色。

（三）设计要点

1. 区域功能关系

以生态环保与激活周边区域社区活力的规划思路为统领，认真展开驳岸区自然现状调查，做好滨水区域功能区划的深化和景观设计，避免大尺度、单一类型的软质或硬质驳岸设计。

本着保护湿地原生态状态，尽量不打扰现有鸟类栖息地的原则，在土地利用设计过程中，应注意现状农用地与自然湿地、硬质场地布局与植物配置设计、地形整理中挖方与挖方碱性硬质土、挖方与湿地鸟类栖息地的关系，并考虑湿地景观区域的气候、植物种类、滨水盐碱地特点进行规划设计。

注意区域功能的关系，包括商业配套、景观配套、服务设施配套、道路景观设计、路侧景观节点和出入口安排、停车场布置等；滨水沿线的景观功能定位深化，人工景观与自然滨水景观的交界面处理方式，景观节点的选址，功能布局的细化等；功能分区间的交通连续性和合理性推敲与对接。

2. 区域功能构成

一般通过不同植物的种植来分隔空间，而在湿地公园中也可以利用建筑物（见图 4－59）、观赏廊道和植物相互配合的造景方式对湿地景观分区。通过曲折有致的艺术手法把湿地多个空间进行串联，坚持功能与形式兼顾的原则。

图 4－59　湿地建筑

在地形方面，利用平坦的场地创建游客的活动空间，有落差的地形可以通过跌水消减，在面积较小的区域，不宜使用大尺度的地形处理，面积较大的区域做到收放自如，大空间和小空间的合理营造，通过地表的起伏和微地形的作用形成人和生物各自的生存空间，丰富空间构成，设置人的亲水空间和亲林空间，以不同的地形满足不同的人群。在种植方面，根据不同植物的生长离地条件，使植物在垂直空间上形成视觉错落立体的效果。在水面平面空间形态上，多延长水岸线，以增加不同种类的生境空间，注重道法自然的形式法则，减少不合理、不和谐的人工痕迹。

三　景观水体

水体是湿地的生命之源，展现出湿地灵动、缥缈的动态特征。在湿地生态景观中，水体的设计往往与湿地的环境自然融合，它反映了湿地景观流动的韵味。湿地景观水体往往处于湿地公园的中心，是游客首入湿地公园视野的焦点。

（一）景观水体设计考虑要素

1. 自然环境

因为景观水体以水为主，所以水景设计应结合地区气候、水文、地形条件。

在气候方面，南方湿热地区应尽可能为游客提供亲水的观赏环境，北方干冷地区在设计景观水体时还要考虑旱季、冬季结冰期的不同景观。

湿地自然景观水体与海洋、河流和湖泊相关。这种类型的水景设计必须服从原来的自然生态景观。另外，水位控制和雨水收集体系应在早期的设计中考虑。地下水和地表水有着互补的关系，有些湿地依赖地表径流，主要通过明渠流和浓密植被的片流，有些湿地属于季节性积水型湿地，更多地依赖地下水，因此绝大部分的湿地水流与水位是动态变化的（见图4－60）。

图4－60　自然湿地景观

2. 艺术要素

（1）设计模式。湿地景观水体设计通常按照水流的五种模式为主，如水流的静态、流动、喷泉、跌落等。利用综合设计，使自然水景和人工景观水体水乳交融，合二为一。

常见的静态水表现为镜面、波纹或鱼鳞波，稳定性好，清幽宁静，使人心旷神怡，适合观景和休憩。

常见的流淌景观水体表现为不同流速的水墙、浅水溪，涓涓淙淙，流淌而过，有声有色，配以景石更显自然风格。

常见的喷泉基本是靠设备后期制造，通过对水流的射程控制变幻出不同的形态，令水体更加灵动曼妙，呈现如雾如幻的景观效果，多用于人工湿地公园的音乐喷泉。

常见的跌水则是瀑布形态，有丝带式、阶梯式、幕布式、滑落式等多种，辅以石材引导水的流向。一般情况下，对出水口的山和石头应该稍做变形进行造型，或者墙面应倾斜，瀑布产生由于其不同量的水而产生不同的视觉和听觉效果。

（2）湿地景观水体的构成。湿地景观水体主要由三部分组成：水景观、堤岸景观和近岸陆域景观。

水域景观主要通过水深、水体流向、水体色彩、流速、水源等水体性质来表现水体或静或动、或缓或急、或碧波粼粼、或汹涌澎湃的特点，形成沼泽、池塘、湖泊等静景，或坠落的泉水、瀑布、泉水和其他动人的场景。一般选择遵循湿地原有的自然生态景观，处理自然水景线与当地环境水体的空间关系，正确运用借景，充分发挥自然条件，形成整体垂直景观、水平景观和鸟瞰景观。

倾斜的景观是由季节性水位变化和潮汐的影响而形成的浅滩、沙洲和潮滩，它是亲水景观的一部分，靠近游客。堤岸景观有不同的驳岸类型，如块石驳岸、砾石缓坡驳岸、沙滩岸带、植物岸带等，展示或曲或直、或凹或凸、或连续或间断、或虚或实的线性岸带景观，协调驳岸与水面的高低落差。

近岸陆域景观主要是指为方便游人观赏的亲水设施（如亲水台阶、亭台、桥梁、栈道），组织游览路线的近岸道路景观（如汀步、园桥）和提升湿地意境的人造景观小品等。

另外，湿地大面积内水循环的小气候可以形成雾霭、潮汐等独特的自然现象，可以观赏月亮，聆听雨水，抚摸海浪，看潮水、雪花、冻冰等，以感受自然，体验自然，丰富景观效果（见图4－61）。

（二）景观水体的保护对策

随着湿地景观科学的应用，许多湿地公园的建设步伐加快，除了自然风景区，甚至城市也看到了带有景观水体的湿地公园。随着城市化的

图 4－61　水是湿地最重要的元素

进程，人与自然之间的羁绊联系紧密，湿地生态更容易受人类社会行为影响。因此，防止湿地景观水体污染，保护湿地景观水体是游客们进入湿地公园的信条，共同维护这些景观水体清洁、无污染的生态环境已成为人们关注的课题。虽然湿地景观水体不同于一般景观水体，流动性更强，不容易变成一滩腐败发臭的死水，但由于湿地水文的脆弱性，以及湿地生态物种丰富，水质富含营养，水藻类一旦在水体中生长，极容易走向泛滥，从而令湿地景观水体自净能力下降，甚至被污染，对湿地环境和生物的健康造成失衡的消极影响。因此，要分析湿地景观水体会受到污染的原因，未雨绸缪，准备相关的保护措施以来应对。

1. 导致景观水体污染的原因分析

（1）前期景观设计的不合理留下死角。如果湿地景观营造的前期没有因地制宜，水景设计的过程中有些问题考虑不周，景观水体容易出现流动不畅的死角，古人说“流水不腐”，也就是说缺乏流动性的水容易水质变差恶化，水中污染物聚集，从内部开始影响整体的生态条件。

（2）水体景观的水源出现问题。一般水体景观的水源受降水、地表水、地下水影响。大部分日常水循环以降水、蒸发汇集为主，辅以地下水的渗入。如果当地的水资源污染严重，气候问题雨水酸性沉降，那么污染溶解物（如氮、磷、重金属离子等）等不利因素会令湿地水体景观的水资源先天不足，从而使水质变差（见图4－62）。

图4－62 水体景观

（3）湿地植物种植出现问题。湿地景观水体（多见于人工湖）为了防止渗漏，水底不合理地应用硬质底材料，从而破坏了水底的泥层，令水体流失过快，限制了湿地水生植物的种植与生长，使这些水生植物逐渐枯萎难以成活，不单影响湿地景观效果，没有发挥湿地植物的净水作用，还破坏了景观水生态系统。

（4）人为的破坏。以牺牲环境为代价来发展工农业，以及游客的不文明行为，也是导致景观水体污染破坏的原因之一。

2. 景观水体的保护措施

景观水体的保护措施在于污染预防的方法，应采取积极的措施，严格控制污染源，及时清理污染物，时刻保持水体的清洁。具体措施如下：

(1) 利用政策。充分利用现有政策环保的新形势，加强执法，严格管理城市污水排放处理和分离管道，使景观水体附近的污水排放达到标准，同时遏制地表水中地面沉积物对景观水体的污染。

(2) 利用管理。首先，严禁在景观水体周围附近堆放生活或建筑垃圾；其次，为了避免水质分散造成的污染，加强对水面环境的清洁管理，及时打捞和清除表面漂浮的杂物，并禁止渔民过度释放饵。

(3) 利用科技。污染湿地景观水体治理方法常使用物理方法、化学方法和生态净化化。

其中，最常见的物理方法有机械过滤、水位调节、疏浚沉积物、超声波等。其主要原理是降低景观水体中的有害物质浓度，为进一步的净化作用创造条件。

当水体存在死角，导致水体缓慢甚至静止发臭时，多数使用化学方法，直接在水中投入化学药剂（常用的是硫酸铜和漂白粉）的方法去除氮、磷等植物营养物，从而防止水体富营养化，杀死疯狂生长的藻类。

随着科技发展，净化方式不断创新，生态净化法也开始得到广泛使用，通常用于物理法和化学法之后，用来维护、巩固净化效果。生态净化法一般通过湿地水生植物系统净化或者湿地动物生物链净化。

(三) 驳岸设计

湿地景观有两大重要因素——地形和水系，地形作为湿地的建筑基底，支持水文和植物的功能。

依据地形的划分，水文由不同水深的水系交错连接而成，正如一个盆形容器，盆底需要做防渗处理，阻断地下水位和湿地水系的互相渗透；水系中要依据湿地植物的生长条件，分设深水景观、浅水景观，满足不同种湿地植物的生长。盆的边沿为水陆交错地带，自然坡地不做处理，受水体冲刷形成丰富的、自然的驳岸线。

湿地驳岸空间是湿地景观中作为水陆系统过渡的重要过渡空间，因此在设计水岸空间的形态时，应妥善处理岸线形成不同的异质空间。不同地形导致不同水位的变化，水位的变化直接影响到水域变化。可变因素水使湿地水线位处于不稳定状态，通过地形设计，水和土地的植被形成了一个自然的过渡，充分利用水体、土壤和动植物相互作用的恢复和建立良好的生态平衡，也形成了丰富的、多层次的景观效果。地形与水文结合，驳岸线的营造手法一般做以下处理：

（1）自然缓坡式。在空间足够大、原有地形坡度较为缓和或平地的情况下，最理想的驳岸线是自然缓坡式，将湿地基质的土壤与缓坡的地表土壤通过植被直接相接，植被中的有机元素为水陆交接的微生物提供生存环境，延续水陆生物与植被的联通，形成生态过渡区域。

（2）人工护岸。部分坡度较大的岸线要考虑到防洪蓄水的功能，需要介入人工，通常采用抛石或丝网、木桩的护岸形式，提高岸线抗水冲击力。用粗原木桩捆扎形成稳固的护岸，或者采用木栅阻隔，形成梯田状护岸，在木栅间回填种植土，弱化边岸线。

四　植物配置

植物是湿地景观中最具有生命力和感染力、最能体现区域特色的元素，因此植物配置成为湿地生态景观规划设计中一项重要的内容。湿地植物配置评估植物特征（形态、功能、生长条件等），并利用科学种植恢复和艺术美化技术，根据湿地的水文、土壤条件和植物生态习性构建和谐的植物配置模式。在湿地植物景观建设中，依托原生态环境和自然群落，结合湿地的历史文化内涵，最大限度地保护原始植被，反映出和谐、活力和绿色的特征。在适应当地条件，适当种植的原则下，要尽可能丰富植物种类，营造四季分明、层次丰富、色彩多样的湿地景观（见图4－63）。

图4－63　湿地植物

（一）湿地景观植物的特征

首先，要根据湿地植物原生环境进行分析，譬如水葱、野茭、山姜、藨草、香蒲、菖蒲等湿地植物通过演化已经适应了无土环境，因此更适合置于地下水流湿地中；对于一些块根和块茎水生植物，如莲花、睡莲、鼠尾草、芋头等，只能在表面湿地处理。其次，我们应该研究湿地植物的特征，并根据植物类型分析植物配置。

1. 浮水型植物

浮水型植物意味着根在水中生长，植物漂浮在水面上。其中大部分美感主要来自对叶的欣赏。随着浮动场所的变化，植物可以改变不同水域的水面效应。浮水植物具有强大的生命力，对环境的适应性强，根系发达，生物量大，生长迅速，伴随季节性休眠，如水葫芦、水韭菜、水芹菜、豆瓣菜等在冬季或者夏季休眠、死亡。

通过分析浮水型植物的植物学特性，在进行湿地植物配置时可以充分考虑它们各自的优点。一方面，由于这类植物的环境适应能力强，因此在进行植物配置时应优先考虑选择当地优质品种；另一方面，由于这类植物生物量大、根系发达、年生育周期长、吸收能力好，因此可应用于湿地系统中水体养分去除的步骤。此外，由于这类植物具有季节性休眠特性，通过冬季休眠种类和夏季休眠种类的错落搭配可以避免因植物品种选择搭配单一而出现季节性的功能失调现象，大大丰富湿地季节景观。

2. 挺水型植物

这些植物具有很强的适应性，可以在无土壤的环境中生长。根系发达，生长量大，营养生长和生殖生长共存。常见的有芦苇、苜蓿、香蒲等。

根据植物的根系分布和分布范围，这些植物可分为四种类型的生长，即深根簇型、深根松散型、浅根簇型和浅根分散型。从分类中可以看出，这些植物可以种植在地下流人工湿地或地表流人工湿地系统中，适用性强。

深根丛生植物的根部通常分布在 30 厘米的深度，分布深而分布面积不广。因为根系统具有入侵的大深度和较宽的接触面，在地下流人工湿地种植可以显示它们的处理和净化性能。深根散生植物，其根通常分布在 20 厘米至 30 厘米的深度，且对植物进行散射。因为根的深度较深，它适合在地下流人工湿地播种。浅根散生植物根系通常分布在 5 厘米至 20 厘米的深度。因为根浅，通常在天然的土壤环境中，它适合在表面流人工湿地部署。

3. 沉水型植物

沉水型植物有毛竹、狐尾藻、轮叶黑藻、苦草、金鱼藻、缬草。沉水型植物的根出生在泥中，全沉入水中。一般原产于干净的水环境，它的生长需要高的水质，其发达的通气组织有利于气体交换。因此，沉水型植物只能用于湿地系统中，作为最后的强化稳定植物加以应用，提高湿地水质（见图 4－64）。

图 4－64　湿地水生植物

4. 根茎、球茎及种子类植物

这些植物已经发育出地下根茎或根，或者可以产生大量的种子果实，主要是季节性休眠植物类型，生长季节主要集中在 4 月至 9 月。这些植物具有良好的抗淤泥能力，适合在淤泥层的深层和肥沃区域生长，适合生长的深度通常为约 40 厘米至 100 厘米，主要包括睡莲、莲花、马蹄莲等。基于这些植物的特征，它们通常种植于表面流动人工湿地系统和稳定的湿地系统。

5. 其他类型的植物

还有一些水缘湿生景观植物、岸际陆生植物之类，虽然具有很强的耐水湿能力，但由于长期的自然选择，它具有弱适应性，所以它只能作为最后的强化稳定植物或湿地系统的景观植物（见图 4－65）。

图 4－65　芦苇

（二）不同位置的植物配置

1. 水面植物配置

湿地水面一般呈不规则形，且较为分散，水面的植物配置扩大了空间视觉感，同时增添了情趣。湿地区域内水面采用沉水植物、浮水植物、挺水植物进行综合配置。结合具体湿地项目水面面积，水生植物的面积要把握得当，面积过大，使水面拥挤凌乱，没有足够空间展示水面的镜面作用，若岸边有园林建筑，如亭台楼阁对应的水面，就尽量减少布置水生植物，留出空阔的水面展现建筑的斑斓倒影。同理，在水缘、岸边有优美的植物景观，在对应水面也应少量配置浮叶植物以丰富水面。按照水面植物配置有疏有密、离岸边有远有近的原则，在岸边较近水面配置香蒲属、芦苇、水葱、菰、连泽泻、花蔺等较高的挺水植物。配置方式分为两种：一种是成片栽植单一种类的挺水植物；另一种是栽植多种不同种类的水生植物。前者可以形成简洁明快的优美风景，后者可以展示自然情趣。在挺水植物边缘简单地配置睡莲属、芡实、荇菜属、眼子菜、菱属、大藻、凤眼莲等浮叶和漂浮植物。为了丰富园林水景，植物景观不仅停留在水面，还深入水中。在水体较深的中心地带可配置金鱼藻属、水毛茛属、黑藻等沉水植物。如果考虑到远观获得植物配置的整体连续的效果，可以创造一个景观植物群落（如荷花、莲花、千屈菜群落）的水景，给人以壮观的感觉。当植物群落中植物品种丰富时，选择个体形态、颜色、线条统一协调的挺水植物进行组合。在水域面积较小时，配置个体美突出的挺水植物，留出水面起到镜面作用，加深景观意境。

2. 水缘植物配置

水缘植物配置与岸上植物相搭配。春天是水缘与岸上植物景观最丰富的时期，岸上各类花木竞相开放，花卉五颜六色，在水缘各类植物翠绿的嫩叶衬托下，形成了一幅美丽的画卷。在水缘带状可种植黄菖蒲，岸上成片种植水仙，或者在水缘片植黄菖蒲，岸上可选择种植红枫、鸡爪槭和含笑，下层布置郁金香，或者水边混合种植菖蒲和黄菖蒲，岸上选种绣球荚蓮和红枫。夏季景观，水缘带植水葱，岸上成片的南川柳；水缘成片种植水烛，岸上种植红枫、香樟、水杉等；水缘片植千屈菜，岸上种植石榴花等夏季开花的花灌木；水缘种植荷花，岸上种植芭蕉、垂柳、广玉兰。秋季，水缘种植的植物与岸上的色叶植物形成了一道亮丽的风景线。

3. 驳岸植物配置

岸边的植物配置作用使湖岸与水融为一体，对水面的景观起到了主导作用，岸边植物景观主要由湿生木本、湿生草本植物及挺水植物组成（见图 4 - 66）。不同形式岸边的栽植树可以形成丰富的地平线，岸边的乔灌木倒映水中成为水景的组成部分，沿岸植柳，垂柳枝条特有的线条美，探向水面，或平伸，或伸展，在水面上形成优美的线条，使水面层次丰富、有情趣。岸边群植水杉、落羽杉、水松等，挺拔的树姿与平直的水面形成强烈的对比，给人一种美的感受，林冠线水面也达成了某种和谐。在大中型建筑旁种植高大乔木，注意林冠线的起伏和透景线的开辟。岸上种植色叶树种，丰富了水景色彩，植物的季相变化成为园林景观中动人的景色。在同一空间，为了体现一至两季的景象，常在岸边配置不同花期的花灌木，以展示不同的季相变化，并在下层种植一二年生草本或宿根花卉，以弥补木本花期较短的缺陷。

图4－66 湿地驳岸

(三) 湿地植物配置方法

湿地植物配置所营造出的湿地景观是独一无二的，考虑到不同类型湿地的立地环境，在植物品种的选择过程中应遵循这样一条顺序原则：该种类的生长特性要先符合该地自然条件，然后筛选出能够实现各种功能植物类型，最后经过配置与选择最大限度达到审美要求。因此，乡土植物是第一选择，秉持以上原则，对植物景观进行合理配置，充分发挥乔木、灌木、草本、藤本和水生植物本身的形体、线条、色彩等自然美，营造丰富多彩的自然植物群落。植物是湿地景观建设中的主要材料，其重要性排在第一位，所以湿地景观中的植物选择优劣直接决定着整个湿地景观效果的成败。湿地植物景观配置分为陆地和水上两部分，水上为主，陆地为辅，两者统一搭配，才能构建出令人赏心悦目的湿地植物景观。

(四) 湿地植物景观的可持续设计

在以景观生态学为视角的湿地景观营造实际工作中，湿地的生态景观设计和建设不但要考虑湿地植物的观赏价值等外在因素，更要考虑到这些湿地植物栽种后的生长状况，以及其对湿地可持续发展的运行效果、对生态平衡的安全性等，还要衡量效益，如湿地后续维护和保育的难度和成本，避免湿地植物景观运行后面临维护成本过高、功能骤降的困境。

湿地植物景观设计的可持续设计方法主要体现在两个方面，湿地植物的合理配置、动物景观的保护与培育。

1. 选择原生植物保证生态平衡

生态湿地植物景观营造的目的除了观赏性，更重要的是利用湿地植物的生态习性来保持或恢复原有的天然湿地生态系统，构建原生植被系统，提高湿地的生境条件。合理进行规划，避免盲目引进外来物种破坏生态平衡，减少原生树种的成活率，加大对湿地的保护力度。

在植物配置设计过程中，尽量选择趋于稳定的植物物种作为蓝本，充分考虑植物生长的各影响因素，特别是群落中物种之间相互作用的影响，有控制地选择生态位重叠比较少的植物物种进行景观配置使用。参考湿地原来的植物配置，选择原生植物种植，不仅可以保护湿地植物免受损坏，还促进了自然资源和动物栖息地的安全、健康发展（见图 4 – 67）。

图 4 – 67 鸟类栖息地

2. 利用植物配置进行水质净化

通过种植植物修复湿地，以及使用它们吸收和污染物的降解，可以实现水的净化效果。湿地植物具有净化功能，能够吸收水中的污染物：沉水植物比浮叶植物的净化能力强，浮叶植物比挺水植物的净化能力强；根系发达的湿地植物的净化能力比根系欠发达的湿地植物强。湿地植物对重金属水质的吸收代谢因植物的生活类型而异。

水生植物的生长会吸收水的大量养分，如氮和磷以及营养物，并且通过浓缩去除水中的营养素（见图 4－68）。水生湿地植物可以调节受损水体中生物群落的结构和数量，以摄取游离细菌、浮游藻类、有机残骸等，控制藻类过度生长，提高水的透明度，改善和恢复生态平衡，从而提高河流的自净能力，恢复河流的生态多样性。

图 4－68 水生植物

五 地面铺装

由于湿地具有复杂性、脆弱性和多样性的特点，景观建设的规划和设计相对复杂。在湿地景观营造中，地面道路的铺装设计是极为关键的设计内容之一。湿地景观发展的时间较短，景观营造设计的理论与方法仍处于探索阶段，有待进一步的提高和完善。

（一）地面铺装的考虑因素

1. 尊重生态

地面铺装应该尊重生态原则，在地面铺装过程中，旨在保护湿地原有的生态环境和原生态物种，加以改造改善景观效果，做到既保留湿地原有景观，发挥其生态效应，又能营造优美的湿地景观，尤其要考虑水文因素和植物因素。

为了实现水的自然循环，湿地水域应尽量减少地面铺装，有利于增加地表水补给地下水，增加湿地土壤的孔隙度和含水量，有利于湿地植物的生长。

铺装时根据地形高差，在有坡降地带铺装时不能影响生态过滤系统，保证能净化雨水和蒸腾下渗的速度。坡降区域上不靠近坡顶线均匀布置水渠：斜坡上设置平坦的渗水区，渗水区内有缓坡和多个土坎，截留部分水，使之渗透到土壤中，在坡地折线附近设另一条水渠，用于收集经过植物吸收、土壤吸附和过滤后水质较好的水。

一般情况下，要生态环保为重点，采用先进的环保材料，运用高科技技术，以营造良好的景观和生态环境。

2. 交通功能

湿地景观铺装最基本的功能之一就是交通功能，道路设计应结合湿地地形等高线。湿地景观的园路一般分为主路、支路和小路三个级别，并由湿地公园的陆地面积来决定园区道路的宽度。

首先，确保安全性。在进行地面铺设工作时，要注意路面是否牢固、耐磨、防滑，确保旅游车辆和行人的安全，并使其方便、舒适地通行。其次，注意导向性。地面铺装可以体现道路功能中的方向性，通过铺装的材质、铺砌图案和色彩的变化给游客观光以方向感和方位感，尤其是城市的湿地公园，考虑到人流较多，在地面铺装方面尽量设计得蜿蜒曲折，最好是人车分行，以保护湿地景观与物种为原则，规范观赏路线，统一观光车辆，或者提倡绿色出行，发展绿道自行车道，使游客能够最大限度地欣赏湿地景观，同时分散密集人流，减少后期维护的成本。

3. 承载功能

地面铺装是湿地景区内不同活动场所的载体，为满足户外观景活动的需求，通过地面铺装与湿地景观、绿化环境相结合，区分活动、交往、休息空间，组成不同的功能分区。

活动观赏区是人员密集的活动区，为了公众安全，建议使用量大、坚实、平耐磨、防滑的材质铺路，避免使用不均匀、易耗材料、较软的材料作为活动场地的路面，以增加安全性，减少干扰和不必要的损伤。

安静休憩区作为观赏、休息、陈列用地，材料的选择不宜太花哨，要注重创造自然、宁静的氛围（见图 4 - 69）。

图 4 - 69　安静休憩区

4. 景观功能

地面铺装除了基本的使用功能外，还应该满足人们深层次的需求，为创造湿地景观环境，营造优美空间。从地平面上俯视看，地面铺装是景观主要的视觉源，设计合理的地面铺装可以加强景观的装饰效果，将湿地景观与周围自然环境有机结合在一起。

地面铺装应与周围的景观风格应保持整体协调。通过地面铺装划分景观空间层次，不同性质的铺装分隔景致，不同色彩和不同质感带来不同的观赏体验，从而感知和认识湿地生态景观的格调和品质。加强景观空间的识别性和流动性，同时规范约束游客的观赏行为，使游客自觉遵守不同领域的规则。

（二）地面铺装的材质分类

1. 传统湿地景观铺装材料

传统湿地景观铺装材料可以参考传统型园林铺装材料，根据不同的景区采用不同的铺装，主要分为软质铺装和硬质铺装。在传统园林设计中，地面铺装从软质铺装（如柔软、翠绿的草地绿化带）到硬质铺装（如坚固的砖头、石头、混凝土）都呈现出丰富多变的效果。

（1）软质铺装。湿地景观地面铺装中，灌木与草坪是最常见的一种铺装形式，虽然操作种植简单，但是可创造出充满魅力的景观，通过它可以强化湿地景观的特质。特别是在活动场地，草坪填充路面可以提高景观绿化率。透景线中心选择种植软质铺装，绿化带根据四时景观种植应季或常青植物，丰富游客视野，呈现出一派枝繁叶茂、百花齐放的生态湿地景观。

（2）硬质铺装。硬质铺装主要以大理石、花岗岩等天然石材制成规格板、文化石等，路面多用砖石（见图 4－70），或以木材（见图 4－71）、塑木铺装点缀。

图 4－70　砖类铺装

图 4－71　木质铺装

其中，石材虽然有些昂贵，但由于其高耐用性和观赏性，所以资金允许的条件下，石头是湿地铺路的首选材料。它的铺装技术也最为成熟，而且石材处理后的残余零碎片可用于铺路，继续精美图案化。无论石灰石还是有天然纹理、层次明确的砂岩和花岗石，都受到了设计师的青睐。

木材也是园林造景选择的材料，能营造自然和优雅的景观。其中，防腐木条是湿地景观设计中最常见的木质材料，因为其不变形，耐湿腐蚀，色泽简洁大方，不管是和现代建筑相搭配，还是和缤纷的植物相映衬，都能取得较好的景观效果，所以常代替砖石，成为栈桥、亲水平台、树池、休息区、分割围合（篱笆木桩）等应用中的首选（见图 4－72）。木材有其他材料无法替代的优势，一是其可以涂油漆改变颜色，二是给人以柔和、亲切的感受。

图 4－72　防腐木栈道

在整体铺装地面时，卵石瓦片在湿地公园里运用得较广泛。一是其颜色多样，可以打破路面单调的色彩，创造出马赛克镶嵌效果；二是可以改变路面形状，创造出充满意境和趣味性的效果。常见的有鹅卵石、水洗石、斩假石、砖瓦、陶瓷片。

路面主要由烧结砖、青砖、方砖、瓷砖、圆柱砖、透水砖和水泥砖等铺装。麻石砖和水泥砖的运用在园中较多，特别是在道牙和挡土墙的路面上。砖地面易于施工，形式多样，色彩丰富，规格可控。

混凝土具有实用性、耐久性和易铺设性。与上述石材和木质路面相比，其价格更便宜，铺设更简单，可塑性强，可根据需要制成各种形状。最大的缺点是它太强硬了，一旦铺设就很难更换，因此早期的设计应该更加谨慎。

2. 原生态铺装材料

湿地景观的另一个特色路面是原始的生态路面，这意味着路面，墙面没有改变，或用非常少的材料铺路，展现出原始的生态效果，非常环保（见图 4 – 73）。

图 4 – 73 石质铺装材料

砾石是最常见的原料铺路材料，是自然界中的天然河床、浅滩、山丘等。它在自然界随处可见，材料极易获得，价格低廉，使用广泛。在湿地铺路中，砾石也可以作为连接景观或植被的最佳媒介，保持一般的自然生态景观。此外，砾石具有非常强的透水性，即使被水润湿也不会太滑，是安全的良好选择。如今，砾石也可以打磨和染色，地面铺装的砾石染上鲜亮的颜色既增加了湿地景观的趣味性，又减弱了空间的单一感，具有强烈的视觉冲击性。

但这种铺装方式也有需要注意的地方，如大面积碎石路面可能容易给行人造成行走不方便，尤其是对于残疾人士，因此在设计时建议局部选取。

3. 高新科技铺装材料

随着可持续发展理念的提出，在湿地景观地面铺装中利用可回收环保材料铺设的理念也逐渐推广，许多工业回收或重组产品被应用到湿地地面铺装中，如石材、圆木、铺砖、铺路石等常见材料，以及玻璃、废钢材等特殊材料。

除了可回收环保材料外，工程材料也包含越来越多的高科技新材料。近几年来，湿地景观透水沥青、透水砖的运用不仅是湿地景观地面铺装的一大进步，还体现出了湿地公园生态环保这一主旨。

透水沥青路面又叫“排水降噪路面”（见图4－74），经常用于湿地车行道或者景观主干道上。透水沥青是一种新型路面结构，它与改性沥青、熟石灰和纤维特别混合，可以有效地减少车辆在高速道路之间的摩擦。同时，它拥有排水功能，大大降低了路面打滑及积聚的水反射现象，基本不产生水雾，具有良好的视觉效果，提高了雨天的安全性。此外，其特殊的大空隙表面结构可以降低路面表面温度，改善城市热岛效应。透水沥青颜色丰富，在提高安全性的同时，通过其五彩斑斓的颜色营造了新的景观。

透水砖（见图4－75）又称荷兰砖，不易于积水，排水速度快，具有较强的表面压力性。透水砖分为普通透水砖、聚合物纤维混凝土透水砖、彩色石复合混凝土透水砖、彩色石环氧透水砖、混凝土透水砖和类似物。在湿地景观中，彩色石环氧透水砖和混凝土透水砖通常用作铺路材料。

图 4－74 透水沥青路面

图 4－75 透水砖

与普通透水砖相比，五色石透水砖更可能用在地面上的艺术图形和色彩线条，营造出更悦目的景观效果。

混凝土透水砖具有生产成本低、生产工艺简单、操作方便的优点。作为一项优秀的生态环保材料，它是地面铺装良好的材料选择。观景区一般利用混凝土透水砖色彩感较弱的特质，将其作为绿叶点缀，突出景观丰富的色彩。

（三）地面铺装的艺术形式与技巧

湿地地面铺装的艺术表现要素多样，主要有色彩搭配、图案纹理、质感和尺度四个关键要素。

1. 色彩

地面铺装的色彩对湿地景观气氛的营造起着重要作用。色彩具有鲜明的情感特征，暖色调令观赏者感到兴致勃勃、轻松愉快，冷色调则给观赏者以优雅睿智、沉稳宁静的感觉。地面铺装通常用作空间的背景，除特殊情况外，它很少成为湿地景观的主要场景，因此其颜色通常为中性色。一般来说，湿地景观铺路的颜色应与整体颜色相匹配，如果颜色过于明亮和刺眼，可能会破坏主体并掩埋自然景观，甚至导致湿地景观混乱无序，因此它不应太亮或太钝，应协调并展现空间的魅力。

2. 图案纹样

地面铺设应以各种形状和图案进行景观美化。铺路图案因地而异，可以将准备好的材料嵌入块中并切割成线标记、滚花、凹凸表面等，注意与周围环境的风格、布局相协调。

在地面铺装中最常用的图案纹样是线性图样。这样可以方便指示方向，并且线轴可以描绘出清晰、稳定的节奏。一般来说，垂直于视线的线形图案增强了空间的方向感，而那些横穿视线的线形图案则提升了空间的开放感。折叠线和波浪线也适用于地面铺装，可以呈现出动态的美感，给游客轻松、缓慢的感觉。

常见的图案纹样还有相似元素渐变，这种方式往往用相同材质或相近质感的材料以不同的方式排列拼砌，通过两个材料密度的变化或尺寸大小的改变来实现相互渗透，进行重新组合，经常用于硬质铺装中的局部区域指示或硬质、软质之间的过渡（见图4-76）。这样可以达到有差异又保持统一感的效果。

图4-76 铺装图案

3. 尺度

地面铺装图案尺度要与所在的景观空间大小协调。在小尺度空间进行地面铺装时，图案形态的设计要大方舒展，令游客产生一种宽敞广阔的尺度感。在大尺度空间，则设计相对较小、紧缩的图案形状，使景观空间具有亲密感，减少空旷疏离的感觉。

同样，铺路材料的尺寸也影响其在空间中的使用。通常大尺寸的岩石板适用于大空间，中小型木材、地砖和玻璃更适合某些中小空间。小型材料路面的表达更加有趣和灵活，完善了景观的角落和不规则的边界，也可以用作其他铺路材料的边缘、装饰和整理，以至于到处都有景观，这些材料组合成一个大的图案，以实现与大空间的比例协调。

4. 质感

纹理是铺路材料的成分、结构和纹理产生的材料感。地面铺装的美在一定程度上要依靠材料质感带来的纹理之美。在湿地景观空间规划中，为了划分空间或强调特色，可以通过地面铺装的材料差异形成明显自然的边界，从而划分不同的功能属性场地。地面铺装材料质感在湿地景观运用中的表现也不尽相同。

相同的材料具有相同的纹理，可以通过拼凑、接缝和压线实现相同纹理不同走向的组合，令表面纹理变得和谐而有不同变化，美化地面铺装。

有些材料质感相似而不相同，在湿地景观设计上起到媒介和渐变过渡的作用。使用相似材料比使用多种材料容易达到简约整洁，又比同种材料在质感上富有层次感和变化。例如，混凝土和砾石、卵石等组成的大而整齐的图案由于相似性和纹理图案的均匀性，其组合非常和谐，能给人以美感。

还有对比纹理，将不同材料组合，创造出对比效果，这将使路面显得生动。例如，天然材料和人造材料的组合使人工景观营造出了自然的效果，景色更加宜人。

最后，在地面摊铺的情况下，大空间可以选择粗糙、厚重的材料，小空间则选择较细腻、精细、柔和的材料。

六　景观小品

（一）湿地景观小品的定义

景观小品在整体设计中是点睛之笔。景观小品既具有观赏功能，又具有实用功能，常用于丰富和分割景观空间。湿地生态景观的营造离不开艺术加工，而景观小品正是细节化艺术加工的体现。景观小品是让湿地空间环境变得灵动的关键因素。

（二）湿地景观小品的类型

1. 装饰性景观小品

装饰性景观小品作为湿地景观组件，可以丰富观景层次，同时有主题导向的作用，在空间布局方面还起到分离、活跃的作用。一般湿地装饰性景观小品包括以下类型：

（1）水景小品。水景小品通常按照水流的五种模式（水流的静态、流动、喷泉、滴落）进行设计。水景小品往往处于湿地公园主干道或主对称轴上，是游客进入湿地公园的视野焦点。在湿地生态景观中，水景的设计要注重与湿地的环境自然融合，体现湿地景观流动的韵味（见图4－77）。

图4－77　湿地水景小品

（2）雕塑小品。雕塑小品广泛应用于古典或现代风格的湿地景观中。雕塑在湿地景观里经常充当一个明确生动的主题，用于提升湿地的艺术性和人文内涵，充满趣味性和人文气息，是一门综合展示艺术。雕塑小品通过选择合适的场地，协调构成材料，渲染符合景观主题导向性的情感，创造出独特的艺术形态。

图4－78　湿地雕塑小品

从材料上划分，雕塑小品的材料有传统的岩石、木材、混凝土，也有新型复合材料，如各种形式的钢材、玻璃等。雕塑分为三种基本形式：圆形雕塑、浮雕和镂空雕塑。在现代艺术中，出现了四维雕塑、五维雕塑、声光雕塑、动态雕塑和软性雕塑。

从表达类型划分，雕塑小品有历史、人物、事件、寓言、童话、动物等雕塑。

（3）围合建筑小品。在湿地景观中广泛应用的景观小品还包括花园场景、亭台楼阁、艺术壁画、景观墙、流水小桥、园区的门窗装饰、花坛栅栏美化、观赏石小品等（见图4－79）。大部分湿地园区都对这些构成整体风格的细节精益求精，也会参照传统园林设计在门洞窗洞样式上的“画框”造景，在建设投入时进行了空间的分离、解构、协调，视觉上丰富了空间构成景观，同时对观景桥梁进行与湿地景观的分隔与联系，水陆系统配合，增加了游览路线的趣味和深度。

图 4－79 湿地建筑小品

（4）植物小品。植物是湿地景观小品中唯一具有生命力的组成元素。湿地植物品种多样，具有随季节而变化的特性。植物类景观小品可以充分利用植物的生长情况、颜色、香气等，创造出不同意境、不同季节的景观空间（见图 4－80）。

图 4－80 湿地植物小品

2. 功能性景观小品

功能性景观小品的主要功能是完善游客的生活设施，为游客游览提供服务，既创建了一个舒适的环境，又实现了湿地景观整体环境的美化和协调。常见的功能性景观包括以下类型：

（1）指示设施。指示设施包括湿地景区内的各种道路导向指南、显示定向标志、交通信息、湿地园区景观宣传海报栏、湿地生物科普说明等。其主要功能在于宣传、指示和教育，一般设计醒目鲜明，为观景游客提供信息服务。

（2）生活设施。生活设施是大型湿地景观最常见的景观小品，为游客提供休憩区域和交流空间。共同的生活设施包括户外休闲座椅、电话亭、邮箱以及母婴区。

户外休闲座椅是景区中常见的室外家具，方便游客在疲惫时休息。在小品设计时，应当结合景区的游览路线和游客的行为习惯，设置的休闲座椅应避开人流密集的观景路线，尽量远离人流和主干道，形成游客休息的半开放空间，以保证隐私空间，减少安全隐患。同时，休闲座椅的设置应尽可能正面对景色，让游客处处有景可观。在预算充足的前提下，休闲座椅的设计要有艺术性，可运用直线和曲线的组合，达到协调的艺术效果，呼应湿地景观环境，营造有趣的生态美。其他的生活设施同样建议在以尊重生态、服务游客的基础上做到完善、美观。

（3）卫生设施。湿地景区卫生设施通常包括厕所、垃圾处理等，是创造良好景观体验的基础。小处见大，这些容易成为卫生死角的地方能真正反映一个生态景区是否完善。因此，在设计过程中，应充分体现以人为本、卫生环保的设计理念，保持环境清洁，同时使表达形式、材料制作和湿地景区周围环境达到和谐，既要方便群众使用，又应利于保洁人员清理。此外，湿地园区建成之后，也应重视景区的保洁工作，合理对清洁人员排班，确保园区安全、卫生。

(4) 灯光照明。灯光照明小品包括路灯、指示灯、装饰灯、射灯、LED 投影照明灯，具有实用性能、景观装饰性能和娱乐性能。灯饰的外观质地、款式颜色、造型位置、光影效果应该同湿地景观的主题相协调。更重要的是，要保证埋线安全，灯具线路开关乃至灯杆设置都要采取安全措施。

湿地景观水陆兼有，一般灯光照明小品除了方便游人夜行外，还起着点亮夜晚水景，渲染景观效果的作用。灯具包括路灯、水下灯、草坪灯等，且形态多样，光线舒适、富有变化，如光线随着环境变化可以形成亮部与阴影的对比，丰富了湿地景观空间的层次和立体感（见图 4－81）。

图 4－81　喷泉与照明结合

（三）景观小品在湿地中的艺术体现

1. 文化艺术展示

湿地景观小品不仅是游客游览观光的内容之一，还具有文化艺术展示功能。湿地景观小品符合湿地公园景区的主题，通过形态设计、颜色表达、质地变化来表达某种观点、概念，属于功能性与艺术性的结合，反映了当地相应的民俗文化、社会风情，彰显了当地的人文风貌，让游客在自然生态和艺术中得到了陶冶。最经典的方式是提炼区域文化特征的最佳元素，如独特的自然资源条件、民俗风情、建筑风格等，巧妙利用景观小品造型设计手法，增进生态湿地景观的人文内涵和精神品位。

湿地景观的设计涵盖广泛的主题，如景观、建筑和人文。对于人与生态环境的相互作用，我们还必须考虑空间主题等内容。在设计技能方面，综合考虑选址、立意、布局、借用、颜色和质地、规模和比例等，交叉引用，有机统一，所以这是一个非常人性化的艺术内容。

2. 联系空间

湿地景观的规划设计需要多方协调发展，细节是否合理得当直接影响着景观效果。湿地景观小品就是从细节出发，为景观规划设计整体服务。景观的空间布局必须不同，重点突出，常见的手法是通过景观小品的联系和区别，从区域的功能和性质划分园内景区，充分展现空间感(见图4-82)。例如，“轴对称”“东到西”“南到北”“垂直”“一个轴，多层组合”等，明确布置在所述景观的整个布局，充分体现湿地景观设计的合理性和创造性。

图4-82　联系空间的栈道

湿地景观小品的比例与尺度讲究的是“恰到好处”，功能、美学和环境空间是确定湿地景观规模的主要依据。正确的比例关系是功能和审美要求相一致，并与环境相协调。

湿地景观小品的颜色和质地是影响湿地景观艺术感染力的关键要素。结合颜色和质地的特点，并利用其组成的变化，如对比度、平衡和节奏，有可能产生不同凡响的艺术效果，提高园林艺术的感染力。

空间的闭合关系还应考虑人流的走向，景观小品的构思和布局只有处理好人与环境的关系，其艺术感染力才能得以展现（见图 4 - 83）。

图 4 - 83　湿地景观小品

3. 生态作用

如今，人们越来越倡导生态型的湿地景观建设，对湿地景观小品也逐渐提出绿色、环保、生态和节能的概念。湿地景观的布局和背景选择必须与湿地的地形地貌、水文、建筑和植物相一致。在保护自然环境的前提下，对湿地景观小品进行合理规划，可以同时实现湿地资源的开发和可持续发展。

在景观小品的制作材料选择上，天然石材、木材和绿色植物等材料得到了更广泛的使用；在设计形式和结构方面，要根据湿地气候和环境，设计湿地景观，从而营造人与自然的和谐关系。

随着科学技术的不断发展，新能源、新材料、新工艺、新技术的不断涌现，湿地景观的发展将顺应自然、利用自然和模仿自然，呈现出多元化和多样化的发展趋势，尤其是人工技术将逐渐融入大自然，达到自然的景观效果（见图4－84）。

图4－84　融入大自然

本章小结

本章为实操性指导的一章，主要研究以景观生态学为视角的湿地景观营造。从设计原则谈起，包括尊重保护自然原则、因地制宜原则、绿色经济原则、文化底蕴原则及生态美学原则。尊重保护自然主要为保持湿地景观的适度设计、保持湿地景观资源稳定性、保持湿地生物资源完整性、保持湿地生物资源多样性及为后续发展留足空间等。因地制宜原则要求在营造湿地景观时合理利用资源、挖掘文化内涵、避免盲目移植以及协调规划统一。

其后我们着重探讨了湿地景观营造的设计理念，包括生态理念、以人为本理念、注重科学理念、低碳环保理念等，从空间形态、序列组织原则、序列组织手法、空间尺度、人体工程学等角度展开研究。对影响景观湿地的环境要素如水文、地形、植物也进行了分析。接下来从景观要素如空间布局、景观水体、植物配置、地面铺装及景观小品展开详细的设计探讨。

从景观生态学的视角来研究，意味着我们不仅要从自然、人文等多种生态学角度来探讨湿地景观的设计、布局，还要保护生态环境，营造人与自然和谐相处的湿地风光。因此，无论是景观水体的设计，还是植物的配置，都应当充分考虑对其后续的保护。

在这些设计指导下，我们紧接着将分析一些国内外存在着问题的湿地景观案例，探讨它们出现衰败或污染情况的原因。

第五章　案例分析

本章将会以大量案例为研究对象，分析不同类型的湿地景观营造方法。为了更方便地展开阐述，在此将湿地景观分为四大类：湿地公园、城市湿地公园、湿地风景区、人工湿地景观。

第一节　湿地公园案例分析

湿地公园是指以保护湿地生态系统、合理利用湿地资源为目的，可供开展湿地保护、恢复、宣传、教育、科研、监测、生态旅游等活动的特定区域。其具有生态系统保护功能、科普宣教功能、资源合理利用功能。本节将以莱州湾金仓国家湿地公园、哈尔滨白鱼泡国家湿地公园、湖北金沙湖国家湿地公园、西溪国家湿地公园及千湖国家湿地公园为例进行分析。

一　莱州湾金仓国家湿地公园

（一）总体概况

莱州市位于山东半岛的西北部，烟台、青岛、潍坊三市的交界处，东临招远市，东南临莱西市，南临平度市，西南临昌邑市，西临渤海莱州湾，西北临莱州湾。拟建山东莱州湾金仓国家湿地公园，在莱州市莱州湾东岸刁龙嘴—太平湾滨海区域，是典型的暖温带滨海湿地类型，总规划面积为1214.9公顷，湿地公园地理范围为东经119°49′28″—119°52′41″，北纬37°19′27″—37°21′42″，湿地公园的主体为该区域浅海湿地、围海养殖区、滨海防护林及部分滨海台田。湿地公园北邻刁龙嘴码头，西部边界围绕刁龙嘴—太平湾围海养殖区域的内陆边缘，不包括汪里村和潘家屋子村等主要居民点，南抵崔家盐场，东部及南部边界则纳入太平湾部分浅海水域。规划的湿地公园范围属于莱州滨海生态省级旅游度假区。

山东莱州湾金仓国家湿地公园内的湿地以暖温带滨海湿地为主，由于多年的围海养殖开发，形成了大面积滨海人工湿地与自然湿地镶嵌共存的湿地分布格局，其主要湿地类型包括以下几种。

浅海水域：低潮时水深不超过6米的永久性水域，受潮汐影响，基本淹没于海水中，但有时会裸露成陆地，是大型底栖藻类为主体的海藻场生态系统的典型分布区，是鱼、虾、贝、参等海洋生物重要的栖息地。

人工养殖池：本区域范围内原为潮间带滩涂，后经大规模围海养殖基本都转变为潮间带水产养殖场。

潮沟：由涨、落潮冲刷而成的沟槽，多见于粉细砂、淤泥质的潮滩和浅海海底。由于围海养殖需要利用潮沟输送海水使养殖废水得以循环更新，故围海养殖区常有保留下来与海水通连的潮沟。

内陆沼泽：海水沿潮沟深入内陆驻留于局部洼地（多为挖沙形成的沙坑），形成盐沼，也用于承纳高盐度的养殖废水，分布有碱蓬和芦苇等耐盐碱湿地植被。从目前湿地资源来看，浅海水域是所占比例最高、生态保护价值高的区域，但高强度围海养殖导致了严重的生态破坏。其人工养殖池面积排第二位，占湿地公园比例高达31.9%。养殖区域侵占了大面积的潮间滩涂和浅海水域，而潮间滩涂是莱州湾东岸最重要的水禽栖息地。显然，围海养殖在取得可观经济收益同时，也对生态环境造成了巨大的破坏。内陆沼泽面积过小，且为盐沼，淡水湿地资源缺失，这必将加剧滨海内陆区域盐渍化和荒漠化趋势。因此，在加强保护现有浅海湿地生态系统的同时，潮间滩涂和内陆淡水沼泽的恢复也十分重要。这两类湿地具有显著生物栖息地作用和生态系统服务功能。

（二）规划目标

生态目标：以莱州湾滨海湿地保护、恢复及资源高效可持续利用为核心目标，以莱州湾暖温带滨海湿地生态系统及其生物多样性为主体，通过“退养还滩”、浅海海藻场生态系统修复以及内陆淡水生态水系构建等措施，显著改善滨海湿地生态系统服务功能，合理发展滨海生态养殖及生态旅游等来实现莱州湾滨海湿地资源高效合理的利用，推动莱州湾围海养殖区可持续发展的生态经济产业体系的构建。

社会目标：开展丰富多样的湿地参观活动，如借助科普宣教展示和湿地体验活动，来提高公众对滨海湿地生态系统功能价值的认识，从而让公众和社区积极地、自发地参与到湿地保护中来，将山东莱州湾金仓国家湿地公园建设成为我国北方滨海围海养殖区湿地保护恢复与可持续利用的重要示范基地，滨海湿地保护恢复、科普宣教和资源合理利用等主体功能充分发挥的滨海型国家湿地公园，以及推进“黄河三角洲高效生态经济区”建设国家战略的重要平台。

（三）规划分析

依据《国家湿地公园规划导则》，把山东莱州湾金仓国家湿地公园划为五个功能分区：生态保育区、恢复重建区、宣教展示区、合理利用区和管理服务区（见表5-1，图5-1）。其中生态保育区、恢复重建区和合理利用区又进一步划分为若干小区，功能分区的面积、比例和功能分区的分布如下表。

表 5－1　山东莱州湾金仓国家湿地公园功能分区及其面积和所占比例

功能分区	功能分区小区	面积（公顷）	总面积（公顷）	面积所占比例（%）
生态保育区	浅海湿地保育小区	436.9	500.2	41.17
	滨海防护林保育小区	63.3		
恢复重建区	浅海湿地恢复小区	74.6	190.0	15.64
	“退养还滩”滨海湿地恢复示范小区	115.4		
宣教展示区		105.5	105.5	8.68
合理利用区	生态养殖及综合利用示范小区	216.1	411.1	33.84
	浅海湿地体验小区	195.0		
管理服务区		8.1	8.1	0.67
合计		1214.9	1214.9	100

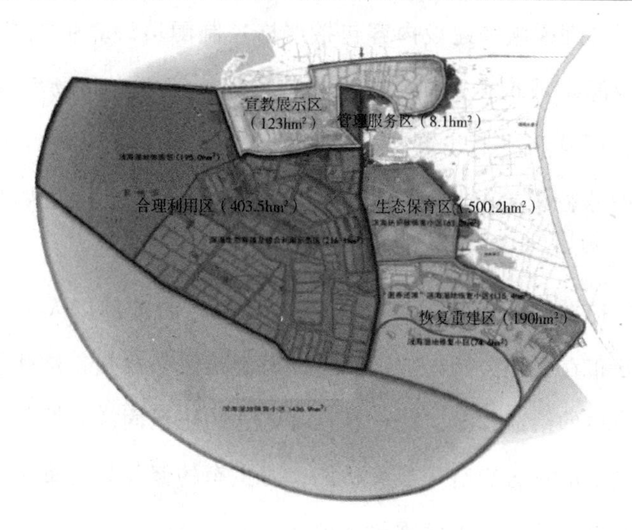

图 5－1　功能分区

1. 生态保育区

生态保育区的建设基本目标为维持人工黑松林防护林带结构的稳定性，控制其向盐碱化植被的退化趋势。对此可以采取的措施主要包括严格控制人类活动干扰，特别是挖沙、水产养殖、建坟、生产生活垃圾等对黑松林的侵占，以及内陆海水养殖导致的次生盐渍化趋势，建立防火、防虫安全监控和警示系统，利用部分沙坑恢复淡水水体，减轻盐渍化对人工黑松林群落生长的影响。

生态保育区总面积为500.2公顷，占湿地公园总面积的41.17%，该区域体现了明显的湿地公园自然生态特征，具有重要的生态系统服务功能和生态保护价值。依据不同的资源性质，生态保育区可以进一步划分为浅海水域保育小区和滨海防护林保育小区两个亚区。

浅海湿地保育小区的面积为436.9公顷，为太平湾南部围海养殖区外围浅海水域，其基底为细沙质和淤泥质浅滩，浅海底栖生物及藻类等植被丰富，是鱼类、虾蟹类等潜在的产卵区域。该区基本建设目标为控制无序扩展的围填海及水产养殖，保护浅海湿地的生境及生物多样性。对应的主要管理措施和建设内容包括严格控制围填海养殖模式的扩展，严格保护浅海水域鱼类及虾蟹类潜在产卵场，清理产卵场海域的非法作业船只、网具和海上建筑物，配置管理船、巡逻艇、海洋水质监测和人为活动监控设施、界牌、界桩、保护警示标志及其他保护设施建设，等等。

滨海防护林保育小区：面积为63.6公顷，防护林以人工黑松林为主，主要分布在湿地公园内陆区域与围海养殖区邻接处，是整个莱州湾大滨海防护林的组成部分。黑松林具有显著的防风固沙、控制土壤盐渍化和减轻风暴潮灾害影响等显著功能，对生态的修复具有重要作用。由于受到水产养殖、垃圾无序堆放、挖沙等人为活动的干扰，土壤过度盐渍化影响部分人工黑松林，使防护林带出现向盐碱植被逆向演替的趋势，因此急需加强保护。

2. 恢复重建区

恢复重建区的建设基本目标为建设成为我国北方滨海围填海养殖区“退养还滩”滨海湿地恢复模式的试验示范。恢复重建区面积为190公顷，占湿地公园总面积的15.64%，包括“退养还滩”湿地恢复示范小区和浅海湿地修复小区两个亚区。

“退养还滩”湿地恢复示范小区：面积为115.4公顷，为太平湾南部邻近崔家盐场围海养殖区。因为该区域向海延伸扩展程度相对较小，平直的滨海地貌和原为细沙淤泥质的海岸为恢复提供了一定的条件。该区承担着湿地公园滨海湿地恢复这一核心功能及示范功能。

浅海湿地恢复小区：面积为74.6公顷，位于“退养还滩”湿地恢复示范小区外侧的浅海水域，该区域由于围海养殖扩展，浅海海藻场受到人类行为的破坏，浅海湿地生态系统趋于退化。该小区建设基本目标为浅海海藻场生态修复兼顾鱼类等海洋生物栖息地恢复的功能。相关措施包括通过海底投石改造，结合人工播植海带、裙带菜、鼠尾藻等大型藻类，增加藻类种群数量，恢复海底植被，构建多样的海底地貌，改善浅海生物的栖息环境，增加鱼类、虾蟹类和贝类等生物多样性，重建浅海湿地生态系统生物链，恢复生物多样性水平及其资源量。产卵场恢复措施包括海底人工沉积物去除、海底植被移植、人工集鱼鱼礁、增殖放流、种质资源保护区等措施的集成应用。通过采取这些措施可以提高产卵场的生境多样性和生境质量。

3. 宣教展示区

宣教展示区位于湿地公园的北部，西临汪里村，北临刁龙嘴，面积为105.5公顷，占湿地公园总面积的8.68%，包括潮下带浅海湿地—潮间带围海养殖区—潮上带滨海盐沼—滨海防护林（人工黑松林）农业用地，集中反映了莱州湾甚至北方滨海围海养殖区特有的滨海湿地生态过程和土地利用模式，具备开展科普宣教活动的有利条件。形成滨海湿地—内陆湿地—森林生态系统的变化梯度，有利于开展科普宣教活动。宣教展示区主要建设内容包括通过局部“退养还滩”结合内陆盐沼及淡水沼泽恢复，增加湿地公园的湿地类型，重构滨海湿地浅海—潮间滩涂—滨海盐沼—滨海防护林的生态演替过程，并通过滨海湿地生态廊道建设，展示滨海湿地生态演替过程和生态养殖技术；建设莱州湾滨海湿地科普馆、莱州湾滨海湿地植物园、莱州湾特有水生生物及名优水产展示园，结合生态养殖及综合利用示范展示；建设动物救护站、动植物标本馆、多媒体科普宣教系统与宣传手册、湿地文化展示馆、湿地培训教室、网站、野外牌示解说系统等。

4. 合理利用区

合理利用区的面积为411.1公顷，占湿地公园总面积的33.84%，划分为生态养殖示范小区和浅海湿地体验小区两个亚区。生态养殖及综合利用示范小区，面积为216.1公顷，位于刁龙嘴南部、太平湾中部滨海围海养殖区域。建设目标为开展生态养殖和渔盐资源综合利用示范，减轻近海水体污染，构建近海水产养殖和水质改善的双赢模式。浅海湿地体验小区，面积为195.0公顷，为传统渔业作业区，有渔船码头。其建设目标为开展海底生态体验及游钓休闲体验渔业，探索精品观光渔业、体验渔业生态旅游资源开发模式，其滨海湿地生态旅游可与三山岛、黄金海岸度假区联动开发。重点建设海底生态体验隧道，用来体验展示莱州湾浅海生态系统以及生态养殖模式。

5. 管理服务区

管理服务区面积为8.1公顷，占湿地公园面积的0.67%，位于汪里村与其东部黑松林之间的区域，交通便利，其旅游接待设施可以依托汪里村。管理服务区是湿地公园主要的旅游咨询、旅游接待、游客集散区域，需要建设湿地公园大门、停车场、游客中心、生态厕所、监控系统等基础设施。

（四）经验借鉴

莱州湾金仓国家湿地公园在建设的初步阶段拟采取如下四种模式，同时结合生境岛开展建设。

1. 全退模式

拆除、推平全部的围填海形成的养殖池塘围堤，从而形成平缓的坡面，恢复并促进滨海滩涂湿地的形成和发育，形成较大面积的潮间带滩涂，恢复水禽和滩涂底栖生物生境，该模式的生态效益较好但经济成本较高。

2. 半退模式

通过拆除部分围堤和合并池塘，建设面积较大但具备一定格局、彼此通连的围堤系统。该系统可以充分利用围堤系统避风、避浪的功能，进行产卵场及浅海生态系统恢复，与浅海区域形成开放的滨海湿地系统，构建生物链结构相对完整的围堤—浅海滨海湿地生态系统，该示范区域可以结合自然生态养殖模式，使其具备较好的“生态—经济”综合效益。

3. 通连模式

不采取大规模工程措施拆除围堤，通过建造涵闸，使围堤彼此联通。养殖塘采取轻度管理模式，结合滨海生态进行养殖，使其成为鸥、鹭等滨海水禽的补充觅食地。该模式仍具备较高的经济效益，同时在一定程度上恢复了滨海湿地的水文特征，能促进滨海盐沼泽及海草等植被恢复。该模式通过涵闸体系的生态调度兼顾了滨海湿地恢复与生态养殖的需求。

4. 生境岛建设

在拆除废弃的池塘围堤基础上构建相对离岸的人工鸟岛，同时恢复植被，形成滨海鸟类隐蔽的栖息地和繁殖地。在部分保留的围堤和生境岛的基础上建设隐蔽的观鸟廊和观鸟屋等设施，开展科普宣教和生态旅游活动。

从莱州湾金仓国家湿地公园的规划与建设中，我们可以获得如下经验：

第一，对现有湿地的保护与恢复对策。通过“退养还滩”、浅海海藻场生态系统修复结合内陆淡水生态水系构建，显著改善滨海湿地生境和生态系统的服务功能。

第二，总体规划的保护对策。基于湿地公园的资源条件和社会经济现状，通过合理的空间布局规范管理人为活动，减少人为干扰对滨海湿地生态系统的影响，通过试验示范，探索围海养殖区受损滨海湿地恢复和修复的技术途径；利用各种科普宣教手段，充分展示、体验滨海湿地生态系统服务功能；电力传输系统尽量与道路等系统相结合，与景观成一体，减少视觉干扰；创建垃圾回收系统，不仅可以减少污染还可以循环利用。

第三，动态规划的加强与保护对策。利用各种科普宣教手段，充分展示、体验滨海湿地生态系统服务功能；通过技术集成优化，构建资源节约型、环境友好型滨海生态养殖技术体系和滨海湿地生态旅游模式，使国家湿地公园主体功能在有限的空间内彼此协调互补，成为我国北方滨海围海养殖区湿地保护恢复与可持续的利用综合示范典型。

二　哈尔滨白鱼泡国家湿地公园

（一）总体概况

哈尔滨白鱼泡国家湿地公园的总面积达 140 万平方米，位于道外区松花江南岸的湿地。该湿地呈狭长状分布，东有克图河，与宾县糖坊镇仅仅一河之隔，南临永源镇，西接民主乡，北到松花江南岸，与呼兰区腰堡乡隔江相望。湿地的地理坐标为东经 126°16′56″—126°34′59″，北纬 45°41′41″—45°46′56″，哈尔滨白鱼泡国家湿地公园于 2008 年 9 月被国家林业局评为国家级湿地公园。

该公园距哈尔滨市中心25千米，交通便利，湿地保护十分为完好。《吉林通志》中有所记载："哈尔滨东郊有小白鱼泡，乃清代鱼贡之所，所贡之物，翘头白鱼也，也有鲫鱼、花鱼、哲罗鱼、鳌花鱼、柳根鱼、草根鱼、鳊花鱼、鲤鱼等。每逢夏季，从松花江中捕捞出的白鱼放在白鱼泡里喂养，至冬季再捕捞出运到京城。"

哈尔滨白鱼泡国家湿地公园现存的湿地生态环境保存整体较好，只有少部分湿地系统被破坏成农田。白鱼泡国家湿地公园地理位置优越，在其区域内保存着大面积未受到人类活动干扰的湿地区域，区域内分布着大大小小的泡沼。每至春夏季节，大量水禽、飞鸟和野生动物来此地区繁衍生息，为白鱼泡的自然景观增加亮色，公园的各个区域都有着各自不同的功能，如重点保护区不得进行与科研和保护无关的活动，保证湿地系统的原貌性；生态恢复区内可以进行少量的人为活动，但不得进行捕捞、垂钓，重点是使该区域已退化或被破坏的湿地系统自动恢复功能和结构。湿地公园建立后，通过科学、合理的科学管理，将能继续保持该区域内的原始湿地生态景观。

（二）规划目标

以总体规划为依据，由湿地公园管理机制的统一部署，规划目标如下：

（1）严格保护和合理利用湿地资源，依靠其科学价值和美学价值，加强湿地公园的科学理论性。

（2）拓展湿地公园旅游业务范围，形成以湿地景观、生态旅游、东北文化等为主体的格局。

（3）形成完善的生态环境体系，增加资源的多样性，充分利用周围农业风光，丰富旅游层次。

（4）在科学性的基础上，强调规划的可操作性，充分考虑给未来发展留有余地。

（三）规划分析

不同的景观结构反映了不同的景观生态，与此同时景观结构在一定程度上影响着景观的动态变化过程。在进行功能分区时，深化其生态和环境功能内涵，加大保护力度，加强生态恢复措施，强调“在保护中利用，在利用中保护，重在保护”的原则。随着生物多样性的衰退，加大土地的保护工作，明确限制因素是必要的。重点强调保护湿地，恢复扩大湿地；加强宣传教育，提高广大群众保护湿地环境的意识；在保护的前提下综合利用湿地景观价值。为发挥白鱼泡湿地的生态旅游功能，将哈尔滨白鱼泡国家湿地公园划分为七个功能区：湿地公园管理区、湿地保育区、湿地恢复重建区、湿地保护与利用示范区、湿地动物鉴赏区、湿地文化长廊、湿地旅游开发区（见图5-2）。

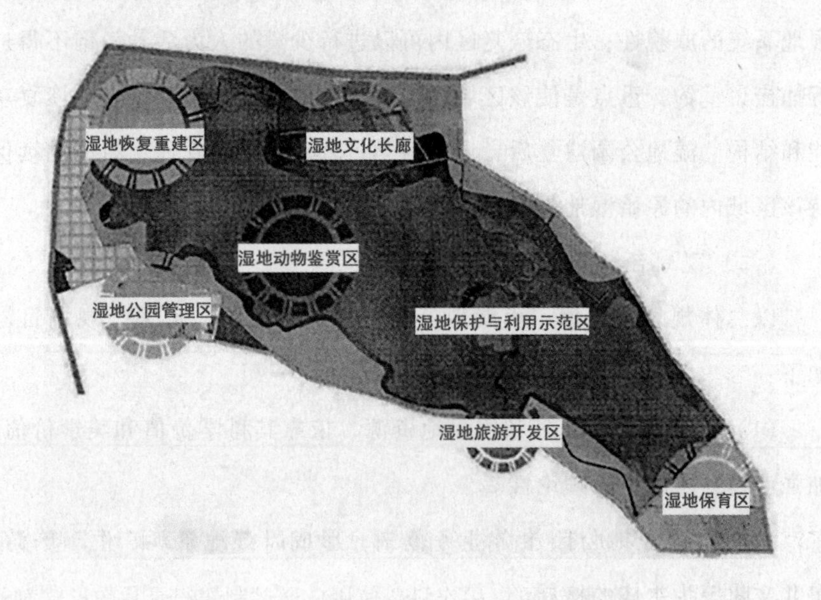

图5-2　哈尔滨白鱼泡湿地公园功能分区图

1. 湿地公园管理区

湿地公园管理区总面积为6万平方米，其中主入口管理区4万平方米，西侧的次入口管理区2万平方米。行政管理区为湿地公园处理一般行政事务、职能管理的区域。行政管理建设包括建设办公楼、凉亭、仓库、车库、停车场等。为更好地进行湿地公园管理，减少人为活动对湿地公园内生态系统的干扰，白鱼泡湿地公园选择位于北侧的广阔区域作为公园的主要入口，减少了大量人员拥堵给公园造成的承载压力。湿地公园管理区建成后将成为集湿地公园管理、职工生活、员工培训和湿地宣传等为一体的多功能、全方位服务中心，以及游客的主要聚集地。

2. 湿地保育区

位于湿地公园的东部的湿地保育区，总面积达 13 万平方米。它的主要目标是最大程度上保护该区域中的生物及其栖息地，隔离人类活动。同时，湿地保育区的缓冲地带能够提供辅助性的保护，进一步减少外界人类活动造成的干扰。湿地保育区的生态系统基本上为原始状态，河流与沼泽湿地众多，是重要的候鸟繁殖、停歇地。该区在涵养水源、保持水土、维护湿地公园生态环境等方面发挥了不可替代的作用。

3. 湿地恢复重建区

湿地恢复重建区主要以技术手段恢复已被破坏的湿地为主，使即将失去湿地功能的自然湿地重新恢复生态功能，该区域禁止游客进入，只允许少量的科学研究与观赏使用，在该区域内设置的道路系统大多使用原有的堤梗，做到对该区域的最小干扰，采用科学的水循环方法及生物学方法对丧失湿地功能的区域进行生态恢复和重建，在植物的选择方面，主要选择乡土的水生植物如荷花等。植物景观营造手法的运用加快了湿地功能的恢复进度，在恢复自然湿地的同时营造了一幅唯美的湿地景观蓝图。此外，该地还可以用作科普使用，通过制作纪录片的形式对外展示湿地生态恢复的全过程，对游客湿地科普知识的普及有重要意义。

4. 湿地保护与利用示范区

该区域总面积达 18 万平方米。它的目标是恢复本区内已经退化的湿地生态系统，使其恢复到重点生态保护区的水平。湿地生物恢复、生境恢复和湿地生态系统结构与功能恢复是湿地生态恢复重要的组成部分。湿地的恢复主要借助引水、蓄水和人工种植湿地植被等方法来实现。从规划方对所在城市环境的关心程度可知，成功的恢复方法是既要恢复、修复和重建已遭到不同程度破坏的湿地生态系统，又要以生物措施为主，对功能减弱、生境退化的各类湿地进行生态恢复和修复，同时以工程措施为主重建类型改变、功能丧失的湿地。对于湿地公园规划方来说，只有明确的恢复目标和预测才能更好地衡量它能否成功完成恢复工作。

5. 湿地动物鉴赏区

鸟类种类和数量在很大程度上受到鸟类可利用食物资源多少的影响，湿地动物鉴赏区及其周围水域中鱼、虾等食物十分丰富，芦苇、沼泽湿地众多，吸引着非常多鸟类。不同种类的候鸟在迁徙季节飞临湿地公园，气势磅礴。因此，该区是湿地鸟类的最佳观赏地点。水禽观赏塔、观鸟休息屋、凉亭、人工步道等设施的建设将方便游客观赏活动。以此为依托，让参观者在观察种类繁多的鸟类的同时，还可以积极研究各种鸟类的自然保育方法和行为生态学。水禽专类博物馆的建设，可以使游客在增长知识的同时，增加对野生动物保护的认识，鼓励游客保护迁徙鸟类、鸟卵及鸟巢。

6. 湿地文化长廊

湿地文化长廊规划通过对现有水体进行合理改造，形成阶梯及水体景观，保障水体的流动性，配置层次感鲜明的湿地植物，合理设置步道，富于变化，修建文化长廊、文化展示物及湿地文化相关的实物等方式展示湿地深奥的文化和科学知识，使游客在休闲游憩中学习知识，提高对湿地的认识，实现全民关心湿地、爱护湿地。

7. 湿地旅游开发区

湿地旅游开发区的规划面积约为 14 万平方米，丰富的自然或人工湿地资源为旅游开发提供了条件。该区域将承担生态保护、科普教育和休闲观赏等主要功能，发挥其休闲和教育的作用，增强居民对湿地的科学认识，提供优质的空间环境，为游客和城市居民提供休闲游憩场所。在规划所需项目时尽量采用生态环保材料，在危险地段设置警戒指示牌以及湿地生态系统保护的宣传和解说设施（见图5-3）。

图5-3 白鱼泡湿地公园鸟瞰图

（四）经验借鉴

1. 对现有湿地的保护与恢复对策

在进行规划建设时应清除垃圾、杂草等一些污染物；重整已被开采填挖的土地，恢复受污染、侵蚀的土地表面；对道路、水体周边启用乡土植物进行绿化恢复；将一些过度使用以至于无法修复的区域提前规划到广场或娱乐场所区域中，避免土地在修建时过度开挖；对一些已存在的零散小区域进行重组，规划为点结构，并通过已存在的线形区域连接成景观网络；将原有已被破坏作为水田的部分湿地进行湿地景观复原，使其达到湿地自然的原始风貌。

2. 总体景观规划的保护对策

在规划修建时对已存在的景观提供保护措施，维持其场地的整洁和安全，防止被破坏或污染，有水域的景观应限制涉水设施控制侵蚀和冲击物，确保周边的野生动植物资源减少干扰；在规划新的景观时，应明确并且限制标识系统以便准确地传达信息，建立标识色彩系统方便区域引导，简化标识牌，这样不仅容易查看还可以较少维护安装的费用；严格控制电力传输系统，尽量与道路等系统相结合与景观成一体，减少视觉干扰；创建垃圾回收系统，在减少污染的同时可以重新利用，以减少相应的费用。

3. 动态规划的加强与保护对策

对于湿地资源的规划管理，要抓住动态与静态相结合的理念。在静态资源方面，划出保护用地，保护景观以及维护现状；动态方面，还要有一系列的人为参与，两者相结合才能达到最好的效果。针对本区域实际存在的一些生态环境问题，进行生态警示教育；对公众进行以旅游环境保护与生态旅游、工业生态与循环经济为主要内容的生态环境保护教育，向公众全面介绍健康、绿色消费的相关知识，积极开展群众性生态科普活动；壮大环保志愿者队伍，有计划地开展生态监护行动；加强公共教育，培养公众的环保理念，建立保护生态的行为规范；推动使用环境友好型交通工具；在景点和游人集中的地方设置高科技环保型公厕，在进行清理时，要注意避免污染周围环境和水源。

三　湖北金沙湖国家湿地公园

（一）总体概况

红安县位于湖北省东北部，湖北和河南两省的交界处。地理位置为东经 114°24′—114°50′，北纬 30°55′—31°35′，东临麻城，南临新洲，西与黄破、大悟两县相邻，北靠河南省新县。金沙湖水库位于红安县县城西部，地理坐标为北纬 31°17′02″—31°22′38″，东经 114°35′45″—

114°32′09″。

金沙湖国家湿地公园中的湿地资源丰富。根据《全国湿地资源调查技术规程（试行)》，库塘湿地在金沙湖国家湿地公园中最为典型。通过数字地形图测算，金沙湖国家湿地公园总面积为1903.37平方千米，其中湿地面积为1590.69平方千米，占湿地公园总面积的89.09%。

（二）规划目标

金沙湖湿地位于我国长江中游，以大别山南麓典型的低山丘陵库塘湿地为基本湿地资源特征。湿地公园的建设应以水源地保护为基础，以保护生态系统完整性、充分发挥湿地生态服务功能为宗旨，建成以集库塘湿地保护与恢复、科研监测、科普宣教和红色文化为一体的国家级湿地公园，为红安县经济社会的可持续发展提供一个稳定、良好的湿地生态环境。

生态目标：以保护水系、维护与提高水质为首要目标，充分发挥湿地的生态服务功能。

（三）规划分析

依据《国家湿地公园规划导则》，可以将湖北金沙湖国家湿地公园划为五个功能分区，即生态保育区、恢复重建区、宣教展示区、合理利用区和管理服务区。

1. 生态保育区

湿地保育区是湿地公园的主体和生态稳定的要素，包括湖北金沙湖国家湿地公园的大部分水域、生态公益林和水域周边的林地，总面积1276.15平方千米，占湿地公园总面积的67.05%。

主要建设思路：保育区内水域面积仅用于通航，不得用于其他用途；保育区严格遵守保护规则，仅进行湿地生态系统保护和管理活动，不进行任何与之无关的其他活动。

主要建设内容：对保育区水域进行保护，以期构建良好的湿地生态系统；设置水文、水质监测点，监测湿地的水文、水质；必须严格执行国家生态公益林保护的有关政策与要求，保护保育区内的生态公益林。

2. 恢复重建区

湿地恢复重建区是恢复和重建湿地系统的典型示范区，包括规划区西部三里桥和三里岗林场的近自然林和人工林、原红安县萤石矿的部分区域，以及水域中围堰养鱼的区域。

主要建设思路：通过自然与人工恢复相结合的方法，促进湿地生态系统的恢复演替，从而恢复和重建受损的湿地生态系统。

主要建设内容：建设自然型驳岸、自然原型驳岸、亲水型驳岸，对湿地进行水岸保护；对次生林进行近自然恢复，矿、渔堆积地进行植被恢复，围堰养渔区进行退渔还湖，并通过营造湿地植被，扩大水禽的栖息地，提高湿地的动植物多样性。

3. 宣教展示区

湿地宣教展示区是湿地公园内开展科普教育、生态保护宣传和生态休闲旅游的主要场地。在金沙湖水库东岸白石嘴附近建设展示区，该区面积为109.87平方千米，约占湿地公园总面积的5.77%。

主要建设思路：在自然湿地景观的基础上，建设科普宣教设施，开展室内和室外相结合的湿地科普活动，提高公众的湿地保护意识。

主要建设内容：湿地生态宣传廊、湿地文化宣传廊、红色文化纪念园、池杉林、湿地植物园、科普教育馆、观鸟屋等工程。沿湖建设景观带，沿水岸线修建游步道，修建临水坡岸。

4. 合理利用区

该区是湿地公园开展湿地休闲和游憩体验的场所，位于项目区西南部的长渠茶厂及挡子湾，面积为36.53平方千米，占湿地公园总面积的1.92%。

主要建设思路：开展深入湿地生态及文化休闲旅游，让游客体验湿地生态系统以及湿地的历史文化等；通过建设湿地休闲旅游与科普展示相结合的多样化生态旅游体系，打造合理、完善的旅游路线；通过建设一定的湿地休闲场所和设置适当的湿地旅游项目，促进湿地公园的旅游发展。

主要建设内容：木栈道、观景平台、湿地茶楼、荆楚园、象棋廊道、钓鱼台、水乡农耕主题文化园等。在合理利用区沿湖边适当设置石凳和木质、竹质的板凳，供游人小憩观景。在欣赏湿地景色的同时增长知识，修养身心。

5. 管理服务区

该区主要包括湿地公园的管理和服务相关机构、设施，规划建设在湿地公园的主入口，面积1.41平方千米，占湿地公园总面积的0.07%。

主要建设思路：根据湿地保护和管理的需要，建立湖北金沙湖国家湿地公园完善的保护和管理基础设施，配备相应设备，实现良好的管理、保护和服务功能，并为游客提供优质、高效的服务。

主要建设内容：访客中心、管理站、公园主入口大门、宣教展示区两个次入口大门、停车场等工程建设。

在功能区划的基础上，金沙湖国家湿地公园针对湿地保护开展专项的保护规划。具体规划如下：

1. 水系和水质保护规划

金沙湖湿地的水系和水质主要受到金沙湖上游水系、大气降水、河岸两侧周边工厂、居民、农田等的影响。规划通过对上游水系的保护建设、水源地保护、完善法律法规、加大执法力度、做好对生活污水和垃圾的处理，以及严格控制水上交通工具的使用等措施来提高金沙湖的水质和保障水源的补给。

2. 上游水系保护建设

加强对上游水系的保护工作，通过对上游水系和水质的保护来保障金沙湖水量的稳定和水的质量。通过封山育林、退耕还林等措施提高林木质量，保护金沙湖上游两岸的生态林，并在上游保育水源涵养林，积极扩大水源涵养林的面积。主要补植和更新替换的阔叶树有栎树、香椿树、构树、朴树、刺槐、桑树、梓树、椴树、杉木、五角枫等，灌木树种有石楠、蔷薇、悬钩子、野山楂、棣棠、胡枝子、紫藤等，以选用当地树种为主。加大综合治理力度，特别是要加强对金沙湖上游水源地周边污水排放单位的管理，严格控制工业企业“三废”排放，杜绝不达标排放现象。加强对上游水系周边居民生活污水处理和垃圾处理的控制，减轻农药和化肥对湿地的危害。

3. 水源地保护规划

严格执行《金沙湖水库饮用水源保护区管理办法》的相关规定，在现有水源地保护措施的基础上，更深层次地对红安县取水口饮用水源地实行有效保护、保障红安县生活饮用水的安全。设立水源保护标志处，沿水源保护地设置护栏 6.21 千米。在现有的保护基础上，做到在库区内只允许自然养殖，禁止向水库中排放污水，禁止围湖造塘，禁止擅自进行采砂、取土、开荒、放牧、打井、挖窖、修坟等破坏地形地貌的活动等。

4. 污水处理

湿地公园内的污水主要来自宣教展示区以及合理利用区的宣教馆以及茶楼等，规划时在这些区域设置地下污水管道，并接入红安县的市政污水管道中。在湿地公园的宣教展示区和合理利用区内，结合地形及建筑物，尤其是提供餐饮的建筑分布，设置一系列的湿地净化池、塘等，包括厌氧沉淀池、兼氧池、植物塘等，在植物塘中种植净化水质效果较好的水生植物，处理后的水可直接排入金沙湖中，或用作合理利用区和宣教展示区建筑内的厕所冲水、湿地植物园等用水。

5. 垃圾处理

目前，项目区周边的绝大部分生活垃圾没有集中处置，对于随意堆放于河道中或河岸两侧临时堆放场的垃圾，利用全封闭压缩式垃圾车将其清运至红安县垃圾填埋场进行无害化处理，垃圾清运后因原地表植被均已彻底破坏，须覆土恢复植被。新产生生活垃圾的收集与处理是对湿地公园周边各村的生活垃圾每户配备垃圾桶，收集的垃圾由垃圾清运车定期转运至红安县垃圾填埋场。

6. 水上交通工具限制

目前，金沙湖湿地公园内无私人快艇，今后将继续禁止私人游艇入内。在湿地公园建设过程中，购买电瓶船，严格限制燃油船在水面航行，以保证水面交通工具不会对湿地水质造成影响。

7. 完善法律法规

建议尽快制定金沙湖湿地公园水资源管理的法规，如制定《湖北金沙湖国家湿地公园管理办法》《金沙湖国家湿地公园水污染防治规定》《金沙湖国家湿地公园水环境监督管理条例》等，逐步形成比较完善的有关水资源保护的法律体系，做到有法可依、有章可循，以便及时对水源地环境状况和水库资源保护情况进行监管，保护水源地的安全。

8. 加大执法、管理和宣传力度

加强日常巡视，加大对湿地水源的管护力度。严格执行并监管周边村庄污水收集管网和小型污水处理设施的建设，特别是对金沙湖上游农村生活污水的收集处理管理，确保污水达标后排放；同时，加大管理力度，做好保护水源地的宣传工作。

9. 水岸保护规划

为了保护和改善金沙湖的水质，满足蓄洪防洪的要求，打造“青山、碧水、岸绿、景美、生态、安全”的金沙湖湿地，为人与自然、人与生物之间建立一个和谐共处的生态环境，根据金沙湖周边地形地貌的实际情况，综合运用多种生态手段，科学选用生态环保型材料，合理布局亲水活动空间，规划建设自然原型驳岸、自然型驳岸和亲水型驳岸等类型。

10. 自然原型驳岸

该类驳岸适用于坡度较缓且对防洪要求不高的地段，规划自然原型驳岸主要建设在保育区的中部两岸，长 4.76 千米。通过营造自然植被群落，保持水岸的自然特性，如种植柳树、池杉、水杉、水杨、菖蒲等具有喜水特性的植物，利用它们生长舒展的发达根系来稳定堤岸。同时，这些植物枝叶柔韧、顺应水流，可发挥调节洪水、护堤、过滤污染物，控制氮、磷等营养物污染的作用；并可将水岸与河道连接起来，实现两种物质、养分、能量的交换。

11. 自然型驳岸

该类驳岸适用于有一定坡度和冲蚀较严重且对防洪要求较高的区域，主要分布在恢复重建区的近自然林边界，长 13.2 千米。自然型驳岸的生态设计采用自然的结构和形式，具有一定抗干扰和自我修复的能力。另外，为了增强堤岸抗洪能力，需要对驳岸原有植被进行补充和种植，并采用天然材料进行保护，在其上筑较为倾斜的土堤，在斜坡上种植防护林，既考虑生态功能，又兼顾景观效果。护坡种植的植物可选择湿地松、池杉、春羽、垂柳、紫竹梅、石蒜、吉祥草等。

12. 亲水型驳岸

结合景观布置，主要分布在合理利用区和入口区的景观平台，以及宣教展示区的观景平台和木栈道。亲水型驳岸的建设是在原有护堤的基础上，采用混凝土加固，以确保驳岸能具备一定的防洪能力。同时，在邻水处种植一些适地水生植物。有的河段防洪要求高而且腹地面积较小，有必要建造挡土墙进行加固。此时要采取台阶样式的分层方法处理，利用台阶式人工自然驳岸。亲水型驳岸中的植被营造可选择水生花草植物（卢萍、千屈菜、荷花、梭鱼草、水葱等）、灌丛溪边植物（香蒲、黄花鸢尾、水竹芋、大花美人蕉等）、乔木藤蔓植物（湿地松、池杉、水杉、垂柳、虎耳草、常春藤、凌霄、爬山虎、常春油麻藤、紫藤、龙须藤、多花蔷薇、香花崖豆藤等）。

13. 栖息地保护规划

良好的生态环境和适合的生境为鸟类的生活繁殖提供了基础。湖北金沙湖国家湿地公园规划在严格保护现有良好水禽栖息地的前提下，重点在湿地保育区和恢复重建区扩大水禽栖息地的类型和面积，保育好水禽繁衍、觅食的栖息环境。

（四）经验借鉴

（1）提出“自然湿地基质水生植物”“自然石水生植物”、草坡驳岸、植物驳岸等多种形式的自然生态驳岸做法，结合木制亲水平台、临水建筑等亲水设施，打造“青山绿水、生态持续”的金沙湖湿地，为人与自然、人与生物建立一个和谐共处的生态环境。

（2）提出“植物园”“鸟岛”，以及种植吸引鸟类栖息的浆果类树种，如桃、李、杏、樱桃、猕猴桃等不同的生态道路形式，密切结合地形设计，在保证生态系统完整性的基础上，丰富湿地公园的生态形式，利用道路划分出不同的植物群落区域，也利用合理的道路规划有效控制游人对湿地生态系统恢复的干扰。

（3）在遵循地域性、生物多样性、生态安全性等原则的基础上，以自然植物群落为模本，注重植物景观的群落结构，优先考虑植物生态功能的发挥。提出对近自然林进行阶段划分，对天然更新的林木进行保护，并根据情况补植。

（4）将“红色文化”“荆楚文化”与湿地文化相结合，构建和谐的湿地文化景观。

四　西溪国家湿地公园

（一）总体概况

西溪国家湿地公园位于浙江杭州的西部，是中国首个“国家湿地公园”。横跨西湖区与余杭区两区，离杭州主城区武林门只有6千米，距西湖仅5千米。其核心保护区西溪国家湿地公园东起紫金港路西侧，西至绕城公路东侧，南起沿山河，北至文二路延伸段，是罕见的城中次生湿地（见图5－4）。

图5－4　西溪国家湿地公园鸟瞰

面积：总面积约50平方千米，其中核心保护区约为10.08平方千米。目前开放区域3.46平方千米。

湿地生态：水资源、多种植被和水生动物资源保存完好，分布着维管束植物85科182属221种、浮游植物7门；鸟类有12目26科89种，占杭州所有鸟类总数的近50%。

西溪湿地独特的肌理特征：西溪湿地内水网交错，河塘重叠，芦苇茂密。湿地内河港、池塘、湖漾、沼泽等水域面积约占总面积的70%，其中滩地20余处；6条河流流经湿地，总长110多千米；大小鱼塘2770多个，重叠交错呈“鱼鳞状”。

（二）规划目标

西溪湿地公园以天然质朴为美，在结合当地人文、生态环境的基础上，拟定西溪湿地的规划目标。

1. 生态目标

突出强化湿地生态功能，恢复湿地水环境，控制污染源，对水体进行净化、保护和恢复原始湿地；对湿地植被进行养护管理，提高土壤的肥沃性，增加动植物的多样性，提高湿地的生态性和物种的多样性。

2. 文化目标

湿地景观与当地人文景观相结合，融合杭州传统文化元素，突出区域景观特色；在文化渗透的同时提供游人休憩、休闲的场所，实现文化与经济的结合。

（三）规划分析

西溪国家湿地公园整体布局：“三区、一廊、三带”。

“三区”：从2002年到2007年，杭州市委、市政府筹集资金40亿，分三期，实施西溪湿地综合保护工程。分为东部湿地生态保护培育区（二期）、中部湿地生态旅游休闲区（一期）和西部湿地生态景观封育区（三期）。

东部是2.4平方千米的湿地生态保护培育区，实行完全封闭，主要负责湿地的保护与恢复，湿地资源的培育，保持原始湿地状态，建造具有湿地多样性物种的原始湿地沼泽地；西部是1.78平方千米的湿地生态景观封育区，前期封闭，后期根据养护情况决定是否半开放；主要作为缓冲地段，对维护培育区的湿地恢复起辅助作用；中部是5.9平方千米的湿地生态旅游休闲区，负责游人的游憩休闲活动。

在分区原则上，同一区内规划对象的特征及其存在环境应基本一致；同一区内的规划原则、措施及其成效特点应基本一致；规划与分区尽量保持原有的自然、人文、线状等单元界限的完整性（见图5-5）。

图5-5 西溪国家湿地公园鸟瞰

“一廊”：一条50米宽的多层式绿色景观长廊将环绕保护区，犹如一条绿色的绸带，“绸带”自外而内由常绿高乔木、低乔木、灌木、草本植物、水边植物五个层次组成，既可以用来点缀景观，也可观赏，还有着提示游览线路、导航、控制游人出入等导引功能。

“三带”指的是紫金港路“都市林阴风情带”、沿山河“滨水湿地景观带”、五常港“运河田园风光带”。其主要是与西溪当地民俗文化结合，注重江南水乡的特点，充分展现富有魅力的生态西溪形象。

（四）经验借鉴

1. 西溪湿地公园配套设施

西溪湿地在公园配套设施建设上，在把握量的前提下，建设高标准、高技术、高效率、生态型和节约型的基础设施共享系统，以满足既定功能需求为原则。

2. 配套设施的选址

以不破坏现在的生态环境为原则，选择农居集中的区块，规划定位在深潭口村、龙章村、董家湾一带，同时与民俗展示相结合。

3. 业态功能布局

符合西溪湿地公园的定位目标，打造杭州独特的生态旅游精品，除合理的商业配套外，还应配备部分高品质的生态休闲设施，具体以会馆、企业总部、主题沙龙、创作基地等形式推向市场，以院落组团的形式布置在花蒋路两侧及龙章村、董家湾一带，以达到提升杭州旅游品质的目的。

4. 生态维护及开发尺度控制

生态是西溪湿地公园的命脉。西溪湿地二期部分区域因农居过分密集布局，且基础设施未配套，大量污水直接排入水体，其生态系统已达到临界状态，在二期工程中生态修复工作任重道远，其工程难度压力甚至超过一期，总结经验教训，对生态修复做如下规划：

第一，拆迁梳理农居，大幅度降低区域建筑密度，其容积率应控制在 0.025 范围内，最大限度降低环境生态负荷，为其生态修复打下良好基础。

第二，配备相应的基础设施，以期在最短的时间里恢复良好生境，以提高自我维持、自我循环的能力。

第三，按湿地生态群落调整配置植物，从生态系统生物多样性、稳定性和生物多样性群类意义配置物种群落，建立良好稳定的生物群落。合理沟通水面，建立一个良好的水环境，提高水体的自净能力、自我循环能力。在花蒋路东侧湿地生态保护区内，保留原有的鱼塘形态，利用道路及建筑拆迁的区块营建相对较大的水面，以展示湿地形态的多样性，体现湿地生态保护区的示范性与样板性。

5. 功能片区划分

批复明确西溪湿地保护范围划为三个层次，即保护区范围、外围保护地带、周边景区控制区。整体布局按照上述三个层次划分为东部湿地生态保护培育区（二期）、中部湿地生态旅游休闲区（一期）和西部湿地生态景观封育区（三期）。

一期与二期以深潭港为界，应在总体规划的统一指导下，在商业配套、基础设施配套上统一协调，避免投资的重复、工程的反复，景观风格上应协调统一。一期核心区通过门票合理限制游人量，二期为公共开放区，在各入口区合理、安全控制游人量，一期二期的分隔以水岸河道为主，以不影响自然景观方便管理为原则。

五　千湖国家湿地公园

（一）总体概况

地理概况：千湖国家湿地公园位于陕西省宝鸡市千阳县境内，属暖温带季风性气候，特点是四季冷暖、干湿分明，气温干燥，降水不均，秋季多连阴雨，冬季较寒冷，春季多季风，夏季气候凉爽。

人文概况：千阳县文化积淀深厚，史称“三贤故里”，燕伋、郭钦、段秀实是千阳古代历史上最为杰出的人物。千阳县有着丰富多彩的民间艺术，现已形成剪纸、布艺、麦秆画等六大产业。

自然、水文概况：千湖国家湿地公园千河大桥下游段东西长1900米，南北宽600米左右。滩地分布在河两边，千河水从规划区中间穿过，以河流湿地特征为主，兼有沼泽湿地特征。公园的东口是千阳县城的东污水排水口，距冯家山水库库区仅2000米，对水质形成直接污染。该段水土流失较严重，常年正常水位是709米左右，汛期为每年的8、9月份，洪峰最高水位可达713.54米（2010年7月21日测量数据）。该区植被破坏严重，现有少量的人工林和草滩。

湿地公园位于陕西省宝鸡市千阳县千河谷地中游，建设项目覆盖千阳县2镇12个行政村，规划四址为东至千阳中学以西至寇家河乡寇家河村以东的千河河床流域，南北以千陇南线和陇凤路为界，南北宽约7700米，东西长约6300米，总面积573.2公顷（见图5－6）。

图5－6 千湖国家湿地公园

（二）规划目标

1. 生态优先

湿地具有保持水土、净化水质、蓄洪防旱、调节气候和维护生物多样性等重要的生态功能。依据千湖湿地资源特征、环境条件、历史情况、现状特征以及当地经济和社会发展趋势，统筹兼顾，坚持生态优先的原则。

2. 因地制宜

在湿地公园的建设中，全面分析当地的条件和特点，科学制定绿化方案，充分利用原有的自然和人文条件，优先种植湿地适应性强，体现本地特色的乔、灌、花、草，把握地方特色，突出地域风格，在继承中求发展，建造出有地域文化和当地风格的优秀园林。

3. 以人为本

在千湖湿地公园的建设中必须注意保护当地村民的利益，合理协调湿地建设与农民利益之间的关系，事实上湿地农民的根本利益（经济收入提高、生活环境改善、生活质量提高）与湿地建设是一致的，在湿地建设中应针对农民出台相关政策，保护农民利益，坚持以人为本的原则。

4. 可持续发展

保护湿地，对维护生态平衡、改善生态状况、实现人与自然和谐、促进经济社会可持续发展，具有重要意义，在湿地建设中，必须坚持经济发展与生态保护相协调的原则，正确处理湿地保护与开发利用，近期利益与长远利益的关系，决不能以破坏湿地资源，牺牲生态为代价换取短期经济利益。要把加强湿地保护、恢复湿地功能作为改善生态状况和全面建设和谐社会的一件大事。

（三）规划分析

千湖国家湿地公园千河大桥下游段依据地形分为三大景区。该设计以千阳的风情文化为主线，溶入人文特色，大量运用水生和乡土植物，体现不同的景观效果，突出“湖中有园、园中有水、人水相依”的特点，展现出一幅自然和谐的生态景观。既为野生动物创造了良好的栖息场所，有效地保护了水源地，又为广大市民提供了休闲娱乐的场所。

三景区的设计依据功能不同，设计风格有所不同，第一景区以造景为主，是游人游憩的好场所；第二、三景区以植物栽植为主，尽量不让游人进入，可供野生禽鸟类动物栖息，满足科研等活动。下面分别进行介绍：

第一景区（游览区）：该区位于湿地公园以北，面积约 23.83 万平方米。分为入口、游览、净化三个区，通过皮影造型、剪纸铺装等人文艺术的设计，使游人了解千阳，认识千阳。

为达到人水相依的景观，该区将千河水引进公园，具体设计：在景区内靠近河水的滩地中开挖一条 1.5—4 米宽窄不一的小溪河床，河床边就地取材，用千河中的鹅卵石铺砌，岸边配以泽泻、水葱等植物点缀。水从主入口分区引入，经过园区，到污水净化分区流入河中。

1. 主入口分区

设计 18 米宽的公园主入口，位于千河大桥向东 340 米的位置，入口坡度设计为5%，地面用斩假石铺装。东侧设立标志石，石下以草坪地被植物点缀，石后用竹子来衬托。西侧铺设900平方米的停车场，周围配置银杏、合欢，寓意欢迎。入口的花坛中设置皮影造型的园林小品，点出千阳的人文特色。为解决入口南北的高差，停车场以南设计与堤岸相连的斜坡绿化，以固土砖铺砌，用龙柏和麦冬种植出“千湖公园”字样的模纹图案。入口东侧为能与农田分隔，设计了宽15米左右的绿地，边缘用两排水杉作分隔线，绿地内自然式栽植两组红瑞木灌木和水生鸢尾地被植物。

正对入口的堤岸下设计1500平方米的半圆形集散广场，广场内设立一座高杆灯，地面用碎大理石铺设剪纸造型的图案，其余部分铺设广场砖。

2. 游览分区

该区在主入口的东段，以植物的片区栽植为主，为了营造出自然、安逸、祥和的环境。植物以芦苇、花叶芦苇、芦竹、花叶芦竹、香蒲等水生植物为主，为增加景观性，近道路处适当点缀有水生鸢尾、水生美人蕉等时令开花植物。

道路系统分为主环路和次环路两级道路。主环路（包括堤坝）设计铺装宽度为2.5米，次环路设计铺装宽度为1.5米。主次道路铺装材料都为砼预制块，按不同图案铺设。在主次环路相交的节点处，适当设置四个人行道板砖铺设的休息小广场，供游人休憩之用。

道路绿化方面，堤坝北侧设计密植两排植物，外侧种植水杉，内侧种植丛状红叶李，是为了遮挡游人视线，与北侧的农田分隔。园内主环路两侧种植耐水乔木垂柳和枫杨，既能在夏日给游人遮阳，又给公园增加景观。

3. 污水净化分区

该区是千阳县城污水经处理后，排入河道的排水口，因此此区大量应用菖蒲、水葱、花叶芦苇等水生植被，形成从低到高的立体绿化效果，并以鹅卵石铺设泄污道，达到净化水质的目的。

第二景区：该区位于千河大桥两侧，河道南侧，是进出千阳县的门户，东西长 600 米，南北平均宽度 90 米，总面积 5.4 万平方米。设计采用植物栽植与造景相结合，在保证植物数量的前提下，适当增加景观。

桥下两侧，用规则造景的手法，以道路分隔的方法，在桥两侧勾勒出梅花造型的种植地，满栽芦苇、香蒲等水生植物。桥西侧滩地边缘为了勾勒边线，栽植两排水杉，在立体上有所变化。桥东侧，以原有杨树林为背景，以水生植物为主调，带状栽植，达到错落有致，层次分明的效果。

园内道路主要功能是分隔植物，不为游览，所以采取砼预制块干摆的方法铺设，宽度设计为 2 米。

第三景区：该区位于千河大桥下游南河堤下，是经通村公路至王家坪的必经之处。东西长 200 米，南北平均宽 70 米，总面积 1.4 万平方米，区内全部为河道自然形成的湿地，地势平坦，地下水位高，特别适合水生植物的生长，近水边缘有水鸟栖息。

该区内不设计道路，以大面积栽植耐水彩叶植物为主，着力体现大水、大林，努力营造一个自然、绚丽的生态景观。

河堤上的通村公路拐弯处建一观景台，让途经此地的游人可以在观景台上远眺芦花盛开、水草丰茂、飞鸟嬉戏的千湖美景。因此，该处的设计是以观景台为看点，最近处栽植水生毛腊、泽泻等不太高的近水植物，稍远处栽植稍高点儿的芦竹、花叶芦竹等植物，最远处带状种植芦苇，形成一道天然屏障。三种水生植物从低到高，错落有致，层次分明。

（四）经验借鉴

1. 植物方面

公园内植物众多，植物景观丰富，除了丰富多彩的湿地生境群落，还设有生态防护林，高大的乔木多，种植层次丰富，既阻挡了城市的噪音，也净化了空气。在植物方面注意突出当地特色，体现黄河口湿地的独特面貌。

2. 水系方面

水系的规划通过挖湖堆山来分割水面，将景区分为“预处理—人工湿地处理—排水处理”系统。公园内过多的地表径流通过系统排入河中，而城内污水通过系统与湿地水系统进行循环达到污水净化与水质改善的目的。沿着园内水系构建湿地景观走廊，并与城外水系相呼应，加速水循环流动，形成环城水系，提高了城市的防洪能力，共同形成一套完善的景观休闲系统。

3. 休闲方面

休闲区的娱乐设施设计合理，考虑了游人需求和当地情况，深受游客喜爱。

4. 经济方面

千湖国家湿地公园充分利用现有资源进行开发建设，在保护自然环境维持生态平衡的同时，也降低了成本。在各种材质的选择上，如栅栏、植物等，都优先考虑本土材料与树种，大大降低了建设成本与养护成本。该公园的建设对周边地块的价值提升极大，在公园周边开发新建住宅区，推动了当地经济水平的提升。

第二节 城市湿地公园案例分析

城市湿地公园是一种独特的公园类型，是指纳入城市绿地系统规划的、具有湿地生态功能和典型特征的、以“生态保护、科普教育、自然野趣和休闲游览”为主要内容的公园。城市湿地公园具有如下三大功能：生态功能、文化游憩功能和经济生产功能。其中，湿地生态功能是构成其生态系统服务功能的基础；保护历史文化、发展科普教育、休闲游览是城市湿地公园主要功能之一。此外，发展中还应协调组织内部居民的生产生活活动与公园运营的关系。本节将以伦敦湿地公园、上海世博后滩湿地公园、香港湿地公园、新加坡双溪布洛湿地保护区、广东梅州琴江老河道湿地文化公园为研究对象，着重分析其景观营造规划。

一　伦敦湿地公园

（一）总体概况

伦敦湿地公园位于距离伦敦市中心5000米之处，毗邻泰晤士河，是目前世界上唯一一个地理位置处于繁华现代化大都市中心的湿地公园。其位于伦敦市西南部泰晤士河围绕着的一个半岛状地带，被誉为“一个让人惊异的地方，使人类和野生生物在我们美好的城市中相聚”。

公园东临泰晤士河，是牛津与剑桥大学学生划艇比赛的必经之地，南边是大片的绿地，其上有网球场、运动场等公共体育休闲设施，其余两面均与居民区相邻。

公园占地42.5公顷，由湖泊、水塘、池塘以及沼泽组成，中心填埋土壤40万土石方，种植树木2700株，植被丰富多样，生态环境优良，使公园成为湿地环境野生生物的天堂。此外，湿地公园也为伦敦市民和外来游客提供了一个亲近自然、远离尘嚣的都市休闲、游憩场所，营造出了大都市中的美丽绿洲，改善了城市周边的景观环境。

自2000年5月建成至今，伦敦湿地公园累计接待全球前来参观的游客近千万人次，并获得了诸多奖项，湿地景观保护、野生动物动物等方面在全球占据领先的地位。

（二）规划目标

生态目标：主要以湿地保护为主旨，突出湿地的自然性、生态性，体现湿地动植物的丰富性。伦敦湿地公园的建立，也将极大改善伦敦的城市人居环境，园内的芦苇荡仿佛过滤器一般，使泰晤士河再次变得纯净，水质得到显著提高。

其他目标：在湿地生态保护的基础上集休闲、观光、科普、科研为一体，丰富伦敦的城市旅游资源、提供游憩休闲场所、加强公众对湿地生态系统的理解和认识，配备适当的旅游设施，开展旅游互动和休闲体验项目。

定位：湿地保育、湿地特色旅游、科研科普、休闲游憩（见图5－7）。

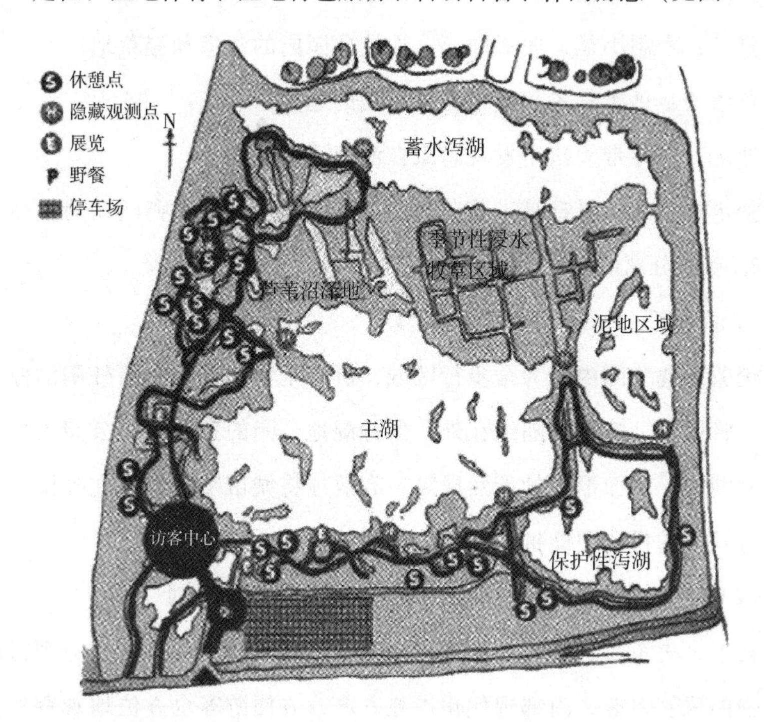

图5－7 伦敦湿地公园平面示意图

(三) 规划分析

1. 总体空间布局

伦敦湿地公园以各类物种栖息的特点和当地水文形势作为分区原则，划分为6个定位分明的栖息地和水文区域，其中包括3个开放水域：蓄水泻湖、主湖、保护性泻湖，以及1个芦苇沼泽地、1个季节性浸水牧草区域和1个泥地区域。

在空间布局上，这6个水域既相互独立，又通过水流彼此维系，紧密相依。从总体布局来看，湿地公园以主湖水域为核心，其他景观斑块错落分布，萦绕四周，整体上营造出一派动静相宜、层次分明的多元化湿地景观。

主湖：飞禽捕食、筑巢、活动的地点。

野径：木制小径，曲折回环，连接公园内的池塘和湿草地。

芦苇荡：鸟类越冬和繁衍哺育后代的地方。

塘区：向导带领孩子发现隐藏在池塘下的生物。

浸水牧草区：夏日是丰茂草地，冬天则是水凫、水鸭活动的牧场。

2. 动静分离的布局设计

(1) 入口：水面屏障，隔绝喧嚣

伦敦湿地公园内部为全步行区域，所有车辆都停在公园外围的停车场上，将尾气、喧嚣都隔绝在外，保持湿地公园的独立性。公园入口处有一片湖泊，水面形成的天然屏障，有效地将城市嘈杂隔绝在外围。游客通过湖上的桥，便能抵达湿地公园的访客中心。

(2) 访客中心：汇聚人流，开展公众性较强的活动

彼得·史考特访客中心位于公园入口处（见图5-8），是一个封闭性较强的建筑组群，内部现代化设施齐全，方便游客全方位地观察外界生物。

图 5-8 游客中心

访客中心的设施主要包括升降梯、玻璃观测台、望远镜、电影院、儿童戏水的发现中心、专业光学器材店、纪念品店和野餐区。

访客中心共有 6 幢功能不同的建筑，围合而筑，形成一个功能丰富的“活动核心”，将来访的人流聚焦于此，承载了湿地公园最重要的观测、科普、教育、访客活动的功能。

访客中心是所有进入伦敦湿地公园的游客的必经之处，人流汇聚于此，在不惊扰外界生物的情况下，完成一系列公众性较强的活动。

(3) 观光路径：分散人流，引人入胜

游客在访客中心聚集后，参观者便沿着观光小径，分散前往各个观察点。小径曲折蜿蜒，形成一个曲折回环的视觉长廊，人行其中，移步换景，引人入胜。

观光小径分为两路，分别引导游客向东方和北方行走，不知不觉间，入口处涌进的大批游客被分散开来，极大地减少了对自然界造成的干扰。

（4）动静分区

伦敦湿地公园内有明显的动静分区。沿着东西方向的两条小径继续前行，访客将会先后通过静与动 2 个区域。

静区：定点观测区，展示世界 14 个区域的自然栖息地和飞禽，重在科普展示，较为全面、客观地反映了当前世界各地受威胁的洼地栖息地的特征。这 14 个小景区具有相对独立性和封闭性，各自保持静谧的生态气息。小景区内设有固定座位，游客可以坐在座位上，安静地近距离观测湿地生物。

动区：游客互动区，重在强调湿地和人类之间的紧密关系，鼓励游客积极参与互动。游客置身其中，能够参与喂食飞鸟，在池塘中浸手，躬身园艺，仿佛回到令人向往的英国田园。通过和自然、湿地生物的近距离互动，游客能够更深刻地领会湿地的宝贵价值。在塘区内，专业向导带领孩子探寻池塘里的生物，另有探索冒险区，可供儿童攀岩游戏。

（5）建筑：传统典雅，画龙点睛

伦敦湿地公园中以其浑然天成的自然风光而闻名，最大限度地保留了自然湿地景观。公园中的建筑物极少，仅有的建筑分布如下：主体建筑位于公园入口处，采用传统英国建筑风格，给人以复古典雅的视觉观感，其余建筑物都零星分散于公园内，大多是外观素朴的平房木屋，以及一、二层建筑。公园内最高的建筑物是孔雀观测塔，也只有三层而已。

建筑物的存在将游客对野生动物的观测活动都限制在室内，这既方便了人们观测湿地动物，也最大限度地削弱了人类活动对湿地生物的干扰（见图 5－9）。

行走在伦敦湿地公园之中，偶尔可以看到一栋简朴的小屋幽然矗立在草木之中，犹如古早时期的英国田园风光。伦敦湿地公园的设计布局之中，景观遍布，若说观光小径是公园中的线条，那么建筑便是观光路线中的“点”，能够有效地凝聚人流，起到画龙点睛的作用。

图 5－9　景观建筑

除此之外，公园内的其他基础设施如观察平台、桥、栏杆、椅子、路牌、垃圾桶等也都采用木制复古风格，外观协调统一，可以巧妙地与自然环境融为一体。

（四）经验借鉴

1. 公益＋政策：重建废弃水库，转化土地功能

八十年代以前，伦敦湿地公园的前身是伦敦泰晤士供水公司的蓄水池，属于沃特家族所有财产，被称为维多利亚水库。1980 年，由于伦敦泰晤士环城水道建成，维多利亚水库失去原有作用，逐渐被废弃。

这片区域原本就是许多鸟类和昆虫栖息的地方，也是多种鸟类迁徙过冬的栖息地。水库的拥有者沃特家族决定和野禽及湿地基金会［The Wildfowl & Wetlands Trust（WWT）］合作，将废弃的水库改造重建，转换功能，成为湿地自然保护中心和环境教育中心。

达成共识以后，沃特家族将这片区域以极低的租金租赁给野禽及湿地基金会，重建废弃水库，转化土地的使用功能，逐渐成为世界闻名的

湿地公园。参与该项目的泰晤士水务公司、水禽和湿地信托基金也因为项目的成功和社会影响力而获得了社会各界的广泛尊重。

伦敦湿地公园从废弃水库到世界闻名的湿地公园，完成了跨越前世今生的成功转变，其中不乏社会各界的广泛支持和科学合理的规划（见图5－10）。

图5－10　保护与利用

湿地公园的建设是一项利国利民的公益事业，需要由政府引导，多方合作，寻求科研、规划、开发商、民众等来自社会各界的支持协作，合力促进湿地的保护与利用。秉承生态优先原则，保护和改善湿地生态环境，进行合理适度的利用和开发，兼顾经济利益、生态环境和社会效益，实现“以地养地”的经济平衡。

2. 独具匠心的水体设计

湿地公园的灵魂是水，水体是营造动物、植物赖以生存的生态系统最关键的因素。因此，伦敦湿地公园在湿地景观设计上，根据水体和人流的特性做出了精心处理和布局。

如按人流活动的密集程度、物种栖息特点和水文特点，将整个公园分成6个清晰的栖息地和水文区域，从而构成了公园的多种湿地地貌。

(1) 水体。水域和陆地相交的地方，一般采用自然的斜坡进行交接。陆地上精心设计了一个系统复杂的沟渠网，引入流水，沟渠之间衔接着平缓的丘陵和耕地。巧妙的地形设计使湿地内部的水系丰富，只要水位稍微提高一点，就能营造出一片片浅水湿泥地，能极大限度地扩充水体面积。

(2) 人流。在湿地公园中，水体是相对静止、变化较少的因素，而人流是无时无刻不在变化、活动着的外来因素。伦敦湿地公园的定位是公共游憩场所，向外界开放参观，为游客提供近距离观察野生生物的场所和设施。然而，公园又是价值极高的自然保护区，应力求维持原始生态系统和静谧环境，尽量不干扰野生动物的栖居和繁衍生息。

为了处理好这个矛盾，公园在设计之初便充分考虑到访客人流的分布密集程度、活动趋势、物种栖息特点、水文形势等情况，将偌大的公园划分为6大栖息地和多个点状区域，有效削弱人流对水域环境的影响，很好地避免了游客大量涌入对湿地景观和湿地生物造成伤害。

(3) 生态优先，最大限度保护生物多样性。由于湿地中生物多样性较为丰富，各类野生生物对环境的要求不尽相同，饲养和繁殖的特点也有差异性。为了解决这一问题，公园设计者秉承生态优先的原则，充分考虑到各类生物需求环境的差异性、多样性，在空间布局上令各区域之间都保持相对独立，每个区域内部又独具个性。这为各类湿地生物最大限度地提供了饲养、栖息和繁殖机会。

(4) 科普宣教功能。伦敦湿地公园拥有丰富的生物种类，淡水湿地拥有世界上40%的物种，其中12%为动物物种，每年来此栖息的鸟类超过180种，以及300种蝶类和飞蛾。其在维护生物多样性方面具有举足轻重的作用，堪称一座天然物种博物馆。

坐拥这一巨大优势，伦敦湿地公园也成了一个生态科普的教育基地，承担着诸多观测、宣教、科普、教育的职能。让公园访客在不破坏保护地价值的情况下，能够近距离观察各类野生生物，并在游憩休闲之外，学习更多有关湿地和野生动物的知识。

二 上海世博后滩湿地公园

（一）总体概况

上海世博后滩湿地公园位于上海世博会浦东地块 C 片区，西起倪家浜，东至打浦桥隧道，北靠黄浦江，南望浦明路，紧邻世博公园。占地面积 18 公顷，岸线长度大约有 1700 米。该区是受到黄浦江水流冲积和潮汐作用而形成的泥沙堆积区城。

2007 年年初，本项目由北京大学教授俞孔坚带领的“土人设计”团队负责，2009 年 10 月全部建成，2010 年 5 月公园正式对外开放。该项目曾经荣获 2010 年 ASLA 年度大奖——杰出项目奖。

动植物资源：这片城市农田里，稻谷作物和湿地植物生长茂盛，随着季节更替，油菜花、向日葵、稻花、三叶草等植物渐次开放，为上海市的居民提供了一片能够体验农耕农产的城市农田。

（二）规划目标

上海世博后滩湿地公园建造主要有两大目标：

其一，它作为展示生态文明的特别场所，是 2010 年上海世博公园的核心绿地景观之一，也是世博园的一个重要组成部分。

其二，在世博会结束以后，它将继续作为未来上海市的公共绿地，成为广大市民和游客休憩、游览的湿地公园。

上海世博后滩湿地公园的规划目标：采用当代景观设计手法、将景观作为贯穿始终的生命系统，建成一个具有生产功能、传承文明、水质净化、生物保育、防洪和审美启智等功能的综合型城市湿地公园，体现出 2010 年上海世博会的主题——“城市让生活更美好”。

场地原址是钢铁厂和后滩船舶修理厂的所在地，主要是工业、仓储用地，场地边缘保有保存完好的厂房、码头等工业遗址（见图 5-11）。

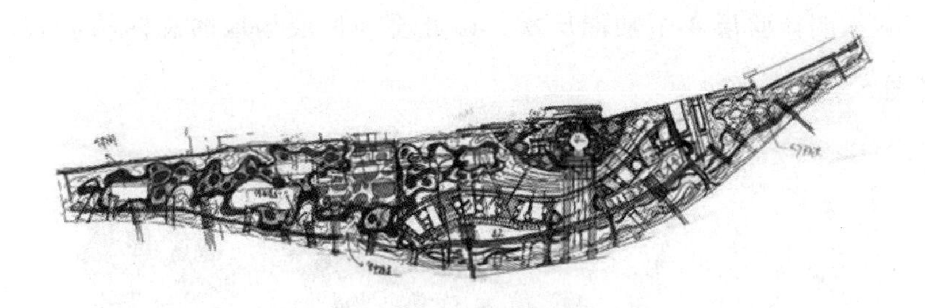

图 5-11 场址分析

上海世博后滩湿地公园原址区域是黄浦江边一片长条状地块，这里曾是上海工业产业时期遗留下来的棕色地块，存在着严重的污染问题，毫无生气。

上海世博后滩湿地公园在规划期间需要解决以下几个难题：

其一，需要满足世博会期间和会后对场地的双重需求，公园容量应当解决世博会期间巨大的人流疏散问题。

其二，需要运用低碳、可持续的现代理念，对污染严重的棕地进行湿地生态恢复和景观重建。

其三，需要解决防洪标准和湿地的高差问题。

（三）规划分析

1. 设计思路：一条蓝带串起的四种文明

总体而言，后滩湿地公园的设计思路可以总结为“一条蓝带串起的四种文明”。其中，“蓝带”指的是三带一区、三场九园之中的步道网络。“四种文明”则是指“滩”的回归、五谷禾田、工业遗存、后工业生态文化。

规划原则：遵从生态设计原则，以场地文化为脉络、注重体验需求、重塑人文湿地。

本项目以后滩地区发展的时间脉络、空间背景和资源禀赋为线索，将湿地公园分为湿地生态景观层、农耕文明景观层、工业文明遗存层和后工业文明体验层4个功能层次，由此叠加形成场地的总体功能布局（见图5－12）。

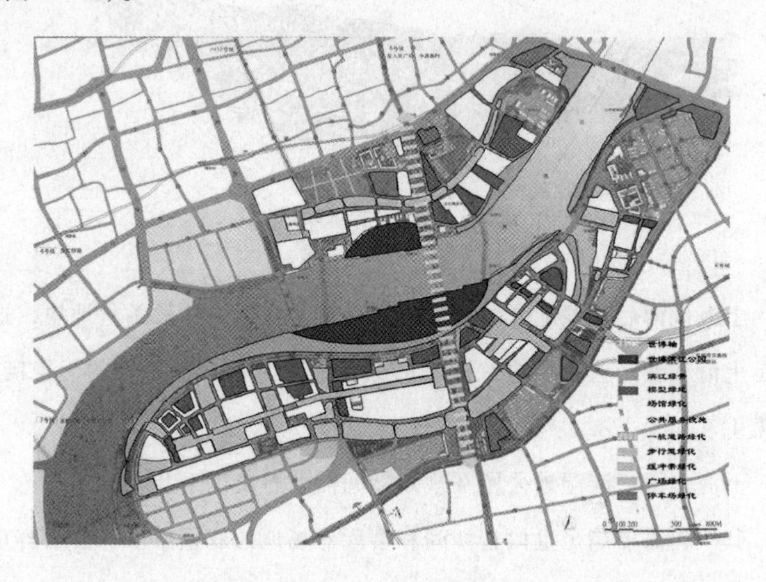

图5－12　整体规划

2. 总体布局

项目依据立体分层的布局方式，将该场地发展的历史脉络、空间背景和场地禀赋作为设计思路，把整个湿地公园分为四大功能层。

（1）湿地生态景观层：保留场地滩涂和湿地，展现黄浦江滩地原生态景观，代表着已经远去的渔猎文明。

（2）农耕文明景观层：改造自昔日的农耕文明遗迹，利用田园江水，体验农业文明。

（3）工业文明遗存层：保留区内工业时代遗迹，加以改造利用，追忆工业文明。

（4）后工业生态文明体验层：建立开放式的多重体验空间，不同于前三层对于历史的回顾，该层是设计者对后工业时代的美丽畅想。

3. 功能布局分区

第一，湿地生态景观层：三带一区，构建湿地基底。

滨江芦荻带：位于场地北侧，芦苇和荻草构成生态滨河岸线，亲近自然。

内河净化湿地带：位于场地中部的人工湿地系统，内河湿地的过滤渗透层将黄浦江水进行过滤、净化，构成湿地生态净化系统，为世博园区的景观提供水源。

梯地禾田带：防洪堤和湿地之间有 5 米的高差，呈现出高差错落的梯田形态。

原生湿地保护区：利用滨江保存完整的滩涂湿地，建立湿地保护区，吸引鸟类前来繁衍生息。

第二，交通体系：三场九园、步道网络。

三场：位于西端的“空中花园”改造自旧工业建筑；中部的水门码头广场和东端的漂浮花园构建出多种多样的文明景观体验空间。

九园：休憩场所在设计上呈现为各类文明景观的体验空间，为拥挤人流提供了疏散、等候、娱乐、休闲的场地。

步道网络：具体呈现为“一环九纵多路径”的网络状步道系统，串联各个体验空间，既确保了场地和外界的联系，又成功解决了世博会期间游客众多导致的分流难题。

4. 规划亮点

针对公园规划所面临的诸多难题，后滩公园的核心设计理念是将景观当作一个“活”的生命体，设计出一个“活”的系统，担负起城市中诸多生态服务功能，具体包括：调节自然过程、控制碳排放、净化水体和土壤、美学功能、传承文明和保护乡土物种群落等（见图 5 - 13）。

图 5-13　上海世博后滩湿地公园局部鸟瞰图

（1）采用弹性设计，满足世博会期间和未来上海的双重需求。本项目秉承资源节约、低碳环保、后期改动较少等原则，在设计之时充分考虑未来的公园利用状况。在公众服务设施、功能建筑、铺装场地等方面，进行弹性设计，满足不同时期的双重需求（见图 5-14）。

图 5-14　景观弹性设计

（2）景观重塑，修旧如旧，利用原有材料改造建筑。充分利用原有材料，挖掘本地遗留的文化元素，拆除废旧工业建筑的材料部件，回收整合，加以利用，重新用于新建筑。防洪堤由生态型岩石建造而成，塑造了环保高效的防洪系统。

公园栈道：用竹子打造而成，富有天然韵味（见图 5－15）。

图 5－15　竹子栈道

悬空花园/俯瞰平台：利用旧工厂的残部断片打造而成，充满工业历史的气息。

（3）妙用“农田”景观层，消解场地高差。梯地禾田借鉴了农耕文明时代的造田、灌溉设计，充分利用“田”这一农耕文明的独特景观，消解了内河净化湿地和防洪标准之间的高差，构建出了场地和城市的过渡、衔接的景观。

（4）独特的水系统生态净化模式。上海世博后滩湿地公园的水系统经过精心设计，具备生态净化功能。园内的湿地系统逐级净化受到污染的江水，有效发挥了湿地的生态修复作用。

黄浦江水流经湿地，需要先后经过滴瀑水墙和梯地禾田这两段“阶梯”。在水墙中，黄浦江水得到初步净化，顺势而下，进入梯地禾田。禾田里种有作物水稻、水芹、芦苇、菖蒲、千屈菜、水葱、茭白等，能够有效吸收水中的杂质，深度净化水质（见图5－16）。

图5－16　水系统生态净化

园内河流长达1.7千米，河底的沉水植物构建成茂密的“水下森林”，通过光合作用，为水体充氧，从而使得水流保持活力，变得更加清澈。

（四）经验借鉴

两千多年以来，黄浦江畔历经了农耕文明的兴衰，也见证近代民族工业的变迁。在上海这个国际大都市，后滩湿地俨然成为一处具有丰厚历史文化底蕴的珍贵绿地。后滩湿地公园的建成既成了人们追忆过往、关注当下的历史博物馆，又是人们畅想未来的一处绝佳体验场所。

黄浦江的水质是劣5类，属于我国最差的水质。但项目通过叠瀑墙、梯田和引入低维护、生长期短的芦苇、玉米、水稻和荷花等湿地植物对这些自然过程进行净化，如今后滩公园沿岸的水质已经达到了3类。这就意味着每天有2400吨的水经过后滩公园的净化处理可被作为非饮用水，安全地用于世博会的各个地方，这种利用自然进行污水处理的方法较之传统方法可节约50万美元。

如今，后滩湿地公园的农作物随季节轮换着生长，向日葵灿烂地盛开、水稻也在吱吱地钻出地面，成了野生物种的避难所，成群结队的鸳鸯和乌龟在黄浦江安了家。

上海世博后滩湿地公园的设计面临六大问题和挑战：第一大问题，后滩地区保有上海市区、黄浦江边仅有的一块天然湿地，它历经了两千多年的历史变迁，目睹着黄浦江畔农耕经济的兴衰起落，如何遵从生态设计原则、秉承场地文脉、满足多重体验需求？第二大问题，如何保护、恢复与重建生态湿地？第三大问题，世博会期间人流量特大且集中，设计日流量为40万人次，高峰日流量60万人次，极高峰日流量80万人次。而场地内的合理容量在2.66万人，极限容量在3.78万人，且场地南部临接世博园区西入口人流等候广场，场地中部的水门码头是世博园南区唯一的水上门户，场地东部则联系世博园区中心绿地，如何解决世博期间人流等候与疏散问题？第四大问题，依据世博园区总体规划的防汛设计要求，防汛墙的设计标高为千年一遇的防洪标准6.7米。而黄浦江的平均潮位为2.24米，平均高潮位3.29米，平均低潮位1.19米，防洪标准与黄浦江水位之间的高差多达5米左右，如何解决场地千年一遇防洪标准与湿地之间的高差问题？第五大问题，世博会期间和会后场地的功能定位发生了变化：会时的功能定位偏向于安全疏散、游憩等候等功能的世博绿地，会后则突出湿地保护、湿地生态的审美启智和科普教育等功能的城市湿地公园，如何满足会时与会后场地的双重需求？第六大问题，如何运用现代理念和先进技术营建后滩湿地公园？

为综合解决以上六大问题，上海世博会园区后滩湿地公园采取了以下六大设计对策：

第一大设计对策：四种文明串写场地脉络。方案采用立体分层布局的方式，以后滩地区发展的时间脉络、空间背景和场地禀赋为线索，将湿地公园分为湿地生态景观层、农耕文明景观层、工业文明遗存层和后工业文明体验层四个功能层次，由此叠加形成场地的总体功能布局。

第二大设计对策：三带一区建构湿地基底。方案以“双滩谐生”为结构特征建立湿地体系，由滨江芦荻带、内河净化湿地带、梯地禾田带和原生湿地保护区四个部分组成。

第三大设计对策：三场九园、步道网络编织交通体系。方案以一环九纵多路径的交通路网和三场九园的休憩场所共同形成场地的交通网络。三场：分别为西端“空中花园”广场（通过改造利用工业建筑形成），中部水门码头广场，东端漂浮的花园（与会展区相联系）。九园：在场地中建立由多个艺术“容器”组成的多重体验空间。以网络的形式构建步道系统，串联各个体验空间，形成亲切自如的人行交通系统。

第四大设计对策：梯地禾田梳理场地高差。方案利用场地农耕文明景观层的梯地禾田来消解场地千年一遇防洪标准与内河净化湿地之间的高差。

第五大设计对策：弹性设计满足双重需求。本着节约资源、会后尽量少的改动原则，在设计时充分考虑会后的利用，在功能建筑体和公共服务设施、铺装场地等相关方面进行会时与会后的弹性设计。

第六大设计对策：生态理念引领技术航向。生态与人文理念贯穿于后滩湿地公园的全部设计过程，主要体现在再造湿地公园的相关措施与技术、场地工业遗存保护再利用等的相关措施与技术，以及其他生态可持续发展等相关措施与技术等。因此，总结而言，后滩湿地公园的案例为我们提供了以下几个经验：

一方面，湿地公园生态的重塑，在景观基质上结合多种文明形态。

第一，本项目成功地恢复了该区域曾经遭到严重破坏的几种原始生态，融入新的生命力，再建生态基础设施，迎合了现代城市对于湿地生态的渴望和需求。

第二，本项目还巧妙利用“文脉”这一线索，串联起几种即将消逝的文化景观，让那些已经衰败、没落的文化景观再次鲜活，获得重生。

项目景观沿着历史的脉络，串联起农业、工业时代的历史，又使之与后工业生态文明交相辉映，进行对话。

第三，后滩湿地公园采用的后工业景观设计独特，具有生产性，既承载着本地区的历史记忆，也具有前卫性，管理成本较低、收效景观高。

另一方面，景观设计独树一帜，充分利用自然更新、景观再生的理念，结合原有场地的生态基础，将之改造成为集合了生态保育、水体净化、防洪、生产、审美启智等多种功能为一体的综合型生态服务湿地公园。

公园通过多种手段成功地解决了工业和河水污染问题，让荒废之地得到全面整治。例如：对工业材料的回收和再利用，调控生态雨洪，发展城市农业。后滩区域污染严重的工业重地，如今已经营造出焕然一新的景观生态，重新注入新的活力。后滩湿地公园建成之后，不再需要投入大量的人力物力进行维护，而是让自然发挥效应，形成具有低碳特色的城市湿地景观。

总结而言，从景观生态学角度来看，后滩湿地公园以一种生命系统的姿态证明了生态基础设施可为社会和自然提供一种新型的生态水治理和雨洪调控方式。这一独特的、生产性的、承载着过去的记忆，并展现未来生态文明的后工业景观设计是以低管理成本、高收效景观为基础的。从宏观上来看，后滩湿地公园的诞生为解决当下全球环境问题提供一个可以借鉴的湿地公园样板，创建出一套崭新的公园建造、管理模式，成功地诠释了“城市让生活更美好”的上海世博会理念。

三　香港湿地公园

（一）总体概况

香港湿地公园（HongKong Wetland Park）位于新界天水围北部，接近香港与深圳的边境，占地61万平方米。建有占地1万平方米的室内展览馆以及60公顷的湿地保护区，是一个世界级的生态旅游景点，同时也是亚洲首个拥有同类型设施的公园（见图5－17）。

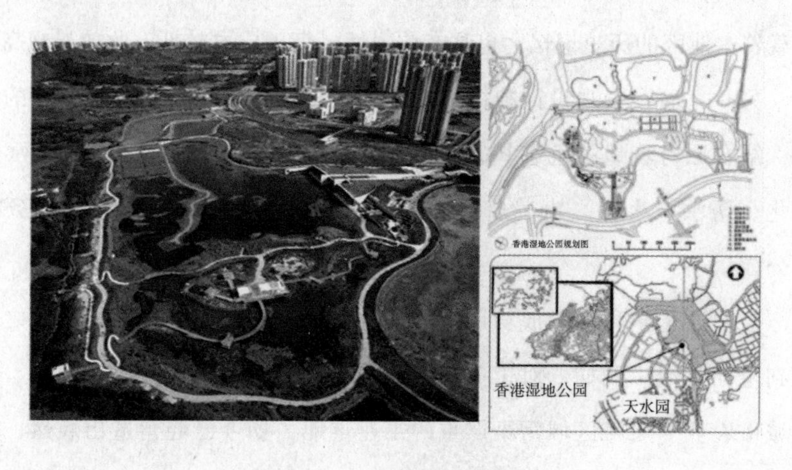

图5－17　香港湿地公园

1998年，香港渔农自然护理署及香港旅游发展局展开了一项将生态缓解区拓展为生态旅游景点的项目，名为“国际湿地公园及访客中心”，最后决定发展为一个湿地公园。香港湿地公园是一个典型的城市湿地公园，是本着生态、景观、游憩、科普教育和文化并兼有物种及其栖息地保护的原则而建设的。

（二）规划目标

生态目标：主要以湿地保护为主旨，突出湿地的自然性、生态性，体现湿地动植物的多样性，使其成为具有独特的湿地教育、资源和研究的中心，继而打造成为一个世界级的生态旅游景点。

其他目标：在湿地生态保护的基础上集娱乐、休闲、科普为一体，丰富香港的旅游资源、提升游客的旅游体验、加强市民对湿地生态系统的理解和认识。配备休闲娱乐的建筑物、服务设施以及与米浦沼泽自然保护区相辅相成的设施。

定位：湿地保护、旅游休闲、湿地科普。

（三）规划分析

香港湿地公园包含一个占地1万平方米的室内访客中心——湿地交互世界和超过60公顷的湿地保护区。

1. 访客中心

湿地公园的访客中心位于公园入口处，是一个两层高的建筑物，总面积约1万平方米。其中包括5个以湿地功能和价值为主题的展览廊："湿地知多少""湿地世界""观景廊""人类文化""湿地挑战"，另外还设有放映室、课室及资源中心、餐厅、礼品店及儿童游戏区。整个访客中心的设计以"融入自然"为理念，由入口望向访客中心，整个建筑物完全隐蔽在一片绿油油的人造山坡之下（见图5－18）。

图5－18 香港湿地公园访客中心局部

2. 湿地保护区

湿地保护区占地约60公顷，由不同的再造生境构成，包括淡水沼泽、储水湖、芦苇床、草地、矮树林、树林、红树林以及人工泥滩。访客设施集中在保护区北部连接访客中心的地方，探索中心及观鸟屋为访客及学生提供了认识湿地的机会（见图5－19）。

图5－19　香港湿地公园湿地保护区

（四）经验借鉴

1. 设计特色

香港湿地公园的设计成功将“空间、天、水”连接起来，并在屋顶设有大片草地，游客可以毫无障碍地在缓缓倾斜的草坡屋顶上漫步，欣赏周围的湿地风光。从广场入口看，仿佛前面升起一座绿色的山丘。这一巧妙设计体现了园景与建筑物的完美融合，同时也提高了建筑的能源使用效率。

2. 环保设计理念

环保是湿地公园设计中的重要考虑因素，对湿地公园的布局、预算、建筑、使用材料、生物栖息地建造等都需要以环保为主要前提。

访客中心以“融入自然”为前提，屋顶的建造形式以人体山坡为遮挡隐藏其下，加上仔细旋转角度，从而减少太阳辐射，使得这座建筑的热传导总值非常低，节能而环保。

户外湿地中设有数目、地形隔离游览区和保护区，为了保护红树林，专门设计了1500米浮桥。

3. 可持续发展设计理念

（1）物料的选用。香港建筑署在建造湿地公园时十分注重物料的选择以达到可持续发展的目标，主要体现如下：

第一，优先采用可以更新的软木材而不是硬木材。

第二，研成粉末的硅酸盐粉煤灰代替了一部分水泥掺入混凝土中增加其防水性。

第三，沿入口坡道南侧设置穿过中庭的循环利用的砖墙（广州某传统中式建筑拆下来的砖），减轻了太阳辐射对建筑的影响。

第四，大量使用在香港苗圃常见的乡土湿地植物物种，尽可能地模拟自然生境，而且能将维护成本和水资源的消耗降到最少。

第五，材料的再利用，包括军器厂街警察总部拆卸下来的花岗石废料、动物折纸造型的雕塑、周边流浮山渔村中弃置的蚝壳等，都被巧妙地运用在公园入口景观的设计中。

（2）水系统的设计。水是湿地形成、发展、演替、消亡与再生的关键，湿地公园水系统的设计体现了可持续发展的理念。

利用可以获得的天然水资源，重建了淡水和咸淡水栖息地。咸淡水栖息地依赖于自然的潮汐运动。淡水湖和淡水沼泽以及来自于周边城市排放的雨水作为其主要水源，这些雨水需经过三步处理，首先收集在一个沉降池中，然后通过水泵提升到天然芦苇过滤床中净化，最后通过重力作用流入淡水湖和沼泽。这些水体本身也是通过可持续的方式建造的，它们利用了原有鱼塘约一米厚的防水砂浆中的黏土。水的流速和水深由一系列简单的手动控制的堰来进行调控。

（3）能源的利用。湿地公园通过提高能源利用的效率，从而降低运营费用，达到可持续发展的目标，主要体现在以下几个方面：

在空调设施中采用地温冷却系统，通过埋设于地下 50 米深的管槽内的聚乙烯管组成的抽送系统，以达到充分利用相对稳定并且几乎保持恒定的存在于地表以下几米的地温。

采用地热系统，不仅可以防止废热能排入大气，加剧地球温室效应，还可防止废热能排入周围的生境，以致对生态产生负面影响，同时还可以节省冷却建筑物所需要的大量能源，整个地热系统的安装相比于传统的冷却塔，总体上预计可以节约 25% 的能量。

安装根据游客数量而调节新鲜空气的二氧化碳传感器和由计算机控制的照明系统，该系统设有调节亮度的传感器和在不需要时可以关闭局部照明系统的计时器，达到节约能源和充分利用能源的目的。

4. 湿地生境的创造

除了避免人类活动的干扰之外，对湿地生境的再造和营造也是体现人与自然和谐共生理念的重要方面，湿地生境的创造主要包括水体与土壤、植被种植等方面的设计。

（1）水体与土壤。水体营造的技术关键在护岸的处理、生物廊道的设计等，主要措施有：

护岸处理以自然生态驳岸为主，充分考虑因水位变化而带来的景观效果变化。

栈道采用全木制，采用浮桥的形式，减少下方空间支撑结构物的面积，保存栈道下方原有的生物环境。

公园内是全步行系统，因此桥梁不用采用跨越式，而是采用裂纹式铺装，标高和地面一样，中间留有通道，避免隔断生物物种的迁移。

硬质铺装道路尽量避免穿过湿地保护区，如需硬质铺装道路，则设有水流涵洞或排水涵管，并在涵洞、管底堆放中小型碎石，增加动物通过速度和局部隐秘性。

进行大量的土壤试验，来测试那些从苗圃处不容易买到的乡土湿地植物的繁殖率和生存率，以达到湿地群落生物的最大化和景观的多样性。

（2）种植设计。香港本地的野生湿地植物资源相当丰富，在配置时应遵循物种多样性，再现自然的原则，体现“陆生—湿生—水生”生态系统的渐变特点，植物生态型从“陆生的乔灌草—湿地植物”或“挺水植物—浮叶沉水植物”等，主要措施有：

大量使用香港乡土湿地植物，尽可能地模拟自然生境，湿地湖泊中水生植物的覆盖率小于水面积的30%。

除考虑到水生植物自身的水深要求之外，还需要考虑其花期和色彩、高低错落搭配，并安排好游人的观赏视角，以免相互遮挡。

5. 科普展示方面

香港湿地公园本身拥有丰富的生态资源，是候鸟过冬的好选择，良好的基地基础加上好的设计，大大丰富了香港湿地公园的生物多样性，成了独特的湿地研究、教育、体验中心及小学生科普教育基地。

（1）科普展示方式。展廊与放映室：展廊与湿地课堂形式多样，专业性和科普性强。设置五个不同主题的展览，采用知识问答、触摸设备、图片展览等方式再现不同环境的湿地生境、展示人与湿地的亲密关系、了解湿地所受的威胁及解决办法，普及湿地知识，使游人身临其境地感受湿地对于人类社会的紧要性及对湿地展开全面保护的紧急性。

室外不同生境游览区：通过人工建造不同的湿地生境，游客可仔细观察水中的生物、了解湿地的控制与湿地演替过程。

（2）科普展示内容。香港湿地公园的科普展示通过人造湿地，模拟湿地的自然变化，达到科普教育学习的目的。主要有湿地生态展示、湿地生境展示、湿地演替展示、环保原理展示、人类文化、文明发展展示。

（3）游览路径。香港湿地公园的游览路径并不单一，根据景点设置了不同的路线，而且风格迥异。

游览活动区和湿地展示区根据功能的不同而布置四条游览路径，分别为溪畔漫游径、红树林浮桥、演替之路、原野漫游径。

溪畔漫游径：沿水而设，模拟一条河流，游人沿水边漫步可看到各种生命的踪迹，也可看到水生生物是如何在不同的环境中生存的。

红树林浮桥：踏上浮桥穿梭在红树林中，近距离观赏红树林与其中的动植物。

演替之路：湿地的演替过程在这条路径可清楚地看到湿地经历了"广阔水体—沉水植物—浮水植物—挺水植物—灌木—乔木"阶段，最终形成了丰富多样的湿地生境。

原野漫游径：原野气息浓厚，有着季节性淹没的湿地、草地与林地，蜿蜒的小路通向蝴蝶园，观察蝴蝶与陆生植物，有着与城市生活完全不同的原野体验。

通过对香港湿地公园景观和生态设计手法的分析，我们可以看出，对于城市区域中湿地的保护，并不意味着将其隔离弃置，而是可以通过合理的、精心的设计与规划、有一定的技术支持，实现湿地保护和旅游开发、科普教育和休闲娱乐等多重目标。香港湿地公园的生态规划理念贯穿其整个过程。建成后，它不但是一个世界级的旅游景点，而且更是重要的生态环境保护、教育和休闲娱乐资源。

四　新加坡双溪布洛湿地保护区

（一）总体概况

新加坡双溪布洛湿地保护区坐落于新加坡西北部，规模为 130 公顷，是新加坡第一个湿地中心和自然示范基地，被列入东南亚国家联盟遗产公园。公园自从开放以来就成为人们平日里休闲、旅游、养生的好去处，同时也带动了周围的产业链发展，酒店、高尔夫球场、SPA、工业园区等设施齐全丰富，在保护湿地的同时，具有教育、娱乐、研究、经济的功能（见图 5－20）。

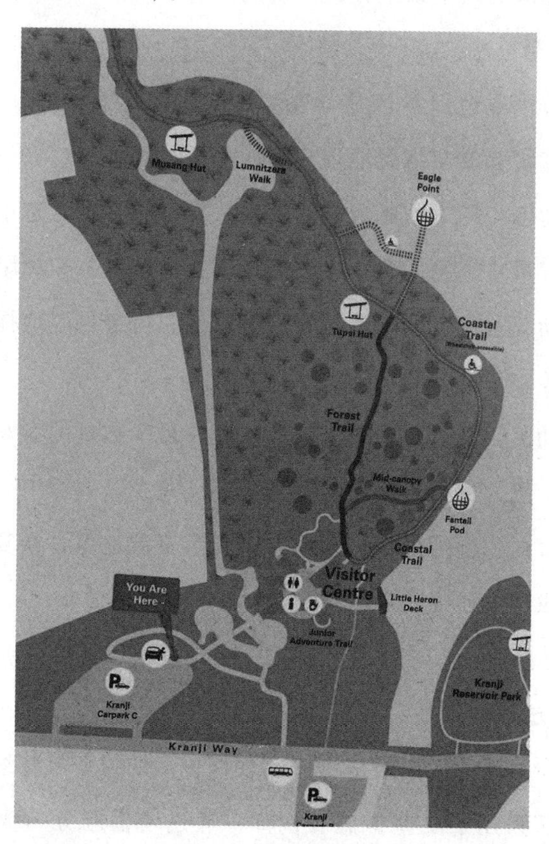

图 5－20　新加坡双溪布洛湿地保护区平面

双溪布洛的地势低洼，由咸水塘、河口和泥滩构成，因此区域内存在海水、咸淡水、清水三种水体，湿地类型主要是热带海洋红树林湿地，生态价值与经济价值高。公园内生物资源、自然资源丰富，许多候鸟迁徙时会在此停留。

（二）规划目标

在规划设计的过程中平衡保护与开发的关系，从多元化和可持续的角度出发，保护湿地生态环境，建立生物多样性廊道，维护湿地鸟类和其他动植物的正常生长繁殖。为游客提供休闲散步的场所，在体验自然乐趣的同时增强游客对湿地生物多样性的关心。利用园内大量的鸟类资源，扩大深化鸟类及生物学方面的研究。

（三）规划分析

在双溪布洛湿地保护区成立 15 周年之际，对其进行了重新规划，按照活动强度将双溪布洛湿地划分为四个活动区：

互动活动区：针对团体游客的活动，设有游客克兰芝小径，使游客对于湿地能有最直观的体验，可以近距离接触红树林和海岸栖息地。

探索活动区：位于湿地保护区的海岸线，可进行湿地探索，产生深度的湿地体验。

专家活动区：最少活动的区域，仅允许最少数量的参观者，尽量减少对场地的干扰，保护自然湿地环境。

限制保育区：湿地保护区核心，主要负责湿地保育恢复，禁止游客出入，仅提供科学研究。

（四）经验借鉴

1. 经济方面

为了减少对政府的财政依赖，实现保护区的财务可持续性，双溪布洛湿地保护区采用了一些措施。例如：通过增值服务与商品来获得收入；提高公众的公共参与度，通过招募志愿者，平日协助园区物种的保护调查，周末为游客进行讲解，既减少日常开销又提高观光游客的兴趣；通过招募赞助商，获取投资，扩大影响力。

2. 游览路径方面

游览路径根据目的地和用途的不同，采用不同的颜色区分，有黄色、红色、紫色路线和穿越红树林的木栅道。

3. 生态保护方面

双溪布洛湿地保护区在规划之初就采用生态可持续发展的理念，将其设计为有益于生态保护、有益于游客身心健康、可长足发展受益的湿地公园。园内设施全部为木制，将环保生态理念贯穿全园。各类设施的建造避免对生态造成过多损害，但又尽量满足游人的游览休闲观景需求。例如，在保护区内设置观测平台、观察屏幕、休息亭、隐蔽观赏点，使游人在保证人身安全的前提下，可近距离观察园内生物，但又不会对其他生物进行过多干扰。

双溪布洛湿地保护区的整体规划是朝着创建集湿地保护、湿地科普、娱乐休闲、湿地科研为一体的湿地保护区目标开展的。因此，在各方面规划上都比较全面，各区功能明确、相互融合，在确保生态自然得到最大程度保护的同时，也大大地提升双溪布洛湿地保护区的游览观赏价值。

五　广东梅州琴江老河道湿地文化公园

（一）总体概况

广东梅州琴江老河道湿地文化公园原本是琴江主河道的一部分。20 世纪 60 年代，由于城市防洪及城市建设的需要，新挖掘的直线河流与原河流的拐点相连，大部分弯道都被填埋，形成内河道，保留的一小段宽阔河道被建设为五华县人民公园。因前期建设投资少、管理不善，公园逐渐被城市居民遗忘。从场地周围明清时期的围龙屋的散布位置中，依稀能够看到当时河流蜿蜒、乡村纵横的景象。近年老河道湿地文化公园经过重建恢复，呈现了较好的面貌，成为湿地恢复案例中的经典。

（二）规划目标

该公园位于五华县华兴南路，是五华县有的大面积集中的综合性开放绿地，是城市中心的一块绿肺。但受城市不断发展扩张的影响，原有的水源流径正被周围区域过多的生活污水污染，补水量不足，生境退化，生物多样性锐减，因此需要进行生态保护及恢复，并适当丰富其生态服务功能。“彰显石匠文化的城市开放空间”是老河道湿地文化公园的规划目标。

第一，解决水的问题。向琴江引水、雨水污染和生活用水的污染过多，使原有的水域补给量不足，导致生境退化，生物多样性较低。

第二，解决公园为人民服务的问题。生态环境下降、公园活动空间单一、缺少服务设施以及缺乏有效管理令场地被生活在城市的人遗忘。

第三，传承传统文化。传统客家聚居文化、围龙屋、历史上的田园河溪场景渐渐褪去。

第四，提升区域经济的可持续发展。

（三）规划分析

琴江老河道湿地文化公园以建设“琴江三角洲”为设计概念（见图 5 – 21），将场地内现有互不相通的水塘，相互疏通连接，让上游的水经过此“三角洲系统”得到净化。

琴江老河道湿地文化公园的建设以“复兴场地记忆，延续琴江文化”为目标，意图通过复兴区域内的场地记忆，还原自然形态下蜿蜒的河流、阡陌纵横、客家围龙屋印象。

整体规划设计如下：

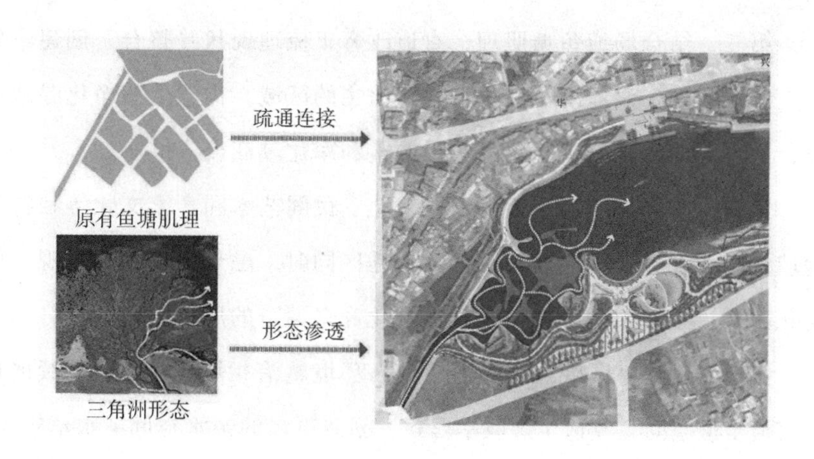

图 5－21　概念演绎图

第一，借鉴生态防护圈"中心区—缓冲区—实验区"模式建立人工湿地缓冲区，即采用"缓冲区＋核心区"的保护模式，阻隔城市对原生湿地的影响，构建了一个完整的雨水管理和生态进化系统（见图5－22）。

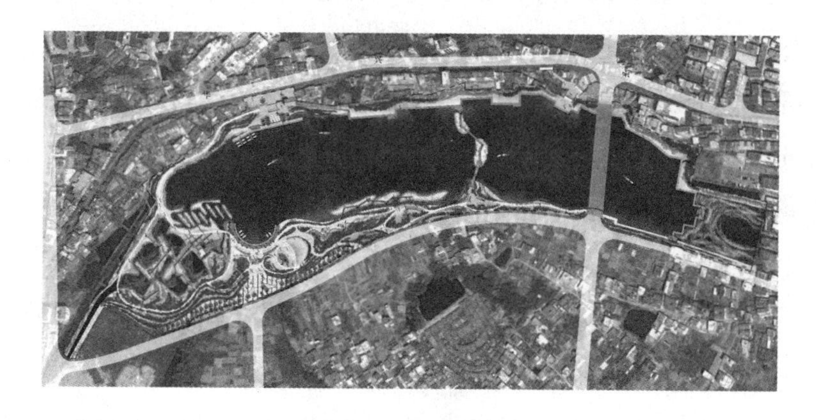

图 5－22　总平面图

第二，在区域中置入包括滨河步道、跑道、休闲平台、儿童乐园和草坪等一系列公共空间，成为人们休闲的好去处，这些绿道将城市休闲和生态空间一体化。

第三，结合场地鱼塘肌理，直道改弯，梳理现状并整合，创建一处以生态水处理、湿地游览和科普教育为主的区域，构建生态净化湿地系统，通过沉淀、曝气、植物过滤，调蓄和净化琴江流入的水。

第四，为彰显城市重要的石匠文化、民间艺术和客家文化等独特的地域文化，在建设面向城市的公共活动区同时，融入历史文化景观，用文化石柱、地雕、石刻来阐述地域文化和老河道的历史印记。

第五，设计将城市休闲和河道生态环境整治相结合，建立连续的慢行滨河步道空间，改造生态驳岸形式，创造更多的亲水空间。水草繁茂，野花烂漫，漫步其间，人们仿佛又回到了从前阡陌纵横的田园河溪场景。

第六，利用河道北侧与城市地面的高差，将北侧驳岸向河内扩宽，形成台地景观，局部打开作为游人休憩停留的空间，形成良好的滨水景观空间。

项目将河道生态恢复和城市景观设计结合起来，创造了天然的散步和聚会场所，使场地成为集城市湿地、文化记忆和城市休闲于一体的生态公园。项目不仅改善了琴江水域的水质，发挥了调蓄雨水的功能，还吸引了大多数人，成为当地群众喜爱的休闲环境。河滨开放性空间的建造也提升了市民的生活质量，增强了城市活力，最终促进区域经济可持续发展。

（四）经验借鉴

由于城市生活污水和雨水的排入让老河道生态多样性下降，失去了以往的净化能力。因此，项目第一步就是重建健康的生态环境系统，包括改善琴江流入的水质和雨水水质，种植乡土水生植物，恢复生态栖息地，建造通往河滨的开放性空间。项目完成后，促进了城市内部景观更新，传承了地域文化，改善了城市生态环境，提升了土地价值。

1. 恢复生态栖息地

拆除刚硬的混凝土驳岸，采用生态驳岸，为各种挺水、浮水和沉水植物提供生境，提高生物多样性。

把现有水道直道改弯，通过沉淀、曝气、植物过滤，延长水在净化区域的停留时间，促进水体营养物质被生物所吸收。

2. 步道网建造，以人为本

人行道沿着河道铺展，建设长乐桥、亲水栈道平台连接河两岸，在场地内形成系统的步道网络。其中设置大量的座椅、平台栈道和观景亭，让所有人更好地参与进来，促进学习、娱乐和良好景观体验。

第三节　湿地风景区案例分析

湿地风景区与城市湿地公园有共同之处，它们都是一种景观类型，是以生态保护、科普教育、自然野趣和休闲游览为主要内容的景区。

一　溱湖湿地风景区

（一）总体概况

溱湖湿地风景区是国家5A级景区，水质清澈，自然资源优越，生物类型丰富多样，鸟类资源尤为丰富，是典型的以半自然农耕湿地为特色的郊野型湿地公园。

溱湖国家湿地风景区于2011年9月正式被国家林业局批准为首批国家级湿地风景区，是经江苏省人民政府批准的省级风景名胜区和国家5A级旅游景区，是由国家林业局批准设立的全国第二家、江苏省首家国家级湿地风景区。景区规划总面积为26平方千米（见图5－23）。

地理特点：溱湖湿地风景区地处江苏中部、江淮之间，位于全国三大洼地之一的里下河地区，九条河流自然形成了“九龙朝阙”的奇异景观。

图 5－23　溱湖湿地风景区鸟瞰

人文特点：溱湖湿地公园作为长江文化与黄河文化的过渡区，吴越文化和楚汉文化的连接点，形成了独特而又极具包容性的民俗风情和文化底蕴。

生物资源：截至 2014 年，园内有湿地野生植物 153 种，鸟类共 97 种，其中国家一级保护动物有白鹳、黑鹳、丹顶鹤等 7 种，省级保护动物有鸿雁、鹌鹑、喜鹊、灰喜鹊、画眉等 8 种；兽类共 21 种，其中国家一级保护动物有麋鹿，省级保护动物有刺猬、豹猫、猪獾、黄鼬、貉等；两栖爬行类共 23 种，有金线侧褶蛙、乌龟、蝮蛇、黑斑侧褶蛙等；鱼类共 38 种，此外还有河蟹、河虾、甲鱼、河蚌、螺蛳、田螺、蚬等，其他动物有浮游动物 21 属（种），其中原生动物 3 属，棱角类 5 属，轮虫 4 属，桡足类 5 属，昆虫 10 属，底栖动物 27 属。

溱湖湿地风景区独特的肌理特征：风景区内湿地类型多种多样，包括沼泽、人工湿地、湖泊、河流等生境，其中沼泽湿地以苔草及禾本科植物为主的沼生植物群落组成；湖泊湿地主要包括沉水、浮叶、漂浮和挺水四类生活型植物；河流湿地以沉水植物和漂浮植物为主，并有少量浮叶植物和挺水植物。滨岸地段以芦苇群落分布最广，其他漂浮、挺水、沉水植物和湿生乔灌木零星分布。

（二）规划目标

溱湖湿地风景区以其河湖交织、州滩棋布的天然湿地环境为基础，在结合当地人文、生态资源的基础上，拟定溱湖湿地风景区的规划目标。

溱湖湿地风景区旨在建成以溱湖为主体的水环境景区，主打“麋鹿故乡园”品牌的湿地生态景区，以溱湖温泉资源综合开发而形成的温泉休闲度假区，以及以溱潼古镇、“溱潼会船节”为代表的湿地文化景区。

定位：复合型湿地、湿地保育、旅游观光、休闲娱乐。

（三）规划分析

2010年以来，溱湖湿地风景区一直围绕湿地保护开发，全力创建省级生态旅游示范区。按照“在景观上做精做特、在经营上做大做强、在服务上做优做细”的规划目标，先后实施了三期湿地恢复工程和水环境治理工程。湿地恢复颇有成效，累积恢复面积总计近万亩，栽植各类耐湿树木650多万株、水生植物180多万株，恢复本土绿地近30万平方米，建成了以溱湖为核心的景观生态林、湿地森林公园和湿地种苗基地（见图5－24）。

图5－24 溱湖湿地公园鸟瞰图

在旅游规划方面，溱湖风景区完成了大批旅游景点建设及配套的基础设施建设，其中包括国内仅有的一家湿地保护主题科普馆，现已正式对外开放。

规划原则：生态优先、突出重点、合理利用、持续发展；统筹兼顾生态效益、社会效益和经济效益。

下面对其组成部分进行具体介绍。

1. 大门

大门由五条篙子船相叠而成，象征一年一度的中国姜堰溱潼会船节。所谓会船，是以船会友、以船招商的意思，洋溢着浓郁的里下河水乡民俗风情。

2. 溱湖

溱湖作为湿地公园的核心区域，也是区内最大的主体景观湖泊，湛蓝如玉，水质清澈。

3. 麋鹿故乡园

溱湖一直以来都和麋鹿有着深厚渊源，根据《麋鹿生境考察》记载，溱湖地区自古以来就是麋鹿的故乡（见图 5 - 25）。这一地区曾经

图 5 - 25　麋鹿

出土过大批麋鹿化石，数量堪称全国之最。国内现存唯一一具形貌保存完好的麋鹿化石便出土在溱湖地区，现存于泰州市博物馆。

20 世纪 80 年代，在世界野生动物基金会等国际组织的帮助下，这些曾经流落异乡的国宝级珍稀动物才从英国重返故乡。溱湖湿地公园现有麋鹿有 100 多头，它们在麋鹿故乡园中安然栖居，繁衍生息。游客漫步于放养区的步道上，便能近距离观察到这些野生珍稀动物。

4. 古寿圣寺

该寺初建于宋朝，具有七百多年的历史，文化底蕴深厚，曾经跻身佛教界“十四大丛林”之一。

5. 溱湖军体乐园

它设有彩弹射击和素质拓展项目等。游客能够在这里换上迷彩服，体验彩弹枪对抗射击的娱乐项目。

6. 中国溱湖湿地科普馆

该科普馆占地面积达 8000 平方米，以“寻迹之旅”为主题，是中国首家主打湿地主题的科普体验馆。科普馆位于风景优美的湿地景区之中，结合声、光、电等高科技多媒体手段，绘声绘色地向参观者展示、宣传、科普湿地相关知识。

（四）经验借鉴

1. 景观营造具有水乡特色

溱湖风景区以“水、湿地、生态”孕育了湖幽水清、民俗浓郁、林奇兽异的自然风光，江淮之间独特的湿地景观彰显了水乡之美（见图 5－26）。

溱湖湿地拥有得天独厚的南方水乡湿地生态，生态系统完整，湿地类型丰富，为各类动物提供了优越的生境，同时也为鸟类觅食和繁衍栖息提供了理想的场所。

走进溱湖湿地，这里河网交织，两岸摇荡着数不尽的芦苇、蒲草，浮岛上草木葱郁，蔚然可观。船娘撑着小船穿行其中，唱起悠扬的小

图 5 – 26　水乡特色

调，群鸟从芦苇丛中展翅而飞，令人联想起旧时的南方水乡。

2. 开发模式新颖前卫

溱湖风景区在开发模式方面，依据资源特征、自然环境、人文民俗、历史积淀、现状特征以及当地经济和社会发展趋势，做到统筹兼顾。在湿地公园建设中以生态保护为基础，充分挖掘资源优势，采用复合观光、科普、休闲、度假等功能的复合型开发模式（见图 5 – 27）。

图 5 – 27　湿地休闲度假

溱湖地处长江、淮河两大水系的交汇之处，水面广阔，水草丰美，水质优越，适宜鱼虾、菱藕、水瓜等动植物资源生长。溱湖内的水生动植物营养丰富，富含多种氨基酸，多种矿物质和维生素，有益于人体健康。溱湖湿地的水产品来自天然，经过精致的烹调加工之后，极具江淮风味特色，有“溱湖八鲜”之美誉。

溱湖湿地在旅游观光的策划布局上：一方面，保持了传统湿地观光旅游特色，覆盖多种湿地休闲、体验项目；另一方面，充分挖掘当地资源特色和优势，拓宽观光产品的覆盖面和多样性，极大地丰富了旅游项目库。如今，溱湖湿地已经形成了享受“喜鹊湖度假、游溱湖美景、品溱湖八鲜、泡三元温泉”的旅游特色，逐步打造成为长三角地区市民出行的首选生态之旅。

从溱湖湿地案例中，我们可以得到以下这些复合型开发模式的借鉴经验：

（1）功能分区，合理规划。需要明确区分空间，诸如生态保育、旅游项目、产业发展和商业开发等。坚持生态优先原则，在保护湿地生态的基础上，最大程度地发挥湿地经济的综合效益。

（2）产品组合，良性互补。产品适应市场需求且各类产品之间良性互补，达到可持续发展的目的，共同为目标游客群提供美好的旅游体验（见图5－28）。

（3）把握节奏，稳步推进。复合型开发模式的湿地景区通常占地面积较广，规模较大，其中涉及的产品类型也比较复杂。在开发过程中不能一蹴而就，需要根据湿地生态系统的特点、投入资金规模、市场需求等，稳步推进，循序渐进。

（4）适用性。复合型开发模式对湿地的要求很高，主要适用于满足以下条件的湿地类型：规模宏大、具备土地资源、资金雄厚、具备发展旅游业的诸多条件（如定位特色、区位优势等）。其中，湿地生态保护无疑

图 5-28　美好的旅游体验

是开发的前提，任何形式的湿地开发和利用都不能危害湿地生态系统。

3. 联合科研机构勘探发掘地热资源

经中科院地理科学与资源研究所勘探，溱湖地区蕴藏着丰富的地热资源。溱湖风景区投资 100 多万元资金，钻探一口地热井，井口出水温度达 42℃。国家地质实验中心测试分析显示，当地的地热井水中富含多种对人体有益的微量元素，其中锶、偏硅酸、锂这三种元素的含量达到国家矿泉水标准，适合制作三元矿泉水。

相关数据显示，目前在中国只有 10% 的矿泉水是三元矿泉水，溱湖风景区的地热资源显得尤其珍贵。此外，溱湖湿地还对地热资源进行开发利用，发挥温泉的理疗价值。

4. 主打民俗文化品牌

十里秦淮，参差万家，此地丰茂的水土滋养出了情趣盎然的民风民俗。“溱潼会船甲天下”的美誉由来已久，是被列为国家非物质文化遗产的大型水上民俗节日。

溱湖湿地景区融合里下河水乡文化元素，结合当地民风民俗，每年都会举办“溱潼会船节”“湿地生态旅游节”“溱湖八鲜美食节”等类型多样的活动，竭力打造民俗文化品牌，招徕广泛游客。

二 南沙湿地景区

（一）总体概况

南沙湿地景区位于广州最南端，地理位置在珠江入海口西岸的南沙区万顷沙镇十八与十九涌之间，总面积约10000亩，是珠三角地区景观和生态系统较为完整、保育较为有力的滨海河口湿地。

南沙湿地是国家4A级旅游景区，被称为“广东最美湿地”，名列“羊城新八景之一”，同时也是联合国全球自然环境最佳生态景区及广东省森林生态旅游示范基地。

（二）规划目标

南沙湿地景区的规划目标为建设湿地生态园、城市休闲旅游区、高端产业发展及配套服务区。

南沙湿地景区分为两期建设，一期面积约为3400亩，主要用于建设生态保护核心区，以开展生态系统科研、科普教育为主；二期面积约为6000亩，主要用于建设综合开发生态旅游区，旨在打造集生态观光、科普教育、文化影视、休闲健康等综合配套为一体的滨海湿地特色生态旅游休闲区（见图5－29）。

（三）规划分析

目前，景区仍处于建设保育阶段，按照生态保护为主，适度旅游开发为辅的原则，进行总体规划。项目包括科普展示区、核心保护区、综合游览区、农业观光园区、休闲游憩绿道等景区。

南沙湿地景区的布局分区明显，根据游览形式不同，主要分为以下

图 5－29　南沙湿地景区

两大部分。

游船区：游客乘坐游览船，可观赏红树林、芦苇荡、莲花池、鸟巢和鸟类觅食区等水上景区。

原野步行区：游客可以选择搭乘观光车、自行车或者步行等交通形式，一路游览榕荫绿道、海景长廊、原野步行区等景区。

（四）经验借鉴

1.“天然湿地＋生态旅游”模式

南沙湿地景区除了承担动植物的生态保育功能外，还重在游客的休闲体验。通过景区多元化的发展规划，展现了南沙湿地对岭南文化、滨海湿地特色的传承（见图 5－30）。

湿地景区将生态观光旅游和科普教育、文化影视、休闲健康等诸多元素融为一体，统筹兼顾，综合规划湿地环境的保护与修复、旅游休闲活动、环保生态的生产和消费方式、新城市居住生活方式。

南沙湿地景区内为游客提供多种休闲游憩设施，包括水上游览和陆地游览两种游览路径，如乘船观光、禽鸟观赏、原野步行等传统游

图 5－30 天然湿地

赏项目。

在旅游策划上，南沙湿地景区还大胆采用了“天然湿地＋生态旅游”的模式，建设了一个规模宏大、配套设施齐全、囊括“吃穿住行娱”的生态旅游小镇。

2. 四时风景各异，彰显湿地之美

南沙湿地景区名列“羊城新八景之一”，被称为“广东最美湿地”。随着季节的变换，湿地中的动植物资源相继呈现，构造出层次分明、风情各异的湿地美景。

（1）春之景：飞鸟筑巢，花树争艳。南沙湿地中最重要的植物就是大片大片的红树林。每到春天，红树林陆续开花结果，鸟儿在花树中飞来飞去，忙碌筑巢，鸣声悦耳。飞鸟筑巢，花树争艳，独特的湿地风光就在这鸟语花香中缓缓拉开序幕。

（2）夏之景：接天莲叶，无穷碧色。南沙湿地内部种有荷塘千亩，每至盛夏便是古人诗中的风景，“接天莲叶无穷碧，映日荷花别样红。”在一望无际的荷塘里，荷花随风摇曳，荷香漂浮在水面，实在是沁人心脾。

(3) 秋之景：波光潋滟，芦花飘飞。金秋时节，浅水区的芦苇丰茂，秋风拂过，飘扬起纷纷芦花。波光潋滟，水鸟成群结队地在芦苇荡中嬉戏，时而飞向天空，营造出一派纯真淡然的湿地风光。

(4) 冬之景：候鸟云集，鸥鹭争锋。南沙湿地的鸟类资源丰富，每年常驻于此的鸟儿多达3万多只。每到冬季，迁徙前来越冬的候鸟多达10万只。从远处望去，候鸟成群云集，在水畔栖息，身姿轻盈地飞掠过水面。

三　额尔古纳湿地景区

(一) 总体概况

内蒙古额尔古纳国家湿地公园是国家4A级旅游景区，总面积12072公顷，其中湿地面积9518.64公顷，湿地率高达78.85%。额尔古纳湿地是中国目前保持原状态最完好、面积较大的湿地，也被誉为“亚洲第一湿地”。

地理位置：额尔古纳湿地位于大兴安岭西北侧，额尔古纳河的东岸，总面积为156.31万公顷，属于额尔古纳河及其支流（根河、得尔布干河、哈乌尔河）的滩涂地。

地貌特点：湿地地形平缓开阔，额尔古纳河的支流根河横贯整个湿地，由东向西，蜿蜒流淌（见图5-31），形成了优美壮丽的河流湿地景观。湿地公园内湿地类型多种多样，具有典型性，其中包括永久性河流湿地、草本沼泽、灌丛沼泽、森林沼泽和沼泽化草甸等多种湿地类型。额尔古纳湿地包含有一个较大范围的冲积型平原，呈现出一个河流三角洲地貌，地处根河、额尔古纳河、得尔布干河和哈乌尔河交汇处。湿地还包括根河、得尔布干河、哈乌尔河及两岸的河漫滩、柳灌丛、盐碱草地、水泡子及其支流。此外，额尔古纳湿地这一区域同时属于两个世界级重要生态区域：达乌尔草原生态区域和黑龙江流域生态区域。

图 5-31 额尔古纳湿地景区

生物资源：额尔古纳城市湿地拥有更丰富的湿地动植物资源，植物资源主要有白桦、芍药、钻天柳、百合和桔梗等维管束植物共 163 种。动物资源主要包括丹顶鹤、大小天鹅、水獭、雪兔、狐狸、世界濒危物种——鸿雁等。

（二）规划目标

额尔古纳市湿地景区一期规划建设面积 5 平方千米，是额尔古纳市政府近几年主要开发、投资建设的景区。合理开展功能区划，优先进行湿地生态修复，全力促进环境保护、社会效益和经济效益协调发展，实现湿地综合效益最大化，打造融生物保育、湿地科普科研、旅游观光为一体的国家级湿地景区。

（三）规划分析

根据国家湿地公园功能区划的理论与原则，结合额尔古纳湿地公园资源的分布特点，园内划分为五个功能区，即恢复重建区、湿地保育区、合理利用区、宣教展示区和管理服务区。其中，恢复区和保育区总面积共有 10126 公顷，占据园区总面积的 83.88%。额尔古纳国家湿地公园的建设在构建湿地保育系统和维持湿地生态环境具有非常重要的作用。

从总体布局来看，景区内设施完善、功能齐全、建筑风格独树一帜，具有当地民族韵味（见图 5－32）。

图 5－32　景区鸟瞰

八大景点：园区东部有原生态的木质栈道，沿线有八处不同特色的景点，包括风光游赏和休闲体验项目，分别是：历史沧桑、返璞归真、黑森林岛、湿地花海、野猪林、鸟岛、榆树林和康大街山。

游客服务中心：位于山顶处，共有 600 平方米，具有餐饮、休憩、商业购物等功能。

规划分区需要遵守以下几个原则：①注重湿地保护和恢复，维持生态系统的完整性；②景观生态规划突出主题性与多元性；③景观设计需要因地制宜，结合人文元素，维持原生态风貌；④遵循生态优先、干扰最小化的原则。

额尔古纳国家湿地公园服务区功能完备，在公园设置多处游客服务点以及相关配套服务设施，方便游客。旅游功能服务设施规划原则是根据景点合理安排发布，服务设施需要结合当地文化特色，协调自然原貌，凸显湿地特征。

（四）经验借鉴

1. 湿地恢复成效突出，景观系统维持完整性

经过多年努力，额尔古纳湿地采取的一系列措施，如对湿地水系进行保护规划、优化水质、植物生境恢复、动物栖息地恢复等，都取得了显著成效，在湿地建有完善的科普、防护、科研检测、安全设施。

湿地恢复成效突出，形成了独具特色的以人工促进湿地自然恢复的模式，有效地维护了湿地生物的栖息地。

额尔古纳湿地属于北寒温带河流沼泽湿地，具有高维度、低海拔、木本类湿地的特色。湿地自然生态系统的单元结构保留完整，具有典型性，其中甚至保存大面积的尚且未受人为干扰的天然湿地，为人类留下了罕见而宝贵的湿地景观资源。

景区内的白桦林呈岛状分布，河沼、树木的色彩随着四季变化而变化。每逢旱季，由于水情稳定，湿地充足，这里成为许多鸟类、水禽安栖的场所。水量充足之际，根河静静流淌，曲折清澈的河道拥绕茂密的湿草甸，矮树丛生，生机勃勃。时至秋季，草木金黄，额尔古纳湿地远看便是一片金色大地，异常壮美（见图 5－33）。

由于额尔古纳湿地拥有优越的自然生态和庞大的占地面积，一直以

图 5－33　额尔古纳湿地景区鸟瞰图

来都是深受鸟类喜爱的迁徙地，位于全球鸟类“东亚——澳大利亚”这一迁徙路线的“瓶颈”地带，每年迁徙到这里栖居、繁衍的鸟类数量高达两千多万只。此外，出没此地的野生陆地脊椎动物也多达到 268 种。此外，额尔古纳湿地也是丹顶鹤在全球最重要的繁殖地之一，数量大约有 45 对，已占全世界丹顶鹤总数的 4%。

2. 多元文化的有机融合

额尔古纳湿地地理位置特殊，多民族文化在这里碰撞、交融，构建出了独一无二的额尔古纳文化。从历史角度来看，这里既是蒙古人的发祥地，又是远古鲜卑族的居住地。从地理位置来看，这里是中俄文化相互交融的边境区域。

这些决定着额尔古纳湿地拥有多元的生态游览内容。在湿地景区的建设过程中，设计者将自然湿地景观和蒙古族文化、森林文化有机融合，充分挖掘并且展示独特的湿地景观和文化特色，彰显出与众不同的民族韵味和草原气象。

3. 依托优越生态环境，开展科普宣教工作

额尔古纳湿地以其“大、美、原生态”的特色闻名于世，这里拥有完整的北温带湿地自然生态系统、丰富多样的植物以及诸多罕见濒危的珍稀动物，堪称大自然的物种博物馆。

额尔古纳国家湿地公园依托良好的生态环境、优美的湿地景观资源进行园区建设，吸引了越来越多的人走近湿地、了解湿地、感受湿地，实现了湿地景区在生态展示、科普教育、生态示范等方面的功能。

此外，湿地公园还是生态教育的天然课堂，可接纳高校师生以及中小学生进行参观、教育和实验。青少年可以身临其境，通过切身的体验和观察实验，学习对生态、生物、地理资源等方面的知识。

四 钏路湿地

（一）总体概况

钏路湿地（Kushiro Wetland）位于日本北海道东部钏路川下游地区，总面积为 245 平方千米，是日本国内面积最大的湿地。1980 年被记载入《国际湿地条约》，1987 年日本在该地成立钏路湿地国立公园。此外，钏路湿地也是日本第一个认定的国家公园，在湿地修复与保护方面走在世界前列，取得了举世瞩目的成就。

地理位置：钏路湿地位于钏路川的下游，河道迂回曲折，在湿地附近形成巨大的蛇形。湿地景区内的湖泊、池塘数量巨大，星罗棋布，其中比较著名的有达古武湖、希拉娄头口湖等。

生物资源：湿地景区内栖居着诸多珍稀动物，例如丹顶鹤（见图 5-34）以及被称为“梦幻鱼”的日本最大淡水鱼等。

图 5－34　丹顶鹤

（二）规划目标

钏路湿地国立公园自建设伊始，其目标便是在保护生物多样性和湿地生态的前提下，深化经营类型，增加科普宣教功能，建设日本的自然保护型湿地，为人们提供接受湿地文化教育、参与湿地特色观光旅游、观察野生动物的重要场所。

钏路湿地国立公园建设的主要目的是保护生物，以其生态属性为主。旅游作为衍生功能，而且大多是观光型旅游。

定位：自然湿地保护、生态教育、旅游观光。

（三）规划分析

钏路湿地国立公园的主要景点具体包括：

1. 钏路市湿地展望台

透过展望室内和屋顶，游客能够尽情欣赏湿地景观的四季流转。展望台二楼设有展示室，利用科普挂图展示了湿地的遗迹、地形地质、动植物资源等。

2. 细冈展望台/北斗展望台

地理位置优越，视野广阔，能够将辽阔的湿地景色尽收眼底，感受湿地的壮美风光（见图 5-35）。

图 5-35 钏路湿地鸟瞰图

3. 塘路湖生态博物馆中心

它是位于钏路湿地国立公园东侧的湿地情报基地。博物馆信息量巨大，提供了所有关于钏路湿地的自然状况、公园使用情况等信息。

4. 温根内游客中心

它是位于钏路湿地国立公园西侧的湿地情报基地。游客中心内提供关于钏路湿地的各种自然状况，公园使用情况等信息。

5. 野生生物保护中心

主要对外展示湿地生态状况和野生动植物的保护情况。

（四）经验借鉴

1. 湿地生态修复措施

20 世纪末，随着日本城市化的飞速发展，人类活动造成的大规模污染和无休止的森林砍伐，都严重影响钏路湿地的发展。具体表现为以下几方面：湿地景观日益退化，面积急剧减少；生态系统迅速恶化；生物多样性降低。

例如，在1947年，钏路湿地的总面积为245.7平方千米，在1977年则下降到225.3平方千米，到1996年进一步下降到194.3平方千米。湿地面积的急剧缩小，导致湿地内的植物物种及其分布状态发生极大改变。例如，原本仅仅生长于湿地边缘的榛树，因为生性比较耐旱，在湿地面积的减少后不断蔓延扩张，快速侵占湿地的大片地区。相关数据显示，在1947年和1977年，榛树林面积分别为21.0平方千米和29.4平方千米，截至1996年，榛树林的面积骤然增长至71.3平方千米，从湿地的边缘向湿地核心地带迅速侵袭，显著地改变了湿地的植被景观。

为了挽救不断遭到破坏的钏路湿地，日本制订了一系列湿地生态修复的对策和规划。针对钏路湿地的上述环境问题，日本国土交通省制订了相应的对策，其首要目标是在20—30年内首先将湿地的环境状况保持在2000年的水平。根据有关部门的测算，要实现上述目标，从钏路川流域输入到湿地内需要的负荷量最少减至20年前的水平。

为了恢复钏路湿地的环境，日本国土交通省主要采取了如下措施：

第一，在湿地水土维护方面的措施主要包括：在岸边和荒废地带广泛植树，提高保水能力，减少水土流失；利用湿地附近的空旷土地，适当提高地下水位，促成湿地再生；维护水生态安全，不断提升水质。

第二，在植物生境维护方面的措施主要包括：大力恢复天然森林植被，控制湿地内有害植物的生长；恢复原有的自然河道。

第三，在生物栖息地维护方面的措施主要包括：维护湿地景观和生态系统；营造野生动物的生存与生育环境。

第四，在湿地意识的宣传方面采取的措施主要包括：积极推动当地民众参与湿地恢复工作，介入湿地调查与管理；开展湿地知识宣教，强化环境教育工作，强调湿地恢复、保护的重要性；争取社会各界共同参与，推进区域协作与振兴。

2. 恢复天然森林

钏路湿地逐渐成为日本丹顶鹤和众多本土动植物的天堂，并因此享有美誉。与此同时，钏路湿地加入《国际湿地公约》（又称《拉姆塞尔公约》），积极参与国际湿地保护工作，以保护这一宝贵的生物栖息地。目前，钏路湿地的生态修复项目已经获得全世界的认可，被公认为世界上最成功的湿地修复案例之一，为未来的河流和湿地修复树立了榜样（见图 5－36）。

图 5－36　天然湿地

日本作为率先进行湿地生态修复的先驱者，其策略以及在项目执行过程中的诸多经验和教训都对中国的生态修复工作有着很高的借鉴意义。

时至今日，尽管钏路湿地修复早已取得举世瞩目的成效，但是这项工作依旧没有完成。钏路湿地工作人员仍然在坚持不懈地探索湿地修复的新方法和可持续道路，他们的经验值得全世界湿地景观生态研究者学习和借鉴。

（1）钏路湿地恢复天然森林的策略。主要恢复对象：楢栎、日本白蜡、落叶松人工林等天然林。

钏路湿地国立公园曾经大面积恢复天然森林，其方法一般是先清理林地，然后创造适宜阔叶树萌芽、生长的环境，人工引导植树林往天然林的方向扩张，在尽量不增加人为干涉的前提下，将人工林成功转变为天然林（见图 5－37）。

图 5－37　恢复森林

其中大部分林地需要割去生长在地表下层的植被——矮竹，为阔叶树的生长提供土壤空间，为阔叶树的天然更新创造适宜条件。其余小部分树林位置远离天然林，无法自然扩张，需要人工种植。无论何种场合，除非是影响萌芽幼树生长，否则绝不伐除落叶松。

（2）钏路湿地的河流改造工作。多年前，钏路地区为了增加灌溉用水，将原生态的河流渠道化，从而方便取水，增加了农业灌溉用地面积。如今，钏路地区逐渐恢复原有河道，又将曾经改为农业灌溉的河流渠道重新自然化，恢复原生态样貌。

恢复后的河道蜿蜒曲折，更有效地阻碍泥沙流入湿地，也为当地的鱼类和鸟类提供了更多的栖息地。

3. 注重湿地文化宣教，获得社会各界支持

钏路湿地面积广阔，其中土地资源包括政府所有和个人所有两种类型的土地。毋庸置疑，在此建设湿地会直接触及许多个人利益，导致个人土地减少，造成巨大的财产损失。在实行重大决策之前，政府会提供相关规划，先去征询民意。

在钏路湿地建设初期，日本政府就已经意识到保护湿地环境不是政府单方面就可以解决的问题，需要全民给予支持和参与，更需要社会各界的广泛支持。为了解决这一难题，日本政府对于钏路湿地的恢复和利用进行大范围、具有高度渗透性的宣传和教育工作，以提升公众对于湿地文化的认知。

最终，钏路湿地建设不但获得了当地人民的信任和支持，而且社会各界都广泛参与其中，使钏路湿地修复项目得以顺利开展。即使在世界，这也是极其罕见的珍贵案例，其背后是无数工作人员的心血和投入。

如今，湿地文化的宣传科普教育在钏路湿地仍然占有一席之地，无数湿地保护志愿者默默在其中发挥积极作用。钏路湿地仍然致力于开展科普宣教、弘扬湿地文化、将湿地文化的宣教作用融入旅游观光和休闲娱乐等生态型主题活动之中，让公众意识到湿地保护的重要性，从而调动社会各界人士前来参与湿地保护。

4. 最大程度保护动物栖息地

湿地内部保育区是国立公园的特殊区域，为了保持完整生态系统，避免惊扰动物栖息，游客不得入内。参观者们可以前往高塔上的

多个展望台，极目眺望独特的湿地景观，或是漫步于道上，或是乘独木舟顺流而下，一路欣赏区内的奇花异草，参与沿湖垂钓、野外露营等活动。

第四节　人工湿地公园案例分析

一　成都活水公园

（一）总体概况

成都活水公园位于成都市内，府河之畔，是世界上首座位于城市中的综合性环境教育公园，以水为主题的城市生态环境公园。

1997 年，成都活水公园破土动工，工程完成以后，凭借其别具一格的生态净水系统频繁获得海内外的关注。活水公园自诞生以来就被公认为全球人工湿地公园的典范之作，先后荣获多项国际环保大奖，2010 年入选上海世博会的城市最佳实践区，再次引起世界瞩目。

2017 年，成都活水公园进行了一次大规模的改造工程，进行了两大改造：其一是增加了对雨水的过滤净化功能；其二是增强了活水公园内部的环境检测设施。这为建设“海绵城市”提供了诸多实践经验。

生物资源：园内植物多样性丰富，知识性和观赏性较强。其中漂浮植物主要包括紫萍、浮萍、凤眼莲等；挺水植物主要包括茭白、水烛、芦苇、伞草等；浮叶植物主要包括睡莲（见图 5 - 38）；沉水植物主要包括黑藻、金鱼藻等几十种，这些植物既有分解水中污染物和净化水体的作用，又能为多种昆虫、鱼类和两栖动物的生存营造出良好的湿地生态系统。

图 5－38　睡莲

（二）规划目标

成都活水公园的地理位置是在城市中央，属于人工湿地的范畴，人工雕琢的痕迹较重，社会属性较强，复合承担了生态、休闲、娱乐、教育等诸多功能。成都府河湿地公园以生态教育、展示与娱乐功能为主，旨在为成都市民营造出一个融环境、教育和休闲于一体的综合性城市公园。

定位：城市中的综合性环境教育公园，集生态教育、休闲娱乐、优化城市生态环境于一体。

总体布局：公园布局是沿河而设，在整个规划中，以道路廊道为中轴线，贯穿全园，为方便游客交通，公路旁和河岸旁还分别设有一条小道（见图 5－39）。

设计思路：公园整体形状呈“鱼”形，人工湿地的塘床犹如片片鱼鳞，遍布其中。这一独特造型既象征活水公园如鱼般的活力，也暗示着人与自然的关系正如鱼水一般相互依存，紧密联系。

游人游览，往往是从“鱼嘴”进入公园，再沿着河岸走向“鱼尾”。沿着迂回曲折的道路一路行走，时而穿行于林间，时而经过簌簌

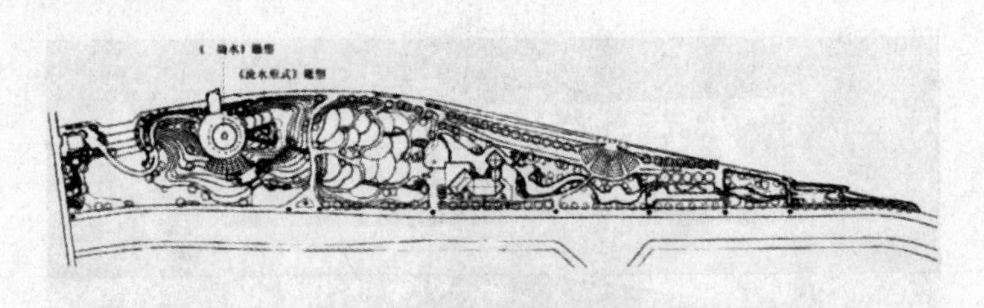

图 5－39　活水公园平面图

流水，步移景异，犹如漫步于山野田园一般。

景观设计：活水公园的景观创意新奇别致，水循环系统与带状公园用地衔接紧密，“活水”这一主题贯穿始终，并以“鱼”的形象展示，令人印象深刻（见图 5－40）。

图 5－40　活水公园局部

（三）规划分析

从景观生态学的角度来看，成都活水公园主要是由三大斑块构建而成，分别是人工湿地生物净水系统、自然森林群落斑块和环保教育馆。

其中，人工湿地生物净水系统包括多个水处理区域，主要起生态功能展示作用，在公园内部通过可循环的净水系统让广大公众理解了活水公园净化污水的全过程和工作原理。次区域则包括休憩观赏区、水处理展示区和湿地生物展示区，担负着诸多社会功能。

廊道将活水公园的各个空间、景观联系起来，通过自然的过渡、衔接，营造出“虽由人作，宛自天开”的景观效果。

成都活水公园内各个功能分区的规划，具体如下：

河堤设计：河堤形似梯田，层层铺展，直至府水之滨。河堤的石缝间生长着青草，流青溢翠，碧色交织。山坡上葱郁的冷蕨苗和水车，颇有古朴的年代感。

人工湿地塘床生态系统：活水园水净化处理工程的核心区域的主要组成部分有 6 个植物塘和 12 个植物床。污水流经此处，经过沉淀、吸附、氧化还原、微生物分解等过程，逐渐净化，能够成功转换成植物生长的水源和养分。

廊道规划：活水公园中的廊道多以道路和小溪为主（见图 5－41）。廊道规划主要以步行道为主，采用石板嵌草铺地和乡土气息浓郁的木栈道。绿地将公园分割成各个景观空间，再由廊道区域连接起来。

图 5－41　活水公园小溪

从功能分区来看，道路廊道是由高到低的阶梯式设计，迂回曲折，引人入胜。小溪廊道将鱼眼到鱼尾的景观分块进行串联，衔接溪、桥和流水，让景观更有活力。人们行走其间，可以欣赏多姿多彩的水流场景，有的是细流涓涓，有的是活水跌宕，流动的水变幻出多种姿态，为活水公园营造出独树一帜的景观。

湿地景观：主要由十多个深浅不一的人造池塘构建而成，池塘里栽种着能够沉淀、净化水质的水生植物（见图 5－42）。

图 5－42　活水公园水生植物

休憩设施：景观周边设有可供休憩的砾石，与自然融为一体，另设有茶室区，供人品茗，聆听水声。

中心花园：景观包括雕塑喷泉、黄龙五彩池、自然生态河堤，水中有水生植物和观赏鱼。

植物设计：在植物设计方面，遵循适时适地原则，选取四川乐山及峨眉山风景区的自然植被和珍稀本土植物，巧妙地将当地自然山林元素移入城市之中，使自然森林群落斑块具有本土化特征。这不仅能够促进区域生态景观的协调统一，还能对周边生态系统起到一定的微观调节和保护作用。

流水设计：成都活水公园的核心就是不断流动着的水体。水由阶步流下山，经岩石瀑布、鸟状水域，在山脚下潺潺而过，并在路端进入半圆的清水池中。

（四）经验借鉴

近些年，由于经济快速发展和环保意识的滞后，许多城市里的河流都遭受严重污染。活水公园水生态系统科学合理，设计独特，巧妙地利用人工湿地公园解决河流污染这一难题。这个案例对于世界各地城市的污水处理和人工湿地建设都有借鉴价值。

1. 科学合理的生态净水系统

活水公园生态净水系统的工作流程如下：公园的水源自成都市区内的府河水，注入容量高达400立方米的厌氧沉淀池；流水经过沉淀，依次流过水流雕塑、兼氧池、人工湿地植物床、养鱼塘、氧化沟等一系列水净化系统；水体得到净化，最终由浊变清，重新注入其源头府河。

水体在不断流动的过程中，经历一次次的过滤、沉淀、充氧、生物降解。在生态净水系统中，大部分有机污染物和重金属被去除，或分解为植物养料，促进池塘和湿地里的植物生长。净化后的水一部分能够用于绿化和景观营造，塑造植物生境，同时也无声无息地净化水质。其余部分流水经由戏水池，再次回到府河之中。目前，活水公园每日处理的污水量可达300吨。

2. 为建设“海绵城市”提供借鉴经验

2017年，成都活水公园进行了一次大规模的改造工程。从前，活水公园主要用来净化府河河水。这次改造工程在维持原有水自然净化系统和植物生态系统的基础之上，主要进行了两个方面的改造升级：其一是增加了对雨水的过滤净化功能；其二是增强了活水公园内部的环境检测设施（见图5－43）。

图5－43　成都活水公园鸟瞰图

3. 雨水自然处理系统

此次改造主要增加了雨水自然处理系统，其组成部分包括：渗透广场、渗透道路、净化溪流、下凹式绿地、垂直绿化和雨水调蓄等设施。

路面的“海绵效果”：整个路面采用渗透铺装，宛如一块厚厚的海绵，通过自然渗透的方式处理雨水。

公园路面的构成材质：自上而下分别为渗透砖、粗沙、土工布、碎石以及自然地面结构，另外还设有雨水导流管道。

经过改造之后，活水公园的路面能够有效应对各种降雨量，解决积水问题。小雨时，雨水自然而然地迅速自然渗透；中雨时，雨水通过导流管流出，汇入市政管道。

成都活水公园新增尾水回用设施，对积蓄的雨水进行过滤再重新利用，经过净化的水可以用来灌溉公园植被。

雨水自然处理系统通过自然渗透、积水调蓄、水质净化三步，有效控制了园内85%的雨水径流。

4. 环境检测设施

经过改造之后，公园的监测系统得到显著改善，主要涵盖环境监测、海绵监测、气象监测等30多项监控设施。

此次改造工程是成都活水公园和四川大学、西南交通大学等学府进行合作，为建设“海绵城市”进行的一次探索。

成都活水公园通过生态手段处理污水，环保、有效地对资源进行整合利用，为建设“海绵城市”奠定基础。

此外，科研人员还设有监测采样管，对湿地生态系统中的动物、植物、微生物和水质进行采样分析。这为维护湿地生态平衡和生物多样性研究提供了数据和实验场地。

5. 融入生态保护理念

成都活水公园是一座综合性城市公园，它承担着生态环境优化、休闲娱乐、环境教育等多种功能。独特的生态净水系统和独特的湿地景观构造在全球独树一帜，极其罕见，刺激人们前去一探究竟，研究生态科学和自然环境的神奇之处。

活水公园对于水资源的处理精心独特，将流水融入每个景观，展现出节能环保、多功能、可循环的水资源利用模式。雕塑、溪泉、池塘、林荫道、树木、草坪……公园之中无处不是活的景观，无处不是生命的昂扬气氛，为访客提供了一个亲近自然、融入自然的绝佳场地。

公园设计者还独具匠心，将生态保护理念和公共环境艺术融入每个设计要素，寓教于乐，贯穿在游客赏景、休憩、寻找自然的一举一动之中，有效加强市民对于湿地文化和城市环境的认知。

例如，公园建设时，拆除原先的防洪墙，改建成同样具有防洪隔离功能的台阶式亲水平台，这就为儿童提供了一个安全的戏水空间。经常可见儿童或跪或趴在低矮的溪塘边，兴致勃勃地观察水里的昆虫和游鱼。

此外，公园内设有中英文对照解说系统，向广大游客展示、讲解活水净化系统的操作原理，满足人们对于公园的好奇心。

二　美国奥兰多伊斯特里湿地公园

（一）总体概况

奥兰多湿地公园，位于美国佛罗里达州奥兰多市，是该市伊斯特里服务区的废水处理项目，是一片水面面积约有1200英亩的人工湿地系统。

地貌包括河流、沼泽和草原，呈现出南佛罗里达大沼泽的独特景观生态。地势低洼平坦，绿草如茵，水气迷蒙，辽阔的莎草丛有些高达四米，沼泽中有茂密的亚热带森林、柏树，散发出神秘原始的气息（见图5－44）。

图5－44　奥兰多伊斯特里湿地

奥兰多湿地公园中鸟类资源丰富，粗略统计超过220种。该湿地是由芦苇、香蒲等草本植物和森林植物多重覆盖而成的湿地组合群，不仅可以净化污水，同时也是野生动植物的栖息地。其中，野生动物有短吻鳄、美洲豹、黑熊、水獭、白尾鹿以及罕见的佛罗里达豹等。

（二）规划目标

美国奥兰多湿地公园属于人工湿地，其建造的主要目的是为了处理伊斯特里服务区的废水以及开展相关科研活动。湿地系统之中，有一部分对公众开放，作为湿地公园。定位：污水处理、生态保育、休闲旅游、人工湿地。

（三）规划分析

废水处理系统：项目位于奥兰多东部，是针对伊斯特里服务区进行的废水处理项目。

湿地公园：湿地系统中面向公众开放的部分，用于休闲、观光、旅游。具体组成部分包括：一条长达2英里的观鸟路线（沿着园内鸟类和野生动物的主要栖息地）、留影区域、慢跑区域、可供徒步远足的森林小径、解说科普标志牌和其他服务设施。

废水处理系统的工作流程如下：奥兰多伊斯特里服务区的废水先进入铁桥废水处理厂，粗略处理后水流排出，进入人工湿地系统。通过湿地里的水生植物，诸如香蒲、藻类和其他本地水生植物进行代谢。这个过程能够吸收废水中的大部分磷，降低排出水中磷的浓度，使水质显著提升。

该区域每天新增废水量约有1600万加仑，都经过人工湿地系统得到净化处理。经过湿地处理之后的水会注入圣约翰河，整个流域的生态环境随之得到改善。

（四）经验借鉴

（1）通过设计、建造城市里的人工湿地，促进自然、生态、经济和景观艺术的可持续、有效发展。

回顾该地历史，这里曾约有占地 1200 英亩的自然湿地，后来湿地里的水全部被抽干，开发成牧场。

该项目通过恢复自然湿地，建造人工湿地，充分发挥湿地净化水质的重要功能，同时建立良好的生物栖息地（见图 5－45）。湿地广泛栽种芦苇、香蒲、森林等植被，增加绿化面积，营造人工湿地系统。

图 5－45　湿地动物

从景观生态学的角度来看，设计合理的人工湿地可以有效地将湿地的自然过程、湿地系统的净化处理功能以及湿地景观艺术融为一体，最大限度获得生态效益、经济效益和社会效益（见图 5－46）。

1974 年，德国首创人工湿地。此后，这种湿地建造工艺获得世界各地的广泛关注，先后在欧洲、美国、加拿大等地获得推广，并且不断发展。美国奥兰多伊斯特里湿地公园便是其中的典型代表。

例如，湿地研究实验，该区域以开展湿地实验研究活动为主，一般游客的活动受到限制。

在奥兰多湿地公园的案例中，其建造的主要目的是处理污水和科

图5-46 湿地景观小品

研、科普，专注于其社会属性，休闲、旅游只是它的衍生价值。

（2）秉承合理合度原则，选择性地开放湿地的部分区域，建设成为市民游憩的湿地公园、科学家的科研基地和公民的环保教育基地。

美国奥兰多湿地公园由奥兰多市进行规划、建设、经营和管理。

目前，奥兰多湿地为沼泽湖泊湿地，植被主要以草本植物为主，适当修复了一些草甸、森林、水草、灌丛、池塘和湖滨带等，湿地环境具有野性之美，生物多样性丰富。除废水处理系统外，它也是野生生物理想的栖息地。

结合湿地具体情况，开放部分湿地作为公共空间，既能为湿地的后续发展带来资金，也能够发挥湿地的生态服务功能，展示生态环境，令游客更为全面地认识湿地，从而提高人们对湿地的保护意识。

成功的湿地建设离不开多方协作，在人工湿地建造过程之中，尤其需要强大的科技支持和科学管理。如今，来自佛罗里达州各个大学的科学家们仍然致力于该地的生态恢复，尤其是对水量和水质进行动态检测和管理。经过多年努力，奥兰多湿地地区水质显著提升，生态系统得到很好的保护，这也为各国科学家提供了诸多值得借鉴之处。

三　北京永定河生态廊道

(一) 总体概况

永定河全长 747 千米，其流域面积约为 47016 平方千米。永定河流经晋、蒙、冀、京、津五个省市，最终入渤海，是海河水系中最大的支流。

永定河流域位于北京西南部，是市域内最大水系。永定河是石景山区、门头沟区及丰台区的界河。其干流河道长 170 千米，流域面积 2450 平方千米。我们把北京市永定河分为三段，分别如下。

官厅山峡段：自幽州至三家店拦河闸河段，长 92 千米。山高坡陡、落差很大，人类活动较少，自然环境保护较好。

平原城市段：自三家店拦河闸至北京市南六环路河段，长 37 千米。该河段承担了一定的防洪功能。西南部的规划新城位于沿河地带，是城市发展的拓展区域。八十年代后，该区域河道经常断流，沙尘严重，生态脆弱。

平原郊野段：从南六环路至梁各庄河段，长 41 千米。两岸是现代农业发展区，首都新机场选址地。现在河道干旱、沙化严重，生态严重恶化。

北京市段的永定河两岸居民分布较多，湿地多被农田占据，湿地内植物种类少且分布面积小。基于湿地内植物的多样性、濒危植物的多样性和典型植物的多样性聚类分析，永定河流域是北京市所需保护的湿地中非常重要的一个。

北京永定河流域湿地是区域内重要的生态走廊。在城市结构中，永定河生态走廊属于北京第二道绿化隔离带，是北京市规划的两个绿化带之一。永定河、温榆河和凉水河构成了北京市的绿化带，它们是一道屏障，来阻止城市的无序扩展，它们是北京城市空间结构的重要决定要素。

（二）规划目标

永定河生态廊道有三个定位，分别是北京城市结构的决定要素、北京西部重要的生态走廊和北京重要的滨河公园绿化带（见图5－47）。

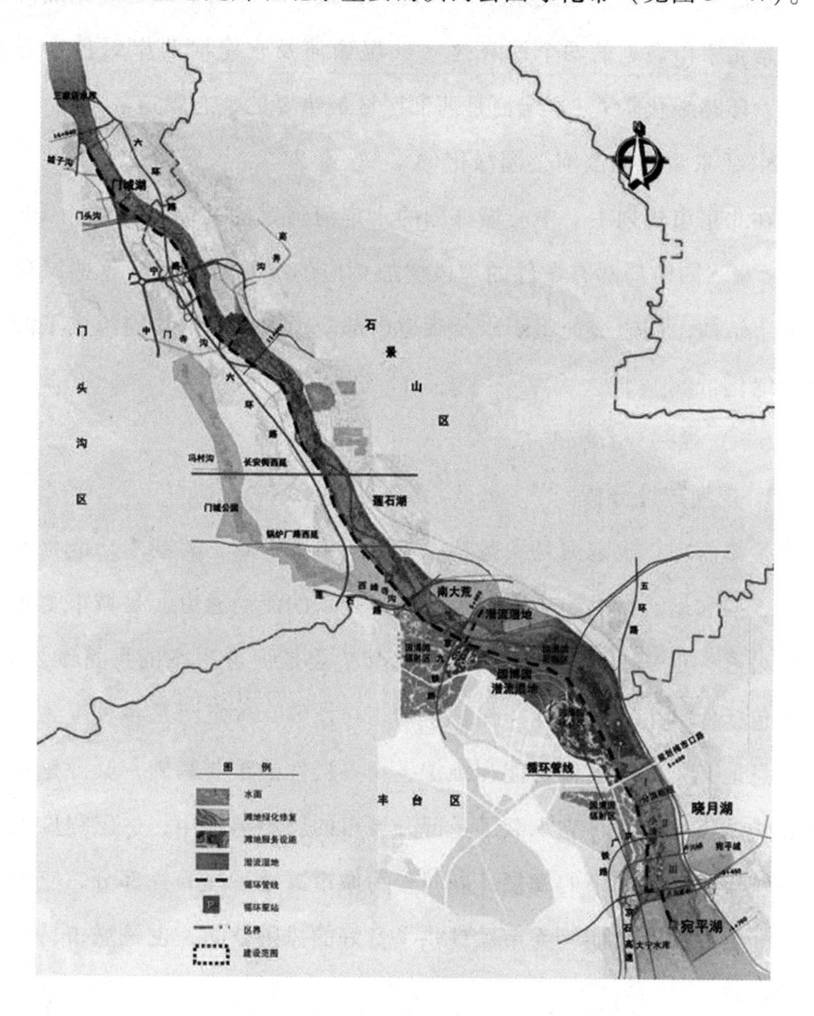

图5－47 永定河生态廊道建设格局

1. 北京城市结构的决定要素

永定河、温榆河同凉水河（六环路绿化带）共同构成了北京市域范围的外围绿环，它们是制止城市无序扩展的屏障，是北京市民重要休闲游憩地，是北京城市空间结构的决定要素。

2. 北京西部重要的生态走廊

永定河生态廊道在北京城市结构中，属于城市的第二道绿化隔离地区，是北京市规划的两个绿环之一（温榆河及永定河两岸绿色生态走廊、六环路绿化带）。永定河是西部区域最重要的生态廊道。

3. 北京重要的滨河公园绿化带

在北京市规划中，中心城外围的永定河河道的两侧绿化带为100—200米宽，同时局部有条件的地段增加相应的绿化带宽度。这些绿化带与城市结构、周边交通组织以及廊道内部景观和路线，共同组成了滨河公园绿化带。

（三）规划分析

1. 规划选址分析

整体而言，永定河是一条功能丰富的生态走廊。其基本功能是水利功能，如水运、行洪、供水、灌溉等，是水的流动通道，是城市蓄水行洪的渠道，也是水资源的重要保障，其功能是促进生态的可持续发展，具体包括保护生态完整性、保护生物多样性等。永定河是各种生物物种的栖息地，是改善气候功能和维护生物多样性的重要基础，其外延功能是作为城市的河流，它承载了一部分城市的历史与文化，一定程度上推动着城市现在和未来的发展，同时作为城市绿地系统的一部分，它也承担了一定的社会功能，为市民提供了良好的休闲空间，也是城市特色的展示门户。

2. 规划原则分析

（1）生态延续的原则：在人工湿地景观规划设计中，水系与绿化应当相互结合，从而建立完善的水绿结合的“廊道—群落结合型”生态景观系统。在此基础上，结合人们郊野休闲的游憩活动，适当地开发旅游产品。

（2）结构整合的原则：在永定河的规划设计中，既要整合两岸现有资源，强调点、线、面的结合，又要与总体城市设计相协调，强化每一段（组团）的主体功能特色。

（3）公共连续的原则：永定河生态廊道作为城市开放连续的城市公共空间，在规划设计中要注意强化滨水地区的共享性，在规划建设中坚持公共空间为主导的开发政策，带动城市的活力。

（4）宜居宜业的原则：永定河流域居民以及产业密集，因此空间的塑造要结合产业的搭建，这样可以使沿河两岸成为职能相对完备的城市功能新区，以保证其可持续发展。

（5）稳健开展的原则：人工湿地景观的规划建设是一个长期的过程，永定河生态廊道的规划设计从开始到实施，都将伴随着施工和植物演替。因此，为了更好地达到生态景观的效果和作用，规划应当实行分期、分段、有节奏的稳健开展方式。

（6）弹性适应的原则：由于城市功能的提升、投资主体的变化，生态廊道建设对城市用地的规模和要求也会发生变化。这就需要在此次规划设计中对景观的弹性发展有所把握，为地块今后的发展留有余地，使景观不仅产生现规划阶段所期望的生态效益，更能消化今后城市发展加诸于景观自身的压力。

3. 规划依据分析

不同的城市有着不同的湿地类型，而不同的湿地类型又会造就不同的现状条件。不同的人工湿地景观规划于不同的现状条件之下，对其城市和生态的发展的影响也各不相同。永定河人工湿地景观规划的依据，要视北京永定河流域的城市和自然环境现状而定，主要有这几个方面：

周边城市发展及规划、流域内动植物资源和潜在生物栖息地。

4. 周边城市发展及规划分析

永定河流经地北京西部地区是城市未来规划建设中重要的发展地区，北京城市总体规划将西南五区定位为西部发展带，其产业定位包括旅游娱乐、文化创意、商业物流、现代制造、教育科研等。该区域在北京市经济发展中居于十分重要的战略地位。治理永定河的沙化问题，修复河流生态系统，建设北京西南部的绿色生态走廊，是五区经济发展建设中急需解决的问题。

5. 动植物资源规划分析

植物资源：永定河流经北京西部，暖温带落叶阔叶林是该区域的地带性植被类型，与此同时该地区还分布着温性针叶林。农田、城镇已经取代了这一流域大部分平原地区，仅存的湿地沼泽植物以芦苇、慈姑等植物为主，分布于河流两侧局部洼地；而水生植被的存在较为普遍，多数浮叶和沉水植物仍生长于池塘和部分湖泊中。栎、油松和侧柏是海拔800米以下的低山典型植物，在植物群落破坏较为严重的地段，胡枝子、绣线菊是较适合的灌木种类。

动物资源：北京地区的动物区系具有过渡性的特征，它包含了自内蒙古北界至东洋界的动物区系。在这个动物区系中，约有40种兽类，16种爬行动物，7种两栖动物，60种鱼类，更有约220种鸟类。在永定河北京段流域的鸟类资源中，旅鸟约占49%，夏候鸟约占25%，冬候鸟约6%，留鸟约占20%，其中包含了多种国家级或北京市级的保护动物。北京范围内的永定河流域为这些动植物资源提供了良好的生长和繁殖的环境，这些动物资源都需要在规划中重点保护。

潜在的生物栖息地：北京地段的永定河流域内有多种不同的环境类型，多样化的环境为生物提供了多样化的栖息地，这为将永定河生态廊道规划成带状或者网状栖息地提供了基础。因此，在此次人工湿地景观规划中，需要在掌握本地区所存在的野生动植物资源的基础上，了解它们的生活习性，在设计中模拟它们不同时期内需求的各种空间环境，即潜在动物栖息地。这样可以为湿地中的野生动植物提供良好的生存环境，完善湿地景观生态系统。丰富的环境与动植物，为人类提供了更加生动的湿地景观。

根据北京段永定河流域范围中各斑块内植被的特点和植物种类的不同，草滩、林地、水域、泥滩、石滩和沼泽是六种北京段永定河湿地中常见的潜在栖息地类型。无论在哪种类型的栖息地中，自然和人为的因素都影响着各种动植物的生存和生长，这一点需要在规划中得到正确的引导。

6. 规划内容分析

根据北京段永定河流域的情况，生态廊道建设的规划，应从修复入手，改善现有生态系统的结构，通过结构的修复和重建为生态修复功能打下基础，而和人工湿地景观相关的规划建设更是重中之重。现拟从水域设计、生态岛屿设计、驳岸设计、种植设计和硬质景观设计这几个方面，对永定河人工湿地景观进行初步规划。

（1）总体规划。人工湿地景观的规划，需要从城市总体规划出发，借助景观生态规划原理，明确规划区域内应保护利用的斑块和生物迁徙廊道，从而制订保留和新建各类型生态景观斑块的有序计划，设计以河流、植被和道路为载体的生态廊道。在此基础上，城市其他区域和河流流域的生态网络将被有机地联系起来，大大地改善河流流域各种生态环境破碎化情况。

因此，该人工湿地景观规划的主要任务为堤岸的生态恢复，其中也包括对于自然植被的修复。在整改河道的同时，将河流连接起来并向下游延伸；建设湖泊溪流，改善景观，结合现状河道地形地势从而形成景观水面并由溪流连接，形成莲石湖水景观；根据景观不同的区划及河道存留水情况种植合适的灌木、花卉及水生植物等，改善永定河的生态环境。

规划中的景观结构为：一轴、三片、多节点。以永定河为轴，建立具有一定宽度和生态效益的线形廊道，作为京西五区连贯的城市开放空间；37 千米整体城市段分为莲石湖蓄水区、溪流连接区、湿地生态景观区三部分，以线状水系连接多个湖区和湿地蓄水面，形成点、线、面交错的网状水系和多种河流生境系统。根据河床地形和生境现状，构建多种湿地特色游赏景观，包括复式河床、溪流、表流湿地、间歇性湿地、漫滩及供市民休闲的上部河床和条形绿地公园等（见图 5－48）。

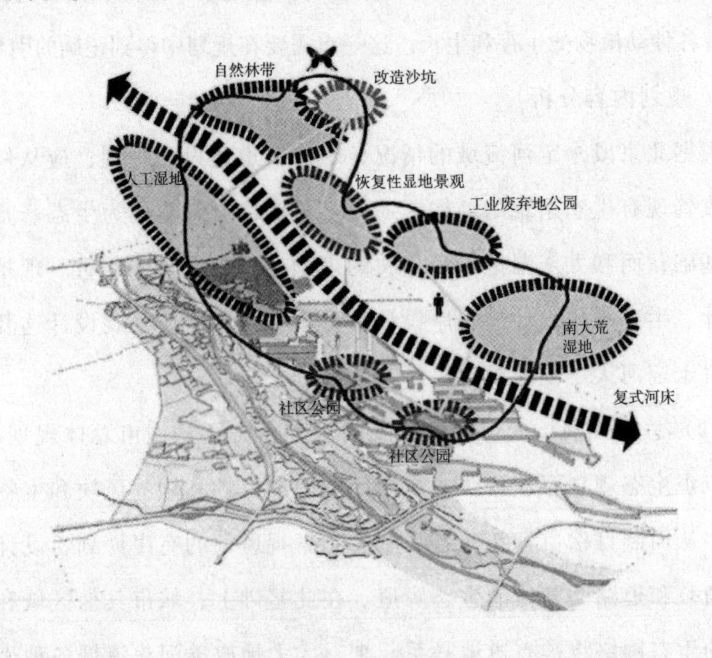

图 5－48　景观结构图

（2）分区规划。城市湿地公园规划建设的目的是实现对湿地生态的保护、对民众进行科普教育以及为民众提供休闲娱乐空间等。永定河人工湿地景观的规划也将从这三方面入手进行分区规划，初步规划为莲石湖蓄水区（生态展示区）、溪流连接区（游览活动区）和湿地生态景观区（湿地区）。根据永定河流域不同的地质特点、不同的现状斑块和不同动植物资源分布，三个分区在景观设计和栖息地建造等方面的规划也将不同，分区规划在于实现人工湿地景观保护、展示与开放并存的目标（见图5－49）。

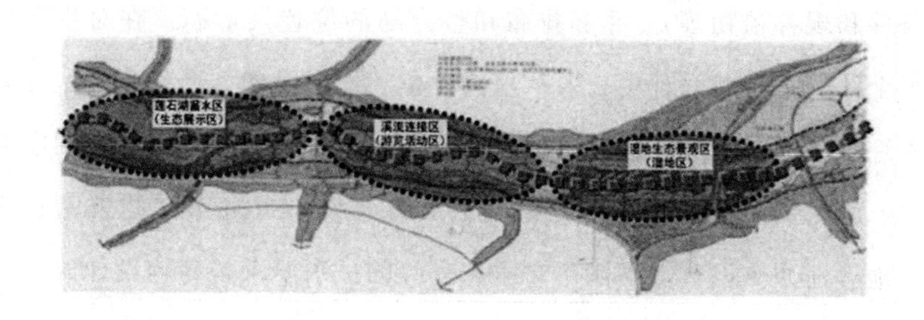

图5－49　分区规划图

（3）水域设计。人工湿地景观内的水域规划设计主要包括水体深度设计、河道岸线设计和河床设计三个方面。

水体深度设计：永定河流域范围内的动植物种类丰富，不同种类的动植物对水域的深度需求不同。一般来说，多数大型鱼类在较深水域内生活；而对于部分水鸟、一些小型的鱼类、两栖动物、爬行动物和昆虫类等动物来说，较浅水域为它们提供了较好的生存环境。

河道岸线设计：北京市段永定河流域内，岸线僵化。因此在此次规划中，水域方面的设计应适当地改造现有地岸线形式，以使水岸更加自然生动，符合生态景观规划的要求。设计将把部分岸线处理为不规则的、较为曲折的形式，同时大量增加隐湾，这样可以增大河流与城市陆地两者间的接触面积。另外，通过配置植物，规划暴雨洪水的排放路径，加强对水体的净化作用。自然多样的岸线设计还可以为野生动植物提供较多的良好的生存环境，从而保护流域内的生物多样性。简单来说，设计模式将岸线从直线形态设计为曲线形态，通过模拟河流的自然摆荡和洲岛来恢复以前的自然形态。

河床设计：结合两岸的地形修复，在上层河床与下层湿地区域之间进行复式河床设计。通过河床设计，为洪水管理、收集和处理打下基础，建设成为区域性的湿地保育和城市湿地休闲教育区域。

生态岛屿设计：首先考虑如何结合场地现状（如原有水域岸线、水文条件和现存植物等），重新排布和整合岛的位置及形态。在对生态岛单个个体的把握和设计中，要从植物种植、地形肌理、形态利用这三方面来综合考虑。首先，植物种植方面，在栽植过程中，由内而外顺序为乔木、灌木、湿生植物和水生植物，最终建设形成环形植物群落；其次，地形地质方面，坡度满足布水和良好的排水要求是岛屿设计成功的重要保证；最后，生态岛屿的形状多为不规则状，在不规则的岛屿内部设计具有良好隐蔽性的水塘、滩涂，可以提高动植物和人类对湿地资源的利用率，从而达到人工湿地景观性和生态性的协调。

驳岸设计：驳岸景观在城市滨水景观带中是一种特殊的线性景观。与其他景观类型中的驳岸生态系统相同的是，人工湿地景观规划中的驳岸生态系统是由各类生物群落与生态环境相结合形成的水陆交错生态系统，但是它是城市公共空间和水域、湿地之间的过渡地带。驳岸的规划设计对河道的生态系统，尤其是对湿地景观中的生物多样性保护起着重要作用（见图 5 - 50）。

图 5 - 50　永定河人工景观局部驳岸

种植设计：人工湿地景观中的植物种植设计是规划的一大重点。为体现其特色所在，植物配置方面应遵循的原则为多样化和以乡土树种为主，在满足湿地净化需求的同时，满足野生动物对生存空间的需求，再现自然特色。

湿地植物环境适应性分析：植物是湿地系统的重要组成部分，不同植物具有不同功能，能适应不同的环境。因此湿地植物特性研究对湿地设计具有重要意义。在人工湿地景观中，植物主要有两种重要作用，即为净化去污和营造景观。因此除了要考虑植物的形态、色彩，在植物材料选择时更要注重植物的适应性和去污能力。应当选择茎叶繁茂、根系发达的植物种类。根据总体规划内不同分区的环境条件，以及所种植物的生长状况及自然发展情况，可筛选出如下适合在各个区域不同环境内所种植的植物种类。

莲石湖蓄水区（生态展示区）：人工湿地池塘是这个区块的设计特色，包括挺水植物塘和水生生物塘两部分。挺水植物塘中拟种植香蒲、芦苇、细绿萍，并经过自身演替自然发展沉水植物；水生生物塘中拟种植水葫芦、芦苇浮床，并自然发展沉水植物、刚毛藻、水绵等。在人工湿地挺水塘中，芦苇和香蒲进入冬季休眠时间延后 20 天左右，春季可迅速大规模生长，对生态系统绿化具有显著作用；浮水植物水葫芦、细绿萍等在人工湿地浅塘中生长旺盛，可覆盖整个水面，但水葫芦生长季短，在北京适应期为 4 月下旬至 10 月底，冬季需保苗越冬；在人工湿地池塘的裸露水绵，自然繁殖大量水绵、刚毛藻等可见丝状绿藻，这些藻类在一定程度上将会影响湿地景观，应适当抑制其生长，但其对水质的净化作用和冰封条件下也能生长的冬季景观性，对人工湿地景观中的生态系统有重要意义。

溪流连接区（游览活动区）：自然曲折的岸线和丰富的浅水区域是这一区块的设计特色。其湿地植物种植以芦苇、香蒲、茭白以及自然发展的沉水植物群落为主。香蒲具有良好的水深以及风浪适应性，沿岸种植的香蒲约在水深1米仍可以成活，其地上部分的柔性使其适应风浪冲击，对重污染负荷有很强耐性；芦苇不适应大水深环境，但它对浅水土壤的适应性很强，其对重污染负荷也具有很强的耐受性，是永定河流域良好的挺水植物物种；茭白的生长虽不如前两者，但为丰富物种多样性可适当配置。

湿地生态景观区（湿地区）：这一区块设计以湿地自然风貌为特色，除了上面两区块提到的种植类型和种类外，在湿地区还可以自然发展当地湿生陆生植物，如芦苇、狭叶香蒲、小香蒲、两栖蓼以及荆三棱、花蔺、泽泻、头穗莎草、水莎草、旋鳞莎草、河柳等，这些皆是自然修复湿地的良好水生植物。除此以外，在具有良好自然条件的湿地生态环境内，沉水植物主要靠自然恢复，不需要过多的人为干预，但是必要时可通过水位调控促进其生长发展。

人工湿地植物种植：陆生生态系统—湿生生态系统—水生生态系统，是从城市基质和河流水体之间的三个系统的过渡。根据这一过渡形式，规划相应的"陆生植物群落—湿生植物群落—水生植物群落"，来进行植物种植。除前文所提到的对相应环境具有较好适应性的湿地植物外，考虑到四季景观效果，结合美学和生物多样性的造景原则，设计中将有目的地选择常绿乔灌木或花色鲜艳、花期较长的湿生和水生植物。

硬质景观设计：人工湿地景观规划中的园林硬质景观设计主要包括园林建筑设计、游步道设计、鸟类观测设施设计等几个方面。

园林建筑设计：人工湿地景观中的建筑主要为服务性建筑和科普展示建筑。建筑的形式和材料要尽可能地贴近自然，采用天然材料，如木材、原石等，同时对建筑的数量及规模要加以控制，保证在湿地的环境承载力之内，减少对自然环境的破坏。服务性建筑的设计宗旨主要是通过建筑和自然的有机结合，在服务游客的同时，能增加湿地环境的自然野趣。另外设计中除了多运用天然材料之外，还可加入新型生态材料，如可降解塑料顶棚、玻璃材质平台等，在满足服务功能的同时，也为环境中的生物提供一个良好的人工环境。

科普展示建筑内主要以生动有趣的形式展示湿地常识、湿地动植物、湿地文化等，并时常组织一些人们集体参加的活动，让人们融入到大自然之中，提高人们的生态环保意识。

游步道（栈道）设计：结合设计地块潜在的动物栖息地研究和地块周边及地块内的道路系统，选择在生境种类较丰富、植物群落层次较多的区域范围内设计游步道。这样的设计结合人工湿地景观，方便人们走近、游览、探知湿地生态景观，为人们揭开了湿地生态系统的神秘面纱，使保护湿地生态环境的意识更加深入人心。

鸟类观测设施设计：观测设施也可隶属于人工湿地景观内的服务性建筑。它的功能是供人们在最佳的距离和位置上，观测野生动物景观。观测设施的设计需要注意密闭性和隐蔽性，选用自然材料建造，以融入周围环境为佳。这样的设计在满足人们欣赏野生动物景观的需求时，能最大程度地减少人类活动对动物栖息地和动物活动的影响（见图 5－51）。

图 5－51　鸟类观测设施

（四）经验借鉴

在进行此次案例研究的过程中，从关于北京段永定河流域的前期调查、规划方案的确定，到规划建设中的相关技术研究，每个环节都从生态环境保护以及合理开发利用水资源的角度出发，因地制宜地进行了全面研究规划。但从北京市永定河流域生态环境现状，以及当前国内河流生态和人工湿地景观发展现状来看，仍有许多问题亟待研究解决。

1. 流域生态修复

北方地区河流流域生态系统受损严重，永定河流域更为复杂。因为其跨省（直辖市）、跨区域，所以受不同程度地人为、自然因素影响，永定河流域内的不同区段受损的程度不一样。从流域景观生态学角度出发，用流域生态系统的理念去评价、诊断流域内不同区域的水生态环境现状，从而明确流域生态修复的阶段目标、内容，为人工湿地景观的规划提供理论支撑，仍然需要进一步的研究。

基于湿地景观修复保护技术，提出以下建议：

（1）河道处理技术：基于上文中对北京段永定河河道的规划，即直线形态到曲线形态，通过模拟河流的自然摆荡来恢复以前的自然形态，以及将对河道采用生态化的改造模式，这其中主要需从两个方面入手：河床底部处理技术和河床生态防渗技术。

（2）驳岸处理技术：基于前文中规划的四种不同驳岸形式，即木料铺地硬质水岸、碎石水岸、含湿地植被软质驳岸和轻植被软质驳岸，可将驳岸处理方式分类列表（见表5－2）。

表5－2　驳岸处理技术

类型	适用场地	生态效益	经济性	游憩适用性
自然原型护岸	原始场地坡度自然舒缓，在土壤自然安息角范围内，水位落差小，水流平缓	岸栖生物丰富，保持了水路交错带生态结构和边缘效应	工程最小，取材本土化，经济性好	静态个体游憩和自然研究型游憩

续表

类型	适用场地	生态效益	经济性	游憩适用性
生物工程护岸	坡度较缓，可适当大于土壤自然安息角，水位落差较小，水流平缓	重建或修复水路交错带生态结构后，生物栖息地在一定程度上得到保护，对环境负面影响较小		
柔性结构护岸	适用于4米以下高差，坡度中等，无急流的水土	部分保持自然岸线的通透性和水路之间的水文联系，提供岸栖生物的生境	有一定的工程量，但施工方便，周期短	静态+动态，个体+群体性游憩
刚性结构护岸	水流急，岸坡高陡（3米—5米以上）且土质差的水岸	割断水路之间的生态交换，生态效果差	工程量较大	静态+动态，垂直堤岸亲水性差

（3）滨水棕地处理技术：首钢工业区位于北京石景山区中部，西南一侧沿永定河，与门城门头沟新城隔河相望。用地受到一定程度的工业污染，特别是现状煤制气料场、白庙料场、焦化厂、人民渠等区域土壤污染严重，需重点考虑土壤净化问题。首钢搬迁后留下的大面积棕地，通过水循环、植物迁徙等多样的生物、物理、化学过程与永定河联系在一起，治理永定河要同时治理好这些滨水地的生态。对永定河北京段滨水范围内的棕地处理目标是使土壤质量基本上对环境不再造成危害和污染，保障景观植物和农林作物正常生长，满足人们对地块安全有效的使用。目前国内主要棕地的综合处理技术有两种，即植被恢复法和重建土壤生态系统法两种，在此次规划中将重点使用。

植被恢复法：植被生态系统修复是棕地治理的根本性工作，依据生物多样性保护原则，从协同共生原理等生态的观点出发进行植物的配置，主要有四种技术：植被毯铺植技术、植被恢复基材喷附技术、挂网基质喷附植被恢复技术和生态植被袋生物防护技术。

重建土壤生态系统法：土壤生态系统修复是滨水地块改造再利用的前提和基础，是此次河道生态恢复中不可忽略的环节。修复滨水地块，国内常用的方法有物理法、化学法和生物法。另外，近几年兴起的植物修复技术在修复滨水地块中也得到积极推广应用。

2. 流域水循环

水资源是人工湿地景观系统中重要的组成部分。水具有循环性、可再生性等特点，更具有稀缺性的特点。以北京段永定河流域为例，受降雨时空分配不均的影响，再加上流域内水资源的开发利用不能科学管理，现在流域各区段水资源短缺的问题十分突出，影响了人工湿地景观规划的进行和发展。从全流域可持续发展的角度出发，流域内用水不能只考虑本地区水资源的开发利用，还要考虑天上、地表、地下、上下游、左右岸、干支流等的水资源统一调配问题。为此有必要以流域为单元，分析研究流域水循环机理、规律，充分利用水资源具有的循环性和可再生性等特点，使河流人工湿地景观规划更好地发展。建立一种与循环水务理论相适应的流域水务管理体制和机制，为人工景观规划中的区域水资源优化利用提供理论支持及实践指导。

3. 因地制宜的整体规划方案

在景观生态学原理、可持续发展理论、流域生态修复理念和流域水循环理论的指导下，进行流域生态修复中的人工景观规划，必须制定一套全面、综合、科学、可行的水生态环境与生态修复规划方案。该方案应当充分考虑近期目标和长远目标，整体利益和局部利益，遵循发展和保护相结合的原则，因地制宜地提出设计方案和技术措施，这样才能标本兼治，实现预期目标。

4. 有力的科技支撑团队

流域生态修复与人工湿地景观规划工作既非一朝一夕之事，也非一技一能之事，要全面、综合解决流域存在的问题与矛盾，应以科技手段为先导，通过先进技术的示范推广，带动全流域的生态保护与修复工作，从而促进人工湿地景观的建设发展，提高流域治理的水平。因此，在规划过程中，建立流域生态环境治理与修复科技支撑队伍，是实现流域生态系统修复，推动人工湿地景观建设的重要保障。

四 东营市明月湖国家城市湿地公园

（一）总体概况

东营市明月湖国家城市湿地公园位于东营市东城南端，是广利河以及东二路、潍河路和胜利大街围合的带状区域。南北宽约320米，东西长约2500米，总占地面积约0.71平方千米。湿地公园中部有面积约0.34平方千米的人工湖。规划区域内植物种类比较少，主要是黄须菜、马绊草、白茅、芦苇、香蒲、柽柳、碱蓬、碱菀等。地下水矿化度高，土壤的含盐量达到了0.6%—1.0%，水深平均1.5米。水系缺乏水源补充，水路循环不贯通，自净功能缺乏，水质和景观较差。

（二）规划目标

突出“城市与湿地”主题，从生态、自然、文化的角度揭示城市与湿地的关系，通过湿地的建设规划，强化公园与城市的关系。重视城市新景观的创造和人的休闲性需求的结合，使之成为亲人的、生态的、展现黄河入海口独特湿地风貌的城市新空间。在功能配置上，因地制宜，集游、观、憩于一体；在设计手法上，充分结合自然现状条件，以水作为主景来划分和联系各个区域，体现了“湖映明月”的空间意境。

（三）规划分析

公园由北至南分为三大区域：北部是滨水休闲带，中间区域是浅水湿地风貌空间及科普教育基地，借助船只等水上交通工具可观赏游憩，南部是有自然野韵、葱郁茂密的生态林带。另外作为主体的中间湿地还设置了鱼戏迷网（迷魂阵）、禽鸟鸣桩（木桩随意排布于水中）和孤舟蓑笠翁等湿地自然天成的景点。在这里水、洲纵横交错，芦荡深幽，白鸟翔集，水乡泽国，野趣盎然。

明月湖湿地公园水体岸线长，因此采用形式多样的驳岸形式。逐级下降的构筑方式，结合花池挡墙、多级平台等多种形式，能够在视觉上缓和大高差。景区内侧地势较平缓地带则采取多种驳岸形式，置石、草坡、亲水平台等相结合，弱化水体在水利方面功能的影响，突出景观效果。

南岸主要以自然原形驳岸为主，没有做任何修饰，驳岸的材料主要是泥沙和卵石，上面有一些本土的水生植物，如芦苇、菖蒲。这种驳岸适宜人们在水中嬉戏、游玩，利于人们与水亲近，同时也利于人们接触大自然。由于东营特殊的地域特征，公园在水陆相接的地方土壤含盐量非常高，想创造非常美观的水陆过渡区域比较难，为了弥补这种不足，园区做缓坡过渡区时采用在过渡区种植耐盐碱植物、过渡区用小粒径卵石铺设成卵石滩、用大块花岗岩与小卵石做成儿童摸鱼的潜水滩、换填好土栽植精选的沼生植物、在过渡区做部分休憩用木质平台等多种形式创造了丰富的湿地缓坡景观。

公园内地下水位较高，土质偏碱性。为了弥补这里“低水位”在绿化中的不良影响，将低水位水体进行过渡处理，以缓坡（种植耐盐碱植物）的形式使其过渡到临近自然平地，有效地缓解了土壤的盐碱程度。在某些景点上，对地形进行了局部改造，种植观赏价值较高的树种。乔木主要有龙柏、白蜡、垂柳、柽柳、淡竹、大叶女贞等。灌木有月季、金叶女贞等。水生植物主要有芦苇、香蒲、菖蒲、荇菜等（见图5－52）。

环境中的建筑及设施如下：

1. 雕塑

雕塑包括“城市之树”“鱼之不乐”、结网雕塑、东营风物铺地浮雕、“风、水、木、土”雕塑。

图 5－52　树种规划

2. 游乐设施

游乐设施包括设置于儿童游乐区的设施。

3. 景观小品

景观小品包括景墙、鱼门、钢构亭架、风车阵、木亭、轱辘、伞亭、木桥、风车（见图 5－53、图 5－54）。

图 5－53　景观小品钢构亭架

图 5－54　景观小品风车

4. 其他类

其他还包括具有服务功能的指示牌、园灯、垃圾箱、座椅及“城市律动”阶梯花坛、树池等。

（四）经验借鉴

通过以上分析，不难看出在东营市目前城市休闲空间数量少、面积有限的情况下，将明月湖这一被人们遗弃的“水坑”进行景观的规划改造，营建国家城市湿地公园是十分必要的。

生态方面，湿地公园的建设增强了水的流动性，因为湿地公园与清风湖水系相连接，使得湿地获得了水源，同时也促进了水系循环。湿地公园的建设也使城市水源得到了净化，改善了水质，并提高了城市防洪排涝的能力。植物、动物、微生物群落的逐步建立，景区的自然多样性不断丰富，生态系统的稳定性不断提高，这构成了一个能自我更新的湿地系统。

经济方面，首先，公园合理利用了湿地自身的资源，降低景观设计、开发成本的同时，还最大限度地保护了湿地原有的自然环境，较好地维持了湿地的生态平衡；其次，景区在选择栅栏材料、植物等时以东营现有的材料、种类为主，这样既节省了建设成本又降低了日后的养护管理费用；最后，湿地公园的营建极大改善了周围环境，原来人烟稀少的荒地逐渐被密集的居住小区所代替，从而带动了周边地区的经济发展，为东营市经济创收作出巨大贡献。同时，在对明月湖项目的改造与开发过程中，充分利用景区原有资源，最大限度地节省了工程开支。从社会层面上，明月湖国家城市湿地公园是一个开放性公共空间，因此为游人观赏、游玩、休憩提供了方便。

景区内景点的营造具有浓厚的地域特色，同时富有科普教育意义，如通过渔文化长廊和湿地科普宣传长廊的展示，让游人接近自然、享受自然，同时让人们较全面地认识、了解湿地，增强环境保护意识。

当然，明月湖国家城市湿地公园也有不足之处：

（1）人工湿地景观营造的目的就是通过模拟自然重现自然景观，恢复生态功能。明月湖原来的自然条件差，不利于较短时间内形成完整的湿地景观体系。因此，人工营建的景观占据了景区的主导地位，在某种程度上限制了湿地生态系统的形成与完善。

（2）景区内植物的选取比较单一，种类单调，还未形成植物群落。应该在重视乡土树种的基础上适当引进新树种，营造优美、宜人的植物群落景观。

（3）由于园区的立地条件限制，南北两岸的绿带宽度不够，致使南岸植物景观的立体空间层次和纵深感都较差，北岸虽然好些，各种人造景观也较多，但园区还是受滩河路交通的影响，由于绿量小，动物没有较好的隐蔽空间，动物资源和景观少了很多，而在国外的许多公园里鸟、松鼠等各种动物悠闲地在人们面前走是非常常见的。

（4）湿地内的芦苇小岛数量在营造时由于各种原因少了许多，这样景观效果差了很多，鸟类没有较好的栖身场所，对污水的处理能力也因为缺少这些小岛而打折，所以在后期继续建设中应考虑多设生长芦苇的小岛。

(5)“城市之歌”景区内驳岸处理采用了很高的硬质垂直式石砌驳岸，而水位线跟石墙底部还有一段距离，要弥补这个缺点，应在这个区域栽植相应的植物或用其他手法处理，如采取软质自然式驳岸形式。

(6) 园内没有综合性服务设施，致使游人的游玩不太方便，很多小商贩直接在二级道路上经营，给环卫工作和管理工作带来麻烦。

五 哈尔滨文化中心湿地公园

(一) 总体概况

哈尔滨是中国东北地区的重要城市，地处松花江下游，洪泛时有发生。因此，江北新区修建了一条防洪堤，将原属于江滩的200公顷湿地与主河道切离。由于水源被截断，湿地生境恶化。与此同时，湿地以北的城市建设迅速发展，造成严重的雨洪问题，被污染的雨水排入河道，导致松花江的水质下降。除此之外，新建的自来水厂每天向松花江排放了1500立方米的废水。凡此种种问题，很令当地政府头痛。同时，随着人口急剧增长和城市进一步发展，人们对公共绿地的渴求也越来越突出。

在这样的背景下，为了管理雨洪径流及净化自来水厂的尾水，哈尔滨市江北区修建了一片湿地，并引入亲水休闲设施，包括大部分修建在水面之上的人行栈道和休憩场所，哈尔滨文化中心湿地公园由此诞生。

(二) 规划目标

设计的目标在于构建水弹性湿地公园，使之成为生态基础设施的有机组成部分，并用于净化雨洪和自来水厂排放的废弃尾水，在这一过程中，湿地重现生机。此外，景观设计师认为，有限的设计干预措施是实现项目目标的最佳手段，在恢复自然和发挥其雨洪管理，即生态水净化的功能同时，建成一个低维护的城市绿地。因此，构建一个功能性湿地、弹性的公园和景观牧场是该湿地公园的规划目标。

（三）规划分析

1. 打造具有雨洪调节和水净化功能的湿地

哈尔滨文化中心湿地公园修建之前，该场地环境十分恶劣。一道修成不久的防洪墙把场地与主河道分隔开，来自一座自来水工厂的尾水和城市雨水径流引起了河流污染，受到损害的生态系统和环境污染对湿地公园的设计形成了很大挑战。

因此，在规划时，设计师提出将这片退化中的湿地改造为雨洪及自来水尾水的净化区，以改善原生的湿地生境，同时能作为城市公园，满足日益增长的市民户外游憩需求。研究发现，场地在旱季和雨季的水位高差变化竟达 2 米，因此如何将公共空间与弹性湿地景观相结合便成为决定项目成功与否的关键。此外，如何管理如此大面积的城市公共空间也是一个难题。因为用不了多久，修复后的水生和湿生植被将滋生繁衍，市民也将很难在一年四季都能进入这片湿地。

同时还引入牲口维护绿地，不仅能够生产畜牧产品，还能降低湿地的维护成本，原本“荒野”的自然景观也因此变成一处难得的城市公园，吸引了大量市民前往，同时为建设水弹性城市作出重要贡献。

在建成湿地公园之后，木板路和桥梁体系与地面和水岸分开，漂浮在恢复了原始形态的湿地之上，道路、桥梁与随季节而发生变化的地面和湿地边缘相隔离，园中设计了生态沼泽以减少雨水径流（见图 5 – 55，图 5 – 56）。

高架模板路和桥、水岸相分离，供市民游赏。它们组合成了景观，并提供欣赏不同季节美丽而脆弱的水景观路径。

图 5-55　生态沼泽局部

图 5-56　生态沼泽局部

2. 修建一系列生态洼地

哈尔滨文化中心湿地公园四周修建了一系列生态洼地，南部文化中心及北部城区产生的雨洪径流将汇集于此并得到净化。这一湿地系统在雨季日均可处理2万立方米的水量，在雨洪流入湿地中心地带之前，生态洼地能够降低水流中的泥沙含量、拦截营养物及重金属。除此之外，附近自来水厂排放的1500吨的尾水也将首先进入这片湿地进行净化，以免污染河道（见图5－57）。

图5－57　一系列生态洼地和池塘作为吸收开发区雨水的缓冲带

3. 构建漂浮的连接

由于每年的水位波动使水域边缘出现泥泞、脏乱、难以靠近的地带，要想将湿地建设成为市民终年可以前往活动的公共空间，显然需要解决这个难题。设计师想出来的办法是建立离岸木栈道，使人行空间与地面和湿地边缘脱离。最终建成了6千米的栈道系统，连接13个休憩平台（见图5－58）。

此外，还利用当地透水的火山砂，在高地上铺出生态友好的人行道，与湿地上的栈道一起，形成一个连续的步行网络，穿梭于树丛和草地之间，极大丰富了游客的体验。通过配置适应性植被，使水岸绿化能应对旱季和雨季高达2米的水位差变化。水位线以上的植被采用放任自然的管理，较高的地带则在配置的乡土树丛之间种植人工草甸。在生态洼地的修建过程中，尽可能减少工程量，将开挖和回填过程结合在一起，同时尽量避免坡地整理的土方工程，以最大限度保留原有的树木和地被。

图 5-58　漂浮的连接

在人行天桥上行走是一种愉快的体验，行人能够与自然产生亲密的联系（见图 5-59，图 5-60）。夏日盛开的荷花吸引了大量游人，人行天桥的设计使他们可以近距离观赏。

图 5-59　人行天桥步行体验

图 5-60　与自然亲密联系

木板道和桥梁与地面和湿地的边缘相分离，因此对场地内的自然环境只有最低程度的影响，否则它们可能显得杂乱。这些文化性构筑物创造了一种不干扰自然过程和形态的新形式（见图 5-61）。

图 5-61　桥梁

将13个平台和亭子沿着6千米长的木板路和天桥进行安置，13个平台均抬离地面，以便将对乡土生物的影响降至最低。为了与周边景观相呼应，每一个平台都经过精心设计，在繁茂的植被中创造出令人惊喜的对照，使用最小干预手段让杂乱的自然更可观。步行道使用了当地出产的渗透性火山砂，形成了一个生态友好的网络，道路建造在高地上，穿行于树林和草地之中。这些休闲空间提供了观赏湿地公园和城市的绝佳角度。

4. 兼顾畜牧景观与低维护需求

大多数时候，公园受自然过程控制，而非人工管理，因此湿地和地面植被很容易疯长，从而形成杂乱、难以进入的自然景观。设计师提出将牲口引入较高的地带进行放牧，以抑制植物疯长，同时在树林和湿地边缘之间设计了乡土物种构成的草地，由生命力旺盛的花卉组成。每年的花季，当人们在密集树丛围绕的高地与花丛相遇时，都能产生惊艳的效果。

这样一来，湿地景观就能得到低成本的维护，公园也可全天候对游客开放，能够丰富游客的景观体验，同时具有生产功能。

（四）经验借鉴

1. 建设适应性、水弹性湿地公园

通过这些景观设计策略，原先持续恶化的湿地生境和无人问津的城市边缘地带，已成功改造成一个具有多功能的湿地公园，可用于调节雨涝、净化城市地表径流以及自来水厂排放的尾水。建成的适应性水弹性公园里，利用最小限度的干预措施修建了木板道和休憩场所，轻轻地触摸大地，亲近自然而不破坏自然，满足了市民休闲游憩的需求，同时让自然修养生息。

2. 设计简约、为游客提供丰富体验

简约式的设计元素如树林、草地和当地火山砂铺就的步道，有效地将公园转变为宜人又可容纳丰富体验的场所，而非通常所见开放式的公园。

3. 配置适应性植被，提升水岸绿化能力

通过配置适应性植被，使水岸绿化能应对旱季和雨季高达 2 米的水位差变化。水位线以上的植被采用放任自然的管理，较高的地带则在配置的乡土树丛之间修设人工草甸。在生态洼地的修建过程中，尽可能减少工程量，将开挖和回填过程结合在一起，同时尽量避免坡地整理的土方工程，以最大限度保留原有的树木和地被。

4. 建设离岸木栈道，使游客一年四季均可自在游览

每年的水位波动使水域边缘出现泥泞、脏乱、难以靠近的地带，要想将湿地建设成为市民终年可以前往活动的公共空间，显然需要解决这个难题。设计师想出来的办法是建立离岸木栈道，使人行空间与地面和湿地边缘脱离。最终建成了 6 千米的栈道系统，连接 13 个休憩平台。此外，还利用当地透水的火山砂，在高地上铺出生态友好的人行道，与湿地上的栈道一起，形成一个连续的步行网络，穿梭于树丛和草地之间，极大丰富了游客的体验。

总结而言，通过这些景观设计策略，原先持续恶化的湿地生境和无人问津的城市边缘地带，已成功改造成一个具有多功能的湿地公园。

本章小结

在景观生态学的视角下，通过对各大湿地景观的营造案例进行分析，我们可以发现，目前我国在湿地景观的营建方面已经取得了良好的成效。本章分析了三大类型湿地景观的案例，每个类型的湿地景观下分别有五个左右的例子，每个案例又从总体概况、规划目标、规划分析及经验借鉴四个方面展开研究。案例包括莱州湾金仓国家湿地公园、哈尔

滨白鱼泡国家湿地公园、湖北金沙湖国家湿地公园、西溪国家湿地公园、千湖国家湿地公园等。

研究这些案例，我们能够获得许多有价值的经验。这些经验不但完美结合当地景观及人文等各项优势因素，而且经过实践也证实了其高效、高功能性，对我国湿地景观的营造有着重要的意义，且可操作性较强。

从本章的分析来看，湿地景观的建设，不仅是推动区域社会经济可持续发展的“催化剂”，也是湿地保护和保育理论的实践成果。湿地景观建设应该保持区域独特的自然生态系统，并且趋近于自然景观状态，维持系统内部不同动植物种的生态平衡和种群协调发展，在尽量不破坏湿地自然栖息地的基础上，建设不同类型的辅助设施，将生态保护、生态旅游和生态环境教育的功能有机结合起来，实现自然资源的合理开发和生态环境的改善，最终达到人与自然和谐共处的境界。

除此之外，从以上案例，我们还可以发现，现在的湿地景观加强了人文景观和与之相匹配的旅游设施建设，各地尽力开发本地资源，将其建设成人们旅游、休闲的好去处，在发挥其经济作用之外，极大地丰富了人们的精神生活。

综合而言，保护湿地必须在营造湿地景观之时，就创造完整的维护系统，发挥湿地景观效益，合理利用湿地资源，构建完善的保护、恢复、科研监测、休闲旅游等配套设施。

结　语

湿地是孕育人类文明的摇篮，如爱琴海孕育了古希腊文明，尼罗河诞生了古埃及文明等。它伴随着人类的生活，是许多野生动植物依赖的生存环境之一。我们反复谈到地球上森林、海洋、湿地这三大生态系统。陆地与海洋是地球最大的组成部分，而湿地是陆生生态系统和水生生态系统之间的过渡性地带，它广泛分布于世界各地，拥有众多野生动植物资源，和森林、海洋一样重要。

据资料统计，全世界共有自然湿地855.8万平方千米，占陆地面积的6.4%。全球湿地总面积更是超过1200万平方千米，湿地的存在对于地球上几乎所有生命都有着重要意义。世界上40%以上的生物物种都在湿地中生活或繁衍，湿地直接或间接地满足了全世界几乎所有的淡水消费需求，湿地的消失会直接导致25%在湿地中安栖的动植物濒临灭绝。此外，湿地还为十几亿人口提供生计，调节旱涝灾害，防护海岸。

而且，湿地具有强大的生态净化功能，还包括物质生产、大气组分调节、水分调节、为动物提供栖息地、形成局部小气候等功能。湿地景观能够保护生物和遗传多样性，减少径流和蓄洪防旱，固定二氧化碳和调节区域气候，降解污染和净化水质，提供动植物食品资源和工业原料，为人类提供聚集、娱乐、科研和教育场所等。

然而，人们对森林、海洋的研究古已有之，并且早已形成严谨的体系，学者们分成了各大流派，表达了鲜明的观点，对人们探索如何开发、利用、保护森林和海洋已经有了充分的论据、论点，而我们对被誉为“地球之肾”的湿地研究却显得那样缺乏。

与此同时，湿地的重要性往往却被严重低估。相关资料显示，从1970年到2015年，地球上大约35%的湿地，包括河流、沼泽、湖泊和泥炭地以及红树林、珊瑚礁等沿海和海洋区域都已经消失了。自2000年开始，每年全球湿地退化、流失的速度正在不断加快。

根据《全球湿地展望》，湿地景观的消失速度是森林消失速度的三倍。但是，现如今人们对于湿地的关注程度远远低于对海洋和森林的关注程度，一方面是研究及保护湿地景观的迫切性，另一方面是人们对湿地的关注度偏低，呼吁全球保护湿地景观已然刻不容缓。

此书写到现在，已经到了尾声。从结构上来看，本书大致可分为两大部分，即理论与实践，理论是实践的基础。在理论方面，由于湿地景观至今没有统一的、权威的概念，也缺少从景观生态学角度开展的研究，本书紧扣主题展开，力求为湿地景观营造的研究厘清相关概念、特征及类别等。

而在实践方面，则主要以案例分析研究的形式呈现。在这本书里，笔者写了许多案例，有国内外存在许多问题的湿地景观案例，同时也有成功的案例。本书探讨了失败案例所存在的问题，在分析时没有停留在问题的表面，而是深入分析了它们的成因，而成功案例也不仅仅分析它们的成功之处，更总结了它们值得借鉴的经验。在这个过程中，我们能够发现，尽管有些成功的案例是从一开始就设计布局合理、植物配置科学的，但也有很多案例是曾经遭受过重创的，它们先天条件也并非十分完美，在创建之初也无法做到一步到位，而是边前行边探索的，甚至有些经历了重创后，打起精神来，重新修整，重现人与自然的和谐美景。

总而言之，笔者希望通过这本书，呼吁人们真正关注湿地景观的设计与修复，在实践中总结经验教训，在前行中不断革新创造。湿地景观的实践探索是关乎人类与自然生存发展的重要事项，也是为后人留下宝贵物质文化财富的关键举措。愿我们能够不忘初心，永远铭记“绿水青山就是金山银山”。